丛书主编 潘云鹤

跨学科工程研究丛书

Thinking Like an Engineer
Studies in the Ethics of a Profession

像工程师那样思考

Michael Davis 〔美〕迈克尔·戴维斯——著

丛杭青　沈　琪　等——译校

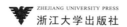
ZHEJIANG UNIVERSITY PRESS
浙江大学出版社

《跨学科工程研究丛书》编委会

总　　序

新时代呼唤大量涌现卓越工程师

潘云鹤

《跨学科工程研究丛书》即将出版了。这套丛书的基本主题是从跨学科角度研究与"工程"和"工程师"有关的一系列问题,更具体地说,这套丛书的主题分别涉及了工程哲学、工程社会学、工程知识、工程创新、工程方法、工程伦理等许多学科或领域,希望这套丛书能够受到我国的工程界、科技界、管理界、工科院校师生和其他人士的欢迎。

从古至今,人类以手工方式或以机器方式制造了大量的"人工物",如英格兰的巨石阵,古埃及的金字塔,古希腊的雅典卫城,古罗马的斗兽场,中国古代的都江堰、万里长城、大运河,欧洲中世纪的城堡等,直到现代社会的汽车、拖拉机、电冰箱、高速公路、高速铁路、计算机、互联网等。无数事例都在显示:从历史方面看,造物和工程的发展过程构成了人类文明进步和发展的物质主线;从人的本质特征方面看,造物和工程创新能力成为刻画人的本质力量的基本特征。

正如马克思所指出:"工业的历史和工业已经产生的对象性的存在,是一本打开了的关于人的本质力量的书。"已经进行过和正在进行着的数量众多、规模不一、类型和方式多种多样的工程活动,不但提供了人类生存所必需的衣食住行等物质生活条件,而且在工程的规划、设计、实施、运行和产品使用的过程中,人类的创造力得以发挥，人的本质力量得以显现。工程活动不但创造了人类的物质文明，而且深刻地影响了自然的面貌，深刻影响了人类的精神世界和生活方式。

工程对人类的发展很重要，而对 21 世纪初的中国而言，可谓特别重要。因为今天的中国正处于工业化的高潮，其工程活动的类型之丰富、规模之宏大、发展方式之独特，均居世界前列，其取得的成就令世界惊讶。

与此同时，中国工程所面临的复杂挑战也令世界关注。此种挑战的复杂性不仅来自于工程本身，要兼顾科技、经济、文化、环境、社会等各方面的综合需求与可能；也不仅来自于中国发展的特殊阶段，要同时面对工业化、信息化、城镇化、市场化、全球化的综合挑战；还来自于当今时代所面临的共同问题，如气候变化、资源短缺、环境压力等难题。这些难题的重叠交叉，要求中国涌现出大批卓越的富有创造性的工程师。

历史经验的总结和现实生活的启示都告诉人们：工程师这种社会角色，在生产力发展和社会发展的进程中发挥了重要的作用。在新兴产业开拓的过程中，工程师更义不容辞地要成为技术先驱和新产业的开路先锋。

在近现代历史进程中，工程师不但从数量上看其人数有了指数性的增长，而且更重要的是，工程师的专业能力、社会职能和社会责任，人们对工程师的社会期望，工程师自身的社会自觉都发生了空前巨大而深刻的变化。

在现代社会中，作为一种社会分工的结果，卓越的工程师毫无疑问地必须是杰出的专家，但绝不能成为"分工的奴隶"。要成为卓越的工程师，不但必须有精益求精的专业知识、广泛的社会知识和综合的创造能力，而且必须有高瞻远瞩的工程理念、卓越非凡的工程创新精神、深切的职业自觉意识、强烈的社会责任感和历史使命感。

新形势和新任务对我国工程师提出了新要求。面对社会发展和时代的呼唤，我国的工程师需要有新思维、新意识、新风格、新面貌。

现在中国高等院校每年培养的工科毕业生已超过 200 万。他们学的都是专业性工程科技知识，如土木工程、机械工程、电子工程、化学工程……但多数人对工程整体特性的学习和研究却相当缺乏。这种"只见树木，不见树林"的状态，不利于他们走向卓越。21世纪新兴起的工程哲学和跨学科工程研究（Engineering Studies）就提供了从宏观上认识工程活动和工程师职业的一系列新观点、新思路、新视野。

　　应该强调指出的是，工程哲学和跨学科工程研究可以发挥双重的作用。一方面，工程哲学和跨学科工程研究可以促使其他行业的人们更深刻地重新认识工程、重新认识工程师；另一方面，工程哲学和跨学科工程研究又可以促使工程师更深刻地反思和认识工程活动的职能和意义，更深刻地反思和认识工程师的职业特征、社会责任和历史使命。

　　进入21世纪之后，工程哲学和跨学科工程研究作为迅速崛起的新学科和新研究领域，在中国和欧美发达国家同时兴起。近几年来，跨学科工程研究领域呈现出了突飞猛进的发展势头，研究范围逐渐拓展，学术会议和学术交流逐渐频繁，研究成果日益丰硕。

　　为了促进工程理论研究的深入发展，为了适应在我国涌现大批卓越工程师的需要，特别是为了适应工程实践和发展的现实需要，我们组织出版了这套《跨学科工程研究丛书》。整套丛书包括中国学者的两本学术著作——《工程社会学导论：工程共同体研究》和《工程创新：突破壁垒和躲避陷阱》，以及四本翻译著作——《工程师知道什么，他们是如何知道的》、《工程中的哲学》、《工程方法论》和《像工程师那样思考》。我们相信，这套丛书的出版将会有助于我国加快培养和造就创新型工程科技人才，有助于社会各界更深入地认识工程和认识工程师的职业特征与职业责任，也有助于强化我国在工程哲学和跨学科工程领域研究的水平与优势，从而促进我国工程理论与实践又好又快地发展。

2010年9月15日

谨以此书

献给 Jeffrey，他曾经是工程师，某种类型的；
献给我过去的学生，他们现在是工程师；
以及献给 Alexander，他将会成为一名工程师。

前　言

　　这是一本涉及工程伦理学和工程职业哲学的著作。本书对于教授工程伦理学或其他职业哲学，甚至技术哲学课程的教师都很有用。但本书同样适合于任何对"什么人是工程师"感兴趣的读者，这些读者是不是工程师无所谓，是不是学者也无关紧要。

　　什么是工程伦理学？这里的"伦理"至少有三种含义。第一种，只是普通道德的同义词。第二种，指的是哲学的一个领域（道德理论，试图把道德理解成一种理性的承诺）。第三种，是那些仅应用于组织成员的特殊行为标准。当我把这本书描述成一部工程伦理学的著作时，这里的"伦理"是第二种和第三种含义上的。本书中的伦理是第二种含义上的伦理，即哲学；但就目前来说，由于对于标准的理解使得遵守和改善这些标准变得更为容易，所以我也将第三种含义上的伦理引入工程伦理学——即对工程中的特殊行为标准进行诠释、应用和修正。

　　作为一部伦理学的著作，本书与哈里斯、普里查德和雷宾斯的《工程伦理：概念和案例》①这样的哲学教材有类似之处，但它们之间至少也有两方面的不同。一方面，它是一本论文集而不是一个研究报告，它是对教材的补充而非它的竞争者。本书关注了一些特别重要的观点，分别对应于本书的四个部分。第一部分，即本书的前三章，以历史的视角来看待工程，试图去了解工程究竟有多么的新以及新在何处。第二部分是对挑战者号灾难的深度思考。本部分中的三章分别考察了现今工程理想与工程实践之间复杂关系中的某一个方面。在这一部分中，我们会很详细地了解，社会组织和工程的技术要求是怎样结合在一起来界定工程师应该（大概会）怎么思考的。第三部分共两章，它们阐明了保护工程判断的重要性以及如何执行判断的主要方法。前三部分共同给出了大量的关于"像工程师那样思考"这个概念的内容。而第四部分，也就是最后的三章，是对这种哲学建构所进行的经验分析。第九章提供了一个对10家公司中的工程师与管理者如何进行合作的调查研究报告。第十章则试图从社会科学的角度来阐述工程师应该有多少种职业自治的方式从而说明职业自治的概念。在最后的结语（跋）中，总结本书论证的与工程相关的四个问题，从社会科学，包括历史学的角度来回答这些问题可能有助于工程伦理学。跋也对从事社会科学研究的人员发出了邀请，希望他们为工程伦理学作出贡献。

本书与其他工程伦理学教材在深度和广度上都有所不同。本书不仅对"工程伦理学"中的"伦理学"予以了关注，也对其中的"工程"予以了同样的关注，这是一部工程哲学的著作。

什么是工程哲学？像科学哲学、法律哲学和艺术哲学一样，工程哲学试图以一种理性的承诺来理解它的主体。它没有提供这样一种工程哲学，即一个这样（有争议）的概念——应当如何去完成工程。它只是试图说明什么是工程，而不是把工程哲学仅仅变成技术哲学（或技术社会学）的一个副标题。技术哲学聚焦于工程师（和其他人）能帮助完成什么，而工程哲学则聚焦于工程师自身——试图去做什么以及为什么这样做。

我向沃尔特·文森蒂的《工程师知道什么，他们是如何知道的》[②]一书学习，但该书与本书还是有很大区别的。首先，文森蒂既是一位工程师又是一位历史学家，而我两者都不是。他掌握了我从未掌握的技术原则和历史文献。其次，虽然他的书对我有帮助，但他的著作只集中于一个更窄的范围。他试图将工程理解为一种发展中的技术知识载体，一门学科；另一方面，我试图将工程理解为一种职业。尽管知识是成为工程师所必须具备的一个部分，但仅仅只是其中的一个部分。至少同样重要的还有掌握知识的人从知识到行动的转化（至少应该转化）。从知识到行动的转化过程就是书名中所指的"思考"。本书的主题，如果只能有一个，那么就是指这样的思考是最基础的伦理（在我所述的第一种和第三种含义上的伦理）。

对于哲学家来说，工程哲学似乎是一个技术性太强的领域：谁会比工程师更了解工程师是如何思考的？这个问题回答了它自己。工程师当然比任何其他的人更清楚他们自己是如何思考的，但这并不能决定应该由谁来研究工程哲学。一般来说，科学家比科学哲学家更了解科学，律师比法哲学家更了解法律，艺术家同样比美学家更了解艺术。但哲学家依然在研究科学哲学、法哲学和美学，做一些科学家、律师和艺术家无法为自己做的事情。虽然能做好这些哲学的人有些具有双重能力，他们既是哲学家也是科学家，既是哲学家又是律师，或既是哲学家又是艺术家，但某些最出色的哲学家却是一心一意做哲学的人。这是一个事实，但也从中产生了这样一个问题：那些了解较少的人如何可能去教授那些了解更多的人呢？回答这个问题需要用到一点"哲学的哲学"的概念。

哲学（以它最好的方式）将我们的那些隐形知识转化成了语言，它使得显见的事物易于理解。第一位哲学家，苏格拉底，通过提问而非述说的方式把自己与古希腊"智者"区分开来。他问宗教虔诚者虔诚是什么，问政治家政治是什么，等等。那些被他提问的人很难将他们知道的用语言表达出来。事实上，通过苏格拉底的推论检验，他们所说的很多东西被证明是错误的。

与被苏格拉底提问到的专家相比，工程师又如何呢？很多工程师的确觉得，不是工程师的人一般来说是不会了解工程师是做什么的，他们的成就得到的赞赏比他们应该得到的要少，而且在招募下一代工程师时，工程并没有像它所应该的那样好。科学家、建筑师、律师，甚至是工商管理硕士似乎都能找到相应的语言来描述自身。但当轮到工程师时，发生了什么呢？这时，就像文学界的雄辩家，也像任何职业都可以宣称的那样。萨缪尔·弗罗曼对我们没有丝毫帮助，他的《工程中存在的乐趣》③一书对技术进行了强有力的辩护，但却极少涉及工程师。改变少许言语用词，这本书就会变成对科学家、实业家，甚至是发明家的辩护，而不是对工程师的辩护。此外,他的《文明的工程师》④一书则在另一方面失败了,它只是取悦了工程师而没有使不是工程师的人得到更多的信息。

哲学家的力量不在于一个领域中他们所拥有的最初的认识,而在于——像苏格拉底所强调的那样——对它的最初的无知。这种无知不是通常意义上的无知,不是对未知的谦虚和假设;相反,它是有经验的、开放的、系统的、合作的和顽强的。这种无知可以帮助某一领域的人将他们的所知转化成一种语言,甚至可以使那些不知道这个领域的人也能够理解。结果是矛盾的。当哲学家把专家的所知用哲学语言讲述时,似乎专家也学到了一些东西,就像一个人第一次见到他熟记于心的马赛克图案时所感悟到一些东西一样。专家可能会得出这样一个结论,哲学家"真的"比专家知道更多的专家领域内的东西,而忘了哲学家只能通过勾勒、提炼的方式来揭示他想要揭示的。尽管哲学家常常被看做是知识的创造者,其实哲学家,正像苏格拉底所指出的那样,仅仅是知识的助产士。

这本书是与工程师们十多年合作的成果,试图了解是什么如此地吸引他们,又是什么使他们说得如此之少。之前我的想法是,工程学主要是以事物为研究对象的,是对科学的复杂的、但基础性的和没有想象力的应用,仅仅是"解决问题"(即使工程师也是如此地描述工程,如果你让他们描述)。现在开始我将以相当不一样的角度来理解工程:工程是一项如何使人和物更好地合作的实践性研究——像艺术一样具有创造性,像法律一样具有政治性,像艺术和法律那样不再只是对科学的应用。这正是我想在此论述的。如果工程师读完本书后说:"是的,太正确了!"而非工程师的人补充道:"哦,原来这就是工程师所做的,之前我还真的不知道。"那么我就觉得我成功了。

我不会为本书中的错误而道歉,因为错误在所难免。想要没有错误,唯一的方式就是什么都不写或写一些无趣的东西。我已经尽全力使本书生动有趣,采纳各种有争议的观点(如果我认为它们是正确的),然后尽我所能为它们辩护。由此,以激励其他人亮出他们的观点,解释或者辩护,无论他们是赞成或者反对我的观点。只有通过理性的、有根据的、批判性的讨论,工程伦理或者工程哲学才可能发展成为一个研究的领域。如果在这一过程中我被证明是错误的，我将毫无怨言。

　　尽管我不会为出版本书而道歉，但我却会焦虑不安。苏格拉底因其努力而被判处了死刑。很显然，一些专家并不重视哲学上的无知。如果说我比哲学大师苏格拉底的处境优越，那是因为那些工程师（实践家、学者和学生）将我拉到一边，向我解释我错在哪里，然后耐心地回答我的一个又一个的问题，直到我了解为止。在此，我仅感谢了那些我记得住的人，因为我记名字的能力很差，所以希望那些被我遗忘的人能够原谅。

　　我特别感谢两位合作者：薇薇安·韦尔（Vivian Weil），十多年前就帮助我了解到工程师至少与律师一样是哲学所感兴趣的话题；罗伯特·雷迪森（Robert Ladenson），劝说我加入由伊利诺斯理工大学（IIT）的工程师召集而成立的一个哲学家小组。虽然我接受这个邀请是因为相信他本人更甚于相信他所说的，但现在我怀疑是否有其他的行动课程能有同样好的结果。我曾在其他三所拥有工程学院的大学中任教，而 IIT 却是第一个工程师和哲学家互相有更多共同语言的地方。

　　本书第一、三以及五到十章很早就已出版了，第四章是之前发表的一篇论文的扩展，第二章和跋是首次发表。虽然在以前的出版中已经表示过感谢，但在此我还是要感谢最先发表这些文章的杂志编辑们，同样要感谢牛津系列丛书的编辑爱伦·沃特海默（Alan Wertheimer）和他的两位校勘员，戴博伦·约翰逊（Deborah Johnson）和迈克尔·普里查德（Michael Pritchard），他们为现版中的很多改进提供了建议。

迈克尔·戴维斯

芝加哥

1997 年 12 月

注 释

[190]　① 查尔斯·哈里斯（Charles Harris）、迈克尔·普里查德（Michael Pritchard）和迈克尔·雷宾斯（Michael Rabins），《工程伦理：概念和案例》（*Engineering Ethics：Concepts and Cases*，Belmont，Mass.：Wadsworth，1995）。

　　② 沃尔特·文森蒂（Walter Vincenti），《工程师知道什么，他们是如何知道的》（*What Engineers Know and How They Know It*，Baltimore：Johns Hopkins University Press，1990）。

　　③ 萨缪尔·弗罗曼（Samuel Florman），《工程中存在的乐趣》（*The Existential Pleasures of Engineering*，New York：St. Martin's Press，1976）。

　　④ 萨缪尔·弗罗曼（Samuel Florman），《文明的工程师》（*The Civilized Engineer*，New York：St. Martin's Press，1987）。

目　录

第三部分　保护工程判断

第四部分　经验研究

第一部分　工程简介

这部哲学著作开始于对工程历史的沉浸。向另一个领域进军总是有风险的,很容易迷路,从而使自己掉进这一领域的研究者早就回避的陷阱里,或者突然发现自己落伍和不合时宜了。我敢冒这一风险的主要原因有四个:第一,我相信历史能引发哲学的洞见,过去为现在提供了背景。第二,我认为一些我读过其作品的历史学家,有时错过了比较明显的东西,或者有时强调的对象搞错了——因此误导了那些试图理解工程的人。我相信我能在这方面做得更好些。第三,尽管我是非法"入侵"了工程史领域,但在这方面还是有先例的。很久以来,哲学家就曾通过指出其他领域里显而易见的东西来发挥他们的作用——而这正是我所打算做的。第四,也是非常重要的一点,我相信我的"入侵"是值得的。对工程史理解得越全面,对工程也就理解得越深入。

这种"入侵"产生了两个重要的结果:第一,它产生了一个将工程作为"工作"的定义,这种定义的方式将工程师与非工程师区别开来。换句话说,它限定了这本书将要研究的范围。第二,它清楚地说明了把工程看成"工作"和把工程看成"职业"之间的区别。这凸显了将工程理解成"职业"(而不仅仅是一个智力领域或者"知识工作者"的工作)的重要性。我认为,将工程师理解成一种职业,就是要让伦理成为工程师工作的核心。

第一章
科学、技术和价值

工程是否只是应用科学,就像科学本身一样是价值中立的领域? 或者,工程是 否只是技术,是被那些技术研究者充分研究过的领域? 如果工程有价值,那么它是否与技术的价值等同呢(不管技术的价值到底是什么)? 或者,工程的价值更大? 那么,这种价值又是指什么呢? 又是为什么呢?

这些都是很重要的问题,是需要我们迫切回答的问题。但在我们回答之前,必须要澄清一些概念。"科学"、"技术"以及"价值",类似于"工程"与"伦理",它们被用于太多不同的场合以致含义不清。要澄清这五个概念(或者与其相关的其他术语),就需要追溯它们的历史。历史可以部分地解释有关这些术语的混淆问题,能够帮助我们在回答前面的问题时做出正确的选择。

技术和智慧: 自古以来不对等的双胞胎

首先,我从词源学入手。"Technology"是由古希腊的两个词"技艺"(techne)和

"理念"（logos）复合而来的。"Techne"是指手工工艺。所以，一个"tekton"就是一个木匠或者建筑工人；一个"architect"就是一个精通建筑的人。"logos"的后缀形式"-ology"意味着解释或者研究。所以，在希腊人所使用的意义上，技术就是指对手工工艺的解释或者研究，就像生物学（biology）是对生物和生命的解释或研究一样。技术是一个领域，是那些绅士们进入工场记录下的工匠的秘诀并用于日后发表的文字。①

当然，这并不是"技术"现在的意义。尽管它有古希腊根源，但实际上直到 19 世纪中叶"技术"才有了一种新的意义。②

[6]   古希腊是一个奴隶制社会，像其他奴隶主一样，希腊人让奴隶们从事手工劳动。由于自由公民不想被误认为是奴隶，因此古希腊人都避免做奴隶们所做的事。例如，因为奴隶都是跑着去完成主人的任务的，所以自由公民则选择走得很慢。③希腊人是如此鄙视手工劳动，以致他们认为雕刻比绘画缺少贵族气质，因为雕刻家和画家不一样，他们必须像奴隶一样用汗水换取成果。④

少数例外之一是体育运动。尽管体育运动也是要流汗的，但它不是奴隶们可以做的事情。另一个例外就是战争，刀剑相向，虽然这是一项艰苦的任务，但它却是由自由公民完成的。

希腊人经常将"sophia"看做是与"teche"对立的概念。"sophia"经常被译做"智慧的知识"，甚至是"科学"，但它比较好的翻译是"智慧"。"哲学"一词就是由"sophia"派生出来的（爱智慧或者是对智慧的追求）。对希腊人来说，哲学包括了数学、物理学、经济学和类似的其他科学。因为哲学在根本上是一个思想的问题，而不是手工技艺。自由公民很适合于从事哲学。

处于希腊黄金时代的希腊人热爱"智慧"（sophia），同样地，她也给予他们相应的回报。那个时期的希腊人是现在我们这个社会中（我也是其中之一）占主导地位的哲学传统的开创者，他们也是许多科学分支的开创者，例如，几何学、生物学和政治科学。

他们在诗歌、建筑和历史领域上的成就也令人印象深刻，但他们对于"技术"（teche）的贡献却并不突出。当然，他们也有一些贡献，例如，对战船设计的改进，但这些船是他们掠夺来的。与希腊的黄金时期相比，欧洲的黑暗时代给了我们更多更有用的发明。⑤

　　现在,也许你可以找到两个原因来质疑"技术"这一丑陋的字眼:⑥第一,在"智慧"和"技术"之间暗含着对立。而今天我们认为科学和技术是相关的,而不是对立的。所以,例如,在资助科学研究方面,政治家提供的一个理由就是,人们将会从新的技术中获得回报。第二,在希腊语中这个词的意义。对我们而言,"技术"不再是希腊语中所意味的对手工艺的研究,而是所有使得手工劳动更加简单、更加有效率或者不再必要的发明创造。在这个意义上,技术始于人们制作的第一件工具,而我们所听到的那些新技术就是在这个意义上的——人们制作的新工具。

　　当然,也有另一种意义的"技术",它是从第二种解释中引申出来的,是指一种研究,如"技术学院"(或"理工大学")。技术学院不是一个研究手工艺(木工、机械等,古希腊语中的含义)的地方,或者不仅仅是一所技术的学校。技术学院是一个研究应用发明的地方:如何创造发明,如何组织发明,(及如何组织使用它们的人)去创造其他有用的东西。拥有与几乎所有事物相对应单词的希腊语似乎没有一个可以用来表示这个意义的语词。

　　这个历史给了我们什么启示呢? 例如,考虑我们在工作中的着装:其中一些穿着"白领",好的衬衫、领带、优质的休闲裤、裙子、运动外套等;其他人穿着"蓝领",劣质的衬衫、工装裤等。通常这些穿着"白领"的人比那些穿着"蓝领"的人有更高的地位。薪资是第二位的(社会效用也是如此)。一个木匠的地位比一个只有他一半薪水的会计师的地位要低。为什么呢? 虽然木匠需要有一个受过训练的思维,但他和其他"蓝领"一样,需要付出更多的汗水,被灰尘和木屑包围。因为这样的劳动会很快毁坏好的衣服,所以"白领"们与穿着"蓝领"的人以及这种"奴隶般的劳动者"保持了一定的距离。于是,"白领"们便拥有了所谓的地位。　　[7]

　　不论我们父母的血统如何,至少在这方面,我们都是古希腊人的后代。即使我们自身喜欢体力劳动,但我们也不会像对待脑力劳动那样尊重体力劳动。⑦这是否是正当的,特别是对工程师而言,我表示怀疑。但是,对我们来说,这是一个确定的事实。我们对"蓝领"持有偏见,不仅仅对那些做"蓝领"工作的人,甚至也对那些和他们一起工作的人。⑧

就"科学与技术"这样一个词组本身,偏见也是存在的。为什么"技术"总是在后面?原因不可能是它们出现时间的先后顺序。如果"技术"是有关使手工劳动更加简单的发明,那么技术要比科学古老几千年。甚至当"科学与技术"中的"技术"表示一种对实践发明的系统研究时,技术也和相应意义上的科学——对自然的系统研究———一样年轻。因为,直到最近,"科学"才包括了所有系统的知识,不论是自然知识还是发明,甚至包括了法学和神学。

对科学必然的优先性的解释也不是由于字母顺序。用"工程"代替"技术",顺序还是一样的:"科学与工程"(就像《科学与工程伦理》杂志那样),而不是"工程与科学"。这种解释也不是出于实践的重要性。技术用来烤我们的面包;科学只帮助我们理解是怎样做的。这种解释也不是出于仅仅的偶然。因为偶然会有很多的例外,但这种顺序却是固定的:科学与技术。为什么呢?

我认为,这个答案是,这种顺序暗示了两者相对的地位。科学比技术有更高的地位,因此,它首先被论及。

那么,科学不应有更高的地位吗?难道技术不仅仅是应用科学吗?难道科学不能在发展的过程中处于第一的位置吗?科学就像主人一样去制定法律,而技术只是像奴隶一样应用它,不是吗?甚至工程师也会对这些问题作出肯定的回答。但是,答案却是否定的,技术不仅仅是应用科学。

科学、技术和工程

"科学"和"技术"是两个可比较的概念。科学,是关于"自然"如何运作的系统的清晰的知识;技术,是关于如何创造有用的东西的系统的清晰的知识。可是当[8] 今的用法却不是那么地清晰。虽然科学这个术语一度是指关于自然系统的清晰的知识,但现在它的意义已经发生了变化,所以它在当今指的是有关"发现之旅"的社会事业(科学家们可能会这么说),而不是仅仅指他们所发现的东西。在这个意义上,科学家是由参与到试图了解自然是如何运作的那些群体所组成的。⑨

　　由于"技术"仅指我们的应用发明,或者是对如何创造出更多东西的研究,我们缺乏在这个意义上可以与这种"科学"新含义相比较的术语。我们怎样称呼发明有用的东西,或者至少增加了我们如何做的知识的群体呢?"技师"是一种错误的称呼。技师是助手,是在科学家、工程师、建筑家、医师或者类似的人的指导下完成日常工作的人。"技术专家",虽然是一个不错的选择,但却没有抓住要点;"应用科学家",虽然一度和社会学家、自然科学家,甚至工程师一样流行,但现在已经淡出视野了。

　　什么原因呢? 我认为,这是因为绝大多数被称做"技术专家"或者"应用科学家"的人已经有了一个更加合适他们的名称,即"工程师"。

　　我说"绝大多数",这是确切的。如今,美国有超过 200 万的工程师,比其他"技术专家"的总和还要多。其他"技术专家"大多数不是建筑师、化学家、物理学家、生物学家、医生、计算机科学家,就是纯粹的发明家。在美国只有 13.5 万的建筑师,38.8 万的自然科学家(包括化学家、物理学家和生物学家),45 万的计算机科学家和 60 万的医生。⑩我没有计算"纯粹的发明家",因为大多数发明家即是工程师,所以并不存在很多"纯粹的发明家"。对技术作出贡献的医生也不多。大多数医生并不从事研究或发展,而仅仅提供健康保健。所以,即使假设大多数科学家的工作有技术的成分,而不是纯粹的研究,那么工程师的数量也肯定比所有"技术专家"的数量要至少多一倍。

　　因为有这样的数量对比,所以那些做技术的人便被称呼为工程师。但我认为,这是一个很严重的错误。化学家、建筑师、医生、生物学家,等等,并不是工程师。弄明白了为什么他们不是工程师,可以帮助我们了解绝大多数技术中所内含的价值,即工程师所发展的技术中存在的价值,以及了解伦理在技术中的位置。这也正是我们论题的核心。不过这需要先了解更多的历史。

工程的起源

职业的起源,类似于贵族血统,往往喜欢追溯到古代。例如,美国医学协会的《医学伦理原则》列出汉谟拉比法典(大约公元前 2000 年)中的一些条款作为最早的医学伦理规范。⑪当然,这样的历史追溯是有一定的事实根据的。在某些方面,古代巴比伦的治病术士和今天的医生是很像的,例如,他们都试图治愈疾病。但是,他们也有许多不同之处。对我们而言,他们的不同之处更为重要,例如,古代巴比伦的治病术士没有被组织成为一种职业,甚至一个协会。如果从两个世纪之前现代市场的诞生开始说起,我们就会更清楚地了解职业。随着现代市场的出现,消解了贸易和"自由职业"之间的区分,从而慢慢地出现了一些新的职业,甚至是一种旧的工作也可以成为一种新的职业。

到了 1850 年,特别是在英国,出现了现代职业的模式。职业包括了以考试和得到一些特殊证书为标志的正规课程和一些明确的实践标准,即一部伦理规范。⑫显然,创造了这些新模式的人们似乎并没有意识到他们在做一件新的事情。但是,毫无疑问,他们误解了自己的行为。甚至他们所用的一些术语也是新的,例如,"医学伦理"这个词语是 1803 年由托马斯·珀西瓦尔医生在一本书中提出的,但他认为这已是一个陈旧的话题了。⑬

正像大多数职业一样,工程也充斥着很多虚假的起源。一些工程历史认为工程始于石器时代,始于第一种工具。它们将工程与纯技术混淆了。⑭还有一些工程历史则将工程的起源解释得更为巧妙,它们认为工程师一般不做手工劳动,而更多的是指导别人工作。与第一种工具的起源相比,这种以工作分工为标志的起源要晚得多,它指的是第一个足够大的项目,其中包括了一些做规划的人和另一些实施计划的人。它们认为工程始于巨石像、金字塔和其他古代文明奇迹的建造。⑮

虽然这第二种起源比第一种要好,但它仍然存有两个尴尬的困境。一是它使建筑师(或者"建筑大师")成了最初的工程师。而如今的工程师一般认为今天的

[9]

建筑师无疑不是工程师。二是这种叙事的方式并没有说明为什么我们今天所使用的工程师的词汇，是起源于法国而不是像"建筑师"那样起源于希腊。还有，为什么法国使用这个词只有 400 年的时间。一般来说，我们使用一个重要的词汇都是从这个东西一出现就开始的，而我们说的是什么词，这并不重要。

所以，我将从 400 年前的法国开始叙述工程的历史。那时有一种被称为"engines"（发动机）的东西，"engine"当时指的是有某种用途的，并且在设计中体现出智慧的精密装置，简单地说，就是一台机器。最先被称为"工程师"的人是军人，他们往往与发射机、攻城塔、大炮以及其他"军事机械"有着密切的联系。他们和我们所认为的工程师还是不一样的。与其说他们是工程师，还不如说今天的火车司机是工程师（美国英语中，火车司机也可以是 engineer）。他们只是操作军事机械（或者工作中接触到军事机械）的士兵而已（美国英语中，士兵也可以是engineer）。

如果士兵隶属于工程部队，那么在一定意义上他们仍然可以被称为工程师。虽然他们不拥有工程师的知识，但他们还是直接地参与了一些工程工作；虽然他们并不是精确地与军事机械相关，但也不再是一个常规的部队。

400 年前，法国的军队是由骑马的贵族领导的。他们从父辈或战斗中学习到了战争的知识，也可能在实战中牺牲。步兵是跟随贵族的。他们中的很多人是农民或者工匠，在经过军营训练之前，完全不了解什么是战争。当战争结束后，军队解散，每个贵族带领着自己的臣民回家。在这样一个军队中，工程师通常是木匠、泥水工或者为战争提供土木技术的工匠。

1661 年，当路易十四终结（其母亲的）摄政时，法国依然采用了这种战争方式。但是，在随后的 20 年间，法国有了大约 30 万人的军队，这是自古罗马军团以来一支规模最大、训练最好、装备最精良的欧洲军事力量。这个模式被广泛地复制。直到今天，我们大多数的军事术语，从"army"（军队）到"reveille"（起床号），从"bayonet"（刺刀）到"maneuver"（演习），从"private"（士兵）到"general"（将军），都是由法语词汇演变过来的。"engineer"（工程师，也作士兵解释）也是其中的一个军事术语。

　　到 1676 年,法国工程师仍是步兵的一部分。但在这一年中,"engineers"被归入一个特殊的集体——工程特种部队(corps du génie)中。⑯这个重组带来了重要的影响。一个固定的军团比独立的个人能够更好地保存记录,能够更有效地积累知识、技能和惯例,并能够将它们更好地流传下去。一个军团能够成为一个有自己风格和名誉的独立机构。与一个原始工程师组织相比,工程特种部队更是一个工程研究的中心和培养工程师[我们所认为的有才华的军官(officieurs du génie)]的基地。

　　工程特种部队很快发挥了这种潜力。在 20 年间,它因在军事建设方面的突出成就而享誉全欧洲。当另一个国家把"engineering"(工程)这个词用在自己军队里时,它指的就是工程特种部队所从事的活动。⑰而在其他欧洲语言中,缺少这样一个单词。

　　即使到了 1700 年,工程特种部队还不是一个我们所认为的工程学校。它更像是一个由师傅和学徒结合的组织。确切地说,当时法国和其他欧洲国家都还没有一个稳定长久的军事院校(我们所认为的),更别说工程学校了。这在现在看来是很奇怪的事。那时还没有明确的培训军官的普通课程或培训工程师的特殊课程,甚至还没有一个非常清晰的概念,认为这是必须的。到了 18 世纪,法国人才逐渐地明白他们想从工程教育中得到什么以及如何得到。不过,直到 18 世纪末,他们才有了和今天几乎相同的工程课程(只有细节上的区别),同时也发明了工程。⑱

　　军队需要防御工事,安放在敌人防御工事下的地雷,行军的道路和桥梁,民用工程也需要同样的东西,这些都要求有一些类似的技术去建造。所以在 1716 年,法国建立了另外一个工程师军团——桥梁和道路军团(corps des ponts et chaussées),用来建设和维护国家的桥梁、道路和运河(这些设施对部队和商业具有同样的重要性)。该军团成立了一所培训官员的学校,这是第一所存在时间足够长的工程学校。与军事工程师一样,这些土木工程师受到了所有欧洲人的钦佩。

一些欧洲国家在沿用他们名称的同时,也搬用了他们的方法。[19]

　　他们的工程方法是什么呢? 工程师,不论是军事的还是民用的,要能够制订建设项目的规划,进一步将这些规划发展成详细的指令,并能够检查这些指令的执行。这些都和建筑师很相像,但他们又区别于建筑师,至少体现在以下三个方面:

　　第一,工程师在数学和物理学方面比建筑师受到了更好的训练。他们有能力系统地思考一些问题,而大多数建筑师只能直观地处理或者忽视这些问题。[20]　[11]

　　第二,因为工程有着战争需要的起源,所以工程师更关注可靠性、速度和其他的实用性。例如,在建造之前,对材料和流程的系统性测试被认为是工程师的一个特长。[21]相比较而言,建筑师更像是一位艺术家,他更关注美感,而工程师则更致力于使事情奏效。

　　第三,工程师最初是被作为军官来接受培训的,要求他们服从纪律,从而能够在一个世界最大的组织中承担重要的责任。因此,在指导大型民用项目时,工程师比建筑师更加出色,而大部分建筑师只有一些小项目的工作经验。

　　这三个方面的优点可以相互补充。例如,大的项目不仅需要更多预先的计划和执行中的纪律,还需要更好的数学分析和确保对材料和流程的全面测试。正因为如此(或许还有其他原因),土木工程师才逐渐接管了很多原本属于建筑师范畴的工作。他们是社会中的一种新生力量。

　　早期工程教育实验的标志是(巴黎)综合理工学院,它始于 1794 年设立的一所公共工程学院(école des Travaux Publics)。第二年,学校修改了名称,首次将工程和技术联系了起来。但我不知道,法国人为什么要修改它的名称。这所学校从不培养建筑师,更没有工匠和机械师。它是一所工程学校,保留"综合"(poly)一词,说明它为许多工程领域做预备培训,不仅有民用工程,还有军事和航海工程。[22]

　　在巴黎综合理工学院的课程设置中,有三年的公共必修课程。第一年的课程是几何学、三角学、物理学、化学基础及它们在结构和机械工程中的实际应用,有大量的规划绘图课,还有一些实验和实践课程。课后有背诵作业。第二和第三年继续这些相同的课程,并增加了这些课程在道路、运河、防御工事和军火制造方面的实践应用。在最后一年中,学生会被派往一所专业的学校,如炮兵学校、军事工程学校、矿藏资源学校、桥梁和道路学校、地理工程师(地图绘制)学校以及船舶学校。㉓

工程师能够很快地掌握这些课程,特别是在四年中,从理论到实践,从分析到设计,并在数学、物理学和化学方面得到了强化训练。

巴黎综合理工学院是 19 世纪工程教育的一个典型。㉔美国很早就开始采用这种模式了。美国的第一所工程学校是西点军校。到 1817 年,它采用了很多巴黎综合理工学院的课程,制度模式,甚至一些课本。㉕我将在下一章中详细讲述西点军校。

工程中的价值

[12]　在工程实践中存在着什么价值呢? 10 年前,尤金·弗格森(Eugene Ferguson)(从一名工程师转变成了一位历史学家)给出了他所谓的"工程律令"。㉖虽然它们不是很完善,也不能算是基本原则,甚至也不是完全的公平,但它们至少能帮助我们理解工程。

弗格森认为工程师:(1) 追求效率;(2) 设计省力的体系;(3) 设计系统的控制体系;(4) 关注非常大、非常强或者非常小(如电子方面)的东西;(5) 将工程看成是最终的目的,而不是一种满足人类需要的手段。这些律令,在弗格森看来,是工程师对于工作的本能。尽管一位工程师能够抵制它们,正如即使当我口渴时我也能抵制喝水一样,但事实上,它们是工程师的默认选择,除非他们有意识地去做其他的事。

弗格森制定这些律令是为了让它们成为对工程师工作方式进行评判的标准。但我认为,这些律令既算不上评判标准,又远远超出了评判标准。说它们算不上评判标准,是因为对其前四条进行反思后,我们发现它们既有褒义的成分又有贬义的成分。说它们远远超出了评判标准,是因为它们突出了工程的某些永恒特征,使得我们能把工程的历史和今天的实践联系起来。下面让我们进一步来分析这些律令。

"效率"是弗格森确立的第一条律令。弗格森指出,准确地说,"效率"没有确定的含义,既可以在这里指"最有力的",也可以在那里指"最低成本的",还可以在其他地方指其他意思。但他忽视了这个概念的效用。

工程师一般要先确定"效率"在一个情境中的含义,因为只有这样他们才能够测量它(或者它的部件),然后提供数据,控制它。与其他职业一样,工程师也试图通过分析一个情境来使他的特殊技能得到应用。工程师的一个特殊技能就是给实际问题提供数学模型。效率的概念允许他们去实践这种技能。

毫无疑问,工程师有时给予效率太多的关注,特别是那些原本无关紧要的效率。事实上,工程的历史在某种意义上是可测量的历史,某些属性一度被当作是一些不可测量东西的替代,当这种替代被证明与工程师实际所关注的问题并没有多大关系时就会被废除。[20]因为工程是一项实践的事业,它必须从实践中学习。实践必定会犯错误。一些工程的错误就与效率有关。

工程师可能很久才会放弃其中的某个替代性的测量。不过,这种缓慢也是可以理解的。工程师习惯了在大型组织中工作,而在组织中是很难变革的,同时结果也很难预测,因此他们更倾向于遵循一种即使已经不再被采用的惯例(例如,美国工程师们还在采用非米制的度量来登记螺栓或者螺帽)。世界似一个充满了各种困难的实验室,很多理论上美好的东西在实践中并不一定行得通。我们在多大程度上敢让工程师干预我们的生活呢?

弗格森的第二条律令是关于对省力工具的偏爱。弗格森认为,工程师的设计是为了省力,即使在劳动力很廉价时,即使它最终会导致更高的生产成本和更多的失业者。

作为军事工程起源的产物,工程师对省力的偏爱是可以理解的。因为自从工程的诞生,大部分军队的最初劳动群体是它的士兵。没有将军希望他的士兵在能够战斗的时候却去从事建设。所以军事工程师一直都在寻找方法以节省劳动力, [13]

即使所省的劳动力是廉价的(实际上,是免费的)。

当军事工程师转变为民用工程师时,这种倾向使工程师在与其他技术专家竞争时处于一个不利的境地。因为他们设计的东西成本太高。雇用这些工程师的雇主们很快就会认识到这一点,于是他们会采取一些弥补措施,比如不经常雇用工程师或者确保被雇用的工程师在设计产品时能将成本考虑在内。

正如弗格森的评判标准所显示的,如果没有这些弥补措施,雇主雇用工程师的原因很可能是雇主也有节省劳动力的偏好。雇主的这种偏爱不难理解,因为在没有常规的可节省劳动力的情况下,劳动力就有变得稀缺和昂贵的趋势。

当然,这只是一种趋向,许多因某个独特的发明而失业的人得靠救济金生活。毫无疑问,很多工程师会将这些后果考虑进去,也许很多雇主也会让他们这么做。但是如果工程师考虑了这些,那么他们就需要相关的信息和使用它们的惯例。

收集这些信息是社会科学的任务,不是也不大可能成为工程的任务。任何能够为工程师提供重要社会统计技能的课程都太冗长而不能吸引学生。工程师不应该为那些他们只能猜测出来的而没有考虑到的社会结果而受到谴责。

但是,当这些信息存在时,将这些信息与工程工作结合起来是工程师能够做的,也是必须做的。事实上,他们早已这么做了,如将雇主的生产成本纳入到工程设计的考虑之中。在过去的20年间,由于环境保护局(EPA)的缘故,工程师在他们的设计中已经很好地结合了环境成本的因素(例如,像设计生产和使用一样,设计废物处置问题)。如果他们有可以评估社会影响的量化标准和可以从中产生相关数据的信息资源,那么他们同样也可以将社会影响纳入到工程设计的考虑之中。

工程师能够帮助建立这些标准,就像他们帮助编写EPA的标准一样。但是,就像环境标准一样,可接受的社会影响的标准不是工程师可以独立决定的,即使他们有律师、会计师、公司总裁和其他专家的帮助也不行。社会影响会引发政治问题,而政治问题是每个人都想参与决策的。如果工程师拒绝单方面建立这些标准,

那么我们是否应该谴责他们呢？㉘

弗格森的第三条律令是为系统设计控制体系。工程师一般会试图将计划和执行分开。如果系统设计中融入的智慧越多，那么系统的操作者所必需的智慧就越少。装配线就是这种规则的一个典型实例。工程师试图设计一条装配线，这样工作就能够变得很简单，工人们只需要几分钟的训练就能学会。因此，这样的工作是重复性的和枯燥的，从事此工作的人也退化到了好像只是一个有器官的机器人。 [14]

工程的军事背景可以解释这种律令的起源。士兵完成一个工程项目，不论是挖掘战壕还是架设桥梁，都不需要花费很长时间来学习。军事工程师必须设计这样的工作，以使得任何人都能够轻易上手。（与之相反，建筑师似乎是带着偏好在设计，这就要求工匠们有精巧的手艺了。）

但仅仅工程的军事背景还不足以说明，为什么在民用工程中也存在这条律令（或者说，至少做这些事的工程师为什么会被如此要求）。对于这个问题的解释和第二条律令一样，即一定是这个倾向在民用工程中也一样有用。这可用一个最近的例子加以解释。

现在，麦当劳餐厅的收银台上罗列着带有各种食物图片的按键，收银员不需要知道任何食品的价格，甚至都不需要会阅读，只要能够识别图片和按键就行了。在一个雇员流动性比较大、教育水平比较低、价格变化比较普遍、培训又很昂贵的行业，这种不用动脑筋的收银工作就为麦当劳省了资金，也为更多的人提供了就业（其他工作需要一定的资质）。发明这种工具的人，无论是否是工程师，无疑都是麦当劳的功臣。㉙

弗格森的第四条律令是说工程师的工作有忽视人类比例尺度的倾向，他们偏好非常大或者非常小的尺度。这条律令的理由是因为工程师是大型组织的产物。路易十四的军队是那个时代最大型的组织之一，他们创造了民间工匠不能做（或者做得不够好的）的工程。甚至在今天，大多数的工程师仍然是在大型组织中工作的。你建造一所家庭住宅不需要工程师，木匠和建筑师就能做这项工作。但是，当你建造一座30层高的楼房时，你就需要工程师了。

我认为，工程师忽视人类尺度的问题就在于他们很少需要从事在人类尺度范围内的工作。一般地，要求工程师在人类尺度范围内工作就像要求律师为两个想要开办柠檬酒吧的孩子准备一份合伙协议一样。工程师可以做这样的事，但是工程师所做的，要么是其他人也都能做的、要么是超出个人能力范围的。

在这个层面上讲，最小的类似于最大的。例如，制造今天的微型电路要求生产力和控制力，这是个人无法完成的。因此，这是工程师的工作。

弗格森的最后一条律令——将技术繁荣优先于人类的需求，这一规则和其他的迥然不同。这是所有职业常见的一个失误。（我们都知道一个关于外科医生的笑话是这么说的：他说："手术成功了，但病人死了。"）但是，这最后的一条律令比所有职业的任何一个常见失误都更糟，因为，它与工程的一条基本价值不一致。

[15] 我已经提到了工程的军事起源。[⑩]但我没有指出我们所讨论的大部分时间段，也就是 18 世纪，被称为启蒙时代。那是一个很多欧洲人开始相信启蒙，即学习科学能够带来和平、繁荣和持续发展的时代。在无数的时代里，智慧带来的最大希望曾是使世界不会更糟。而在启蒙时代，人们开始相信世界会被创造得更加美好。工程也将这个信念纳入了进来。所以，如早期综合理工学院毕业的学生是"科学和民主的理想主义者，他们有着为人类进步作出贡献的愿望"。[⑪]在同一时期的英国也有同样的态度。1828 年，当已经成立九年的英国土木工程师协会让其成员——托马斯·特雷德戈尔德(Toms Tredgold)来定义"土木工程"的时候，他的答案是："土木工程是一门运用自然界的广阔力量资源来满足人类的需求和为人类提供方便的艺术……土木工程最重要的目标是改善生产和交通的工具及手段，为国内外贸易服务。"[⑫]这个答案，当前工程师们仍然在引用。

特雷德戈尔德认为，工程是制造一些对人类有用和可带来便利的东西。但是，对于特雷德戈尔德来说，这不是简单地保持其原来状态的问题。工程是要"改善生产和交通的工具及手段"。因此，从这个定义来看，工程是物质进步的一种工具。

但今天的工程又如何呢？毫无疑问，大多数的工程师想修改特雷德戈尔德的定义,比如将"人类"替换成"人民"。但很少有人想改变它的核心内容。工程依然是一项负载着人类进步责任的事业。所以,如被广泛采用的美国工程伦理章程所表述的:"通过用他们的知识和技能来提升人类的福利,(工程师维护和提高了工程职业的正直、荣誉和尊严。)"㉝

为什么工程师不是科学家?

关于工程我们暂且论述到此。现在我们要来看看工程师是如何区别于其他技术专家的。我已经指出了一些用来区别工程师和建筑师的方法。现在我将解释如何区别工程师和应用科学家。

我曾经在一家大型石化公司的研究中心开过一次讲习班。听众一半是化学家,一半是化学工程师。我先问化学家:"如果让你在发明有用的东西和发现新的知识两者间选择,那么你会更倾向于哪一个?"化学家认为这是一个很难回答的问题。他们解释道:"毕竟,一个没有实际利用价值的,但又是有趣的化学发现是难以设想的。"最后,我要求举手表决。大约一半的化学家选择了"有用的发明",另一半则选择了"新的知识"。而所有的工程师都投了有用的发明一票。对他们来说,新的知识只是改进人类生活的一种工具。㉞

工程师不像化学家那样效忠于科学。他们使用科学,就像他们使用其他资源一样。他们对科学作出贡献与对司法和其他社会实践作出贡献都是一样的。例如,在计算机的生产中,他们帮助降低化学材料的消耗。但他们是作为非科学家在做这些事情的,他们是发明之旅的参与者,而不是发现者。

工程师和化学家之间的这种区别是令人惊讶的。他们很多人已经肩并肩地工作了几十年。他们本以为他们具有相同的价值。当然,我们不会把价值像徽章一样别在衣服上作为身份的象征,除了我们用它来表明我们属于这个职业而不属于另一个职业外。正因为没有认真看待这种职业上的区别,所以才会有惊讶。

　　科学家和工程师的这种区别不仅仅是一个工业实验室的特异反映,我也问过其他的工业实验室,得到了相同的答案。同时,这种区别也并不仅限于工业实验室。我在大学的讲习班中也问过这样的问题,参加者都是工程师和科学教师,结果更加极端。其中比选择"有用的发明"的科学家更稀奇的是,一位工程师投了"新的知识"一票。㉟可见,至少在这个方面说明了工程师不是科学家,甚至不是应用科学家。人们期待科学家要效忠知识、理论或者应用,而对工程师来说,他们首先要效忠的不是知识、理论或者应用,而是人类福祉。㊱

伦理和工程

　　之前,我将工程描述为一种"世界上新兴的力量"。力量,虽然本身无好坏之分,但却总是存在风险的。就工程师工作的尺度来说,工程就特别具有风险。在很久以前,工程师就认识到了这一点,并尽可能地确保工程是用在好的用途上。作为一种职业,他们接受了伦理规则,并将它们付诸于实践。

　　"伦理"(正如在前言中提到的)至少有三种普遍的用法。它不仅能用来指普通道德或者是对普通道德的系统研究,它还可以指那些特殊行为的道德标准,这些标准是集体中的每一个成员都希望其他成员能够遵守的,同时也意味着他们自身也要遵守。我认为,正是这第三种特殊标准,被职业中的成员称为"职业伦理"。㊲也就是说,只有当工程师接受了一种道德规范,才有了伦理的准则。即使在美国,这种伦理规范也直到20世纪初才出现。㊳

　　在某种意义上,他们的伦理准则其实是他们自己制定的,只要他们规定的标准与普通道德标准相一致。㊴也就是说,工程伦理可以随着时间,甚至是国家、领域的不同而发生变化。

　　因此,在道德价值(比如说工程师要改善人类生活的承诺)与伦理(特殊的行为标准)之间就有很大的区别。尽管在工程历史的早期,工程师就对促进人类福祉赋予了价值,但是,在工程师还没有接受将公众福祉列为首要利益的道德行为标准之前,没有把公众利益作为首要利益并非是缺乏职业道德的(我所说的第三个意义上的道德)。因此,在此之前,不把公众福祉放在首位也不是没有道德的。道德规范是不包含这种义务的,虽然它也要求我们避免做出有危害性的举动,并且或许还应提供某种援助。⑩工程伦理的历史提醒我们,伦理标准和其他工程标准一样,不是一系列发现,而是有用的创造。 ［17］

　　像诚实、安全或效率这类价值是出于行为的需要,也是行动所采用的标准,但这类价值,不管是道德的还是职业的都没有告诉我们应该怎么做。也就是说,这类价值只是一种观念(价值观),仅要求深思熟虑的权衡和考量。诸如效率、安全,甚至诚实这些价值是决定做什么时的考虑因素,无所谓遵守或违反它们。相反,包括了伦理准则的实践标准则告诉了我们应该怎么做。它们并没有让我们去权衡。它们是律令,我们只有遵守或违反。正如我们将在后文中看到的,在任何工程伦理的讨论中,它们都是应给予特别关注的。

注　释

本章内容始于 1992 年 10 月 13 日在威斯康星大学(the University of Wisconsin Center/ ［191］
Fond du Lac)作的 GTE 演讲。我应该感谢那些出席的人,还有我的同事们,威尔伯·珀鲍姆(Wilbur Applebaum,历史学)、锡德·古拉尔尼克(Sid Guralnick,土木工程),及我的朋友,麦克·罗宾斯(Mike Rabins,德克萨斯农工大学),他们帮助我理清了这里所讨论的问题。原文较长,并曾以"工程伦理的历史序言"("A Historical Preface to Engineering Ethics")为题发表于《科学与工程伦理》(Science and Engineering Ethics)第 1 期,1995 年 1 月,第 33—48 页。

　　① 特别参见保罗·罗斯(Paolo Rossi)的《早期现代派的哲学、技术与艺术》(Philosophy, Technology, and the Arts in the Early Modern Era, trans. S. Attanasio, New York: Harper and Row, 1970)。《牛津英语辞典》将 1615 年作为第一次使用"技术"这个词的时间。

　　② 大卫·诺布尔(David Noble)认为,就现代意义上普遍使用"技术"一词,雅各布·比格罗(Jacob Bigelow)起到了积极的作用。比格罗是一位波士顿的医师,他帮助创立了麻省理工学院(1865)。为了证明这点,诺布尔列出了他引用的比格罗在《技术原理》(Elements *of Technology*,1829）中的一段话：

可能从来就没有一个时代像现在这样，雇用那么多人才和企业去研究科学的实际应用。为了包含……这项事业下的各种议题，我采用了"技术"这个概略性的语词，这个语词具有充分的表达性，能够在古老的词典中找到它，并且开始在现代人的实践文献中复兴。在这个词的名义下，它试图囊括一系列……原则、过程和对更加卓著的技艺的命名，尤其是应用科学领域中的那些技艺，它被认为是有用的，因为它可以提高社会福利和研究它们的人的报酬。［大卫·诺布尔，《设计美国》（*America by Design*，New York：Alfred A. Knopf,1977），第 3—4 页。］

我对这篇文章的理解不同于诺布尔。比格罗指出这一概念（技术）的复兴早已开始，因此，他自己也承认，他对这一概念的复兴或许没有起到作用。而且，比格罗自己对这个词的使用几乎没有区别于他所指的那个古老词典里的词。主要的区别在于，比格罗观察到了一些在应用科学领域中的更"卓著的技艺"。如此，他对技术的理解似乎仍然与现代的技术观——发明或发明的科学，还是有很大的差别的。

③ 例如，参见柏拉图的《泰阿泰德篇，Ⅲ》（Plato's *Theaetetus*，Ⅲ：172-173）："哲学家是一位绅士，但律师是一位仆人。哲学家能说透问题，并能悠闲地从一个话题转向另一个话题，随心所欲……（而）律师总是处在忙碌之中。"

④ 汉纳·阿伦特（Hannah Arendt），《人类状态》（*The Human Condition*，Garden City，New York：Doubleday,1959,p. 323n）。

⑤ "如果我们假设中世纪在 15 世纪结束，那么，只要简单数一下那个时期欧洲人制造或采用的发明，就可以证明确实如此。就技术来说，中世纪的发明创造超过它之前的任何时期。"［菲利普·P. 温纳（Philip P. Weiner）编《思想史词典：相关的关键思想研究》（*Dictionary of the History of Ideas：Studies of Selected Pivotal Ideas*，New York：Charles Scribner's Sons,1973,vol. 4,p. 359），D. S. L. 卡德韦尔（D. S. L. Cardwell），技术。］当然，我仍会将希腊黄金时代与黑暗时代一段相似的延伸时期作比较。倘若我比较了黑暗时期和古希腊时期，那么我可能就有点想隐匿我的观点了（并且开始担心将如何计数发明）。

⑥ 例如，参见斯宾塞·克劳(Spencer Klaw)，《浮士德交易》("The Faustian Bargain")，摘自马丁·布朗(Martin Brown)编的《科学家的社会责任》(*Social Responsibility of the Scientist*, New York：Free Press, 1971)，第3—18页。

⑦ 这个"我们"是谁？当然，是你和我，但也可能包括这个星球上的绝大部分居民。

⑧ 在现代，对于体力劳动者的偏见似乎因地区和时间的不同而不同。当然，在这方面，今天的美国肯定比一个世纪前的(比如说)法国要少。所以，在今天，我们很难想象下面这个发生在19世纪的法国机械工程师(或技师)身上的故事。在做完礼拜后，他和一位站在妈妈身旁的年轻女子交谈。当年轻女子发现他以制造蒸汽机为生的时候，她战栗地说：

"什么！你在劳动，那么你是暴露在这门手艺所包含的所有污秽中？"我有一点恼怒地回答道："是的，小姐，但是，我敢肯定的是此刻一点也看不出来。"她的妈妈先背转了身，而我身边这位美丽的女子望了望我那保养很好、并没有出卖我的手，然后也离开了。对于她，我就像是一个带有瘟疫的人一样。[爱德·克拉那西斯(Eda Kranakis)，《工程实践的社会决定因素：对19世纪法国与美国的比较分析》("Social Determinants of Engineering Practice：A Comparative View of France and America in the Nineteenth Century")，《科学的社会学研究》(*Social Studies of Science*)第19期，1989年2月，第5—70页，本段文字在第13页。]

对于法国与美国在实践中的差异以及对这些差异所提供的文化解读，这篇文章都十分值得阅读。

⑨ 尽管这种对于科学的描述无疑具有偏见，带有对自然科学和物质科学的偏爱，但它也适用于社会科学。社会科学被理解成一种实践，一种从外部了解人类社会的尝试，它也是自然的一部分。当然，现在有些社会科学家认为这种不带价值判断的科学是不可能的，并且这种尝试很可能是一种误导。

⑩ 《世界年鉴》(*World Almanac*, New York, 1989)，第158页。这只是一个大概的数字。(三年后)劳动部门确立的工程师的人数是151.9万[《职业展望手册》(*Occupational Outlook Handbook*)，美国劳动部，统计局，华盛顿，1992年5月，第64页]；而国家科学基金会的数字

是 284.98 万[《美国的科学家与工程师：1988 年的预测》(*U. S. Scientists and Engineers*：1988 *Estimates*)，国家科学基金会(National Science Foundation)有关科学资源的系列调查，NSF 88—322，第 6 页)]。显然，统计工程师的人数是不容易的。为什么呢？

⑪《医学伦理原则》("Principles of Medical Ethics")，摘自雷纳 · A. 高林(Rena A. Gorlin)编的《职业责任规范》(*Codes of Professional Responsibility*，Washington, D. C.：Bureau of National Affairs，1986，p. 99)。

⑫ 第一个现代职业是药剂师，在 1815 年进行了重组，但它现在已经衰落了。随着 19 世纪 30 年代律师的改变，其他的自由职业也开始慢慢地出现了。参见 W. J. 里德(W. J. Reader)，《职业人：19 世纪英格兰职业阶层的崛起》(*Professional Men：The Rise of the Professional Classes in Nineteenth-Century England*，New York：Basic Books，1966，pp. 51-55)。

⑬ 托马斯 · 珀西瓦尔(Thomas Percival)，《医学伦理》(*Medical Ethics*)或者《有关内科医生和外科医生职业操守的协会准则和戒律法典》(*A Code of Institutes and Precepts Adapted to the Professional Conduct of Physicians and Surgeons*，1803)。"协会"(institutes)这个词在一定程度上暗示了珀西瓦尔的模型至少部分是一种法理。[自从在查士丁尼皇帝所写的著名的教科书中出现后，书名中的"协会"就成了一本教科书或者法律摘要的标志，而题目中的其他部分则表示它特别的管辖区，例如，英格兰的科克法律协会(Coke's Institutes of the Laws of England)。]事实上，珀西瓦尔在他的引言中就提到了这种联系，他指出本打算把他的文章叫做"医学法律"，因为大约一半的正文是有关一个医师应该知道的英国法律摘要，其余大部分则是"戒律"(precepts)(即忠告)，而不是行为准则(所谓严格意义上的"伦理")。在现代意义上的医学伦理事实上就是这个创造性的著作的一小部分。

⑭ 举例来说，如 M. 大卫 · 伯格哈特(M. David Burghardt)的《工程职业概况》(*Introduction to the Engineering Profession*，New York：HarperCollins Publishers，1991)第 26 页写道："只要有发明或创造的地方，就需要工程。"但伯格哈特没有这样来描述工程师。难道存在没有工程师的工程？或者如比利 · 沃恩 · 科恩(Billy Vaughn Koen)在《工程方法的定义》(*Definition of the Engineering Method*，Washington, D. C.：American Society of Engineering Education，1985，p. 26)中写道："20 或者 30 个世纪之后，工程师会知道如何解决问题，就好像二轮马车的设计演化到第三阶段时一样，让前轴围绕主轴转动。"可是，三四千年前存在

工程师吗？

⑮ 举例来说,如在拉尔夫·J. 史密斯(Ralph J. Smith)的《作为一种职业的工程》(*Engineering as a Career*,3rd,New York:McGraw-Hill,1969)第 22 页写道:"据说文明的历史就是工程的历史。的确,高度发达的文明是以他们在工程上的成就作为标志的。"如此看来,用"建造"代替"工程"就没有什么异议了。对于一些学术著作也是同样的道理,比如唐纳德·希尔(Donald Hill),《古典和中世纪时期的工程历史》(*A History of Engineering in Classical and Medieval Times*,London:Croom Helm,1984)。作为细心的研究者和作家,对于将"工程师"这一称谓应用于古典时期的建造者,希尔给出了自己的论证(不像大部分作家那样,认为这种应用是理所当然的)。但他很快就承认,"在古典时期和中世纪,工程师的设计没有量化和科学的基础"(第 5 页),他们缺乏现代工程师正规培训的特征,他们甚至缺少全职工作的时间(第 7 页)。他们把"工程"(读成"建筑")作为一种副业。所以,无论他们是什么,它们都不是一种职业——甚至一份工作。

⑯ 尽管我们现在把"工程特种部队"(corps du génie)翻译成"工程师团体",但事实上在英语里没有一个确切的与之相对应的词。虽然"génie"相当于英语中的"gin"(轧棉机),也可能是"jenny"(纺织机),但这个法语单词还是不足以与"工程"等同。也许最好的翻译是"发明者团体",尽管它缺乏魔力的暗示(像英语中的"鬼怪")。不像 the corps du sappeur("铲具军团"),corps du génie 似乎没有用它所使用的工具来命名,而是将那些工具冠以它的名字。这表明它所做的事情有内在的创新性。

⑰ 参见弗雷德里克·B. 阿兹(Frederick B. Artz),《法国技术教育的发展:1500—1850》(*The Development of Technical Education in France*:1500-1850,Cambidge Mass.:MIT Press,1966),第 48 页;或者参见 W. H. G. 阿米蒂奇(W. H. G. Armytage),《英国的工程历史》[*History of engineering in Britain*,被误称为《工程的社会史》(*A Social History of Engineering*),London:Faber and Faber,1961],第 96、99 页。

⑱ 当然,工程课程的设置有许多改变(在加入了许多实验课程的同时也减少了必修课程)。加入了全新的科目,像热力学或电子学,而几何学和三角学则由第二年的微积分课程所代替。对于工程师来说,这些改变远远不只是对细枝末节的改进,它们当然有更多的用途。但是,对于我们而言,1799 年法国的工程课程与现在典型的工程课程的差异,根本弥补

不了工程师所学的与律师、医师甚至建筑师所学的之间的差距。工程职业与其他职业的差别到底在何处,那些希望对此了解的人必须关注工程师所共同具有的特质,特别是在经历很长一段历史后所形成的特质,而不是把他们区别开来的那些特质。

⑲ 阿兹,《技术教育》,第 47—48 页。也许我该提醒一下,这个团体的成员似乎不被称为"土木工程师"(ingénieurs civils),而被称为"道路和桥梁工程师"。法语似乎把"土木工程师"这个词预留给了受雇于私人的工程师。所有团体的成员不论是工程特种部队或者桥梁和道路军团(corps des pont et chaussées)都受雇于国家。英语中"土木工程师"可能是来源于对法语单词的误解(因为在英国这个国家力量相对较弱的国度,英语中没有一个单词是与桥梁和道路军团相对应的)。这是历史学家的工作。特别与克拉那西斯的"社会决定因素"(第 29—30 页)作比较。

⑳ 工程师也有许多秘密的方法[如蒙日(Monge)的描述几何]。阿兹,《技术教育》,第 106 页。

㉑ 同上,第 81—86 页。

㉒ 但是,请注意,彼得·迈克尔·莫洛伊(Peter Michael Molloy)在《技术教育与年轻的共和国:作为美国的巴黎综合理工学院的西点军校》(*Technical Education and the Young Republic:West Point as America's école Polytechnique*,unpublished dissertation,Brown University,1975)第 105 页写道:"从课程设置的描述来看,学校的名字在 1795 年从公共工程学院变为综合理工学院并没有什么神秘。"但它对我来说仍是一个谜。

㉓ 阿兹,《技术教育》,第 154—155 页。

㉔ 同上,第 160 页。也许我应该称它为"这个综合理工学院"。到 1830 年,综合理工学院如此开始专心地致力于数学研究(依照现在的美国标准),以至于它的大部分毕业生似乎都没有从事工程工作。因此,后期的综合理工学院提供了一个以科学能力的教育来取代工程教育的早期例子[莫洛伊(Molloy),《技术教育》(*Technical Education*),特别是第 119—130 页]。另一方面,这一解释也可能是不公平的(在法语的解释背景下)。参见克拉那西斯的"社会决定因素"(esp. pp.22-29),以了解为什么说整个 19 世纪(巴黎)综合理工学院是作为一个工程学院存在的。

㉕ 阿兹,《技术教育》,第 160—161 页。也许我应该补充一下,只是由于实践的困难才

使得这些在 1802 年前不能实现。莫洛伊对这一点有详细说明。

㉖ 尤金·弗格森(Eugene Ferguson),《工程律令》("The Imperatives of Engineering"),摘自约翰·G.伯克(John G. Burke)主编的《技术与变革的关联》(Connections：Technology and Change,San Francisco：Boyd and Fraser,1979),第 30—31 页。弗格森的"律令"当然就是科恩的"探索"。

㉗ 其中一个替代性的测量最终还是得放弃,详见沃尔特·文森蒂对"稳定性"的讨论,摘自《工程师知道什么,他们是如何知道的》(What Engineers Know and How They Know It,Baltimore：Johns Hopkins University Press,1990),第 51—108 页。

㉘ 在没有政府行为的时候,工程社团已经发展了一些规范,包括(通过促进标准化)提高效率和保持安全。这些规范为工程师制定了"自愿"遵守的标准,也为立法者提供了可以借鉴的"伦理模型"。详见第七章。既然这项活动被批评为是篡夺了政府职能,那么弗格森对于工程师应该做得更多的抱怨似乎就显得不公平了——至少在他对政府行为和私人组织或个人行为做出区分之前。

㉙ 不是所有工程设计都会使工作变笨(表示不用动脑筋)。许多"自动化"的工程设计在为许多人消除机械的日常性工作的同时,也为少数人创造了一些精细的技术性工作。这些设计可能会被认为是使工作变笨的有限例子,或者被认为是提供了一种全新的工作方式,使得不必再雇佣大量熟练的技术工人。至于它是如何分类的,我认为无关紧要。

㉚ 对于更多的有关军队与工程的关联,以及军队与技术的关联,参见巴顿·哈克(Barton Hacker),《设计一个新秩序：军事院校,技术教育和工业国家的崛起》("Engineering a New Order：Military Institutions,Technical Education,and the Rise of the Industrial State"),《技术与文化》(Technology and Culture)第 34 期,1993 年 4 月,第 1—27 页。

㉛ 阿兹,《技术教育》,第 162 页。

㉜ 这是一种描述,还是一种法令? 是在描述什么是土木工程,还是对它应该是怎样的一种陈述? 这不是一个很难回答的问题,但它给哲学家更多地关注职业提供了一个理由。特雷德戈尔德(Thedgold)的定义可能既是对土木工程师的一般描述,也是针对那些想把自己归为"土木工程师"人的相关法令。为什么这么说呢? 第四章和第十章将回答这个问题。

㉝ 工程及技术认证委员会(Accreditation Board of Engineering and Technology),《工程伦

理规范》(*Code of Engineering Ethics*, first principle, 1985)。(重点强调)。强调意味着描述，而语境则暗示着律令。这里我们再次看到了对职业特征的描述和规定的一致性。

㉞ 此处分析与科恩(Koen, *Definition*, esp. pp. 63-65)的不同。科恩正确地指出，工程师所做的有时候超越了我们所知道的科学，有时候因为实际代价太昂贵而忽视了科学，所以至少在一段时间内他们没有被认为是在从事应用科学。我认为，这是很重要的一点，但它和我的观点又截然不同。也许已经在足够多的方面证明了工程与应用科学的不同，但问题是，不是工程如何不同于应用科学，而是为什么它们曾经被认为是相同的。

㉟ 所有的"例外"都在电气工程部门发生过。不过他们是不是真的例外，我持保留态度。一方面，这些工程教授受过和工程师一样的教育；另一方面，他们认为他们在工程部门工作只是一个偶然。他们承认，事实上，他们也可以被分配在物理部门，甚至这种分配更合理。但这样的话，他们似乎将失去工程师的身份，同时也将失去帮助人们创造有用事物的兴趣。从这方面说，他们构成了对我的论断的支持，而不是反驳。

㊱ 比较文森蒂(Vincenti, *What Engineers Know*, p. 161)所说的："在实际应用中工程师不知道该选择哪个理论……必要时，为了获取这样一个理论，他们愿意放弃普遍性和准确性……去容忍相当多的模糊成分。科学家们更有可能去测试一个理论假说……或者推断一个理论模型。"

㊲ 要了解这样使用"伦理"的背景，以及我推荐它的理由，可参见本人的《伦理的崛起：是什么，为什么？》("The Ethics Boom：What and Why")，《百年回顾》(*Centennial Review*)第34期，1990年春，第163—186页。有人提出问题，为什么职业伦理章程必须是道德上认可的？简单的回答就是：如果没有道德的认可，就没有道德的约束；如果没有道德的约束，它们更准确的描述似乎应是作为一种道德规范、道德观念、风气、风俗或者习惯，而不是作为一种严格意义上的伦理。在本书中，我论证了理解职业伦理的价值所在，给出了有关上述问题的近乎完整的答案。

㊳ 当然，我假设在此之前美国的工程师还没有一个"不成文的规范"(unwritten code)。这好像是一个很大胆的假设，但事实上也就是没有。事实上，大多数"不成文的规范"是被写下来的。例如，英格兰的"不成文宪法"就记录了皇室成员的特权、议会的辩论、判例法，甚至是新闻报道。不成文只是一定意义上的不成文，因为它们并不是像美国宪法那样的权

威性文件。如果没有将期望写成文字，或者在大型组织中没有将这些话写在纸上，那么人们在协调他们的行为时是会遇到很大困难的。所以，在 1900 年前的美国，没有出现任何书面的工程伦理规范。即便是以某种非官方的形式——像一个世纪前珀西瓦尔为英国医生提出的规范，或者像沙斯威尔（Sharswell）在 19 世纪 30 年代为美国律师提出的规范——也没有。这种缺失是反驳"不成文的规范"存在的决定性证据。

㊴ 与第八章比较。

㊵ 尽管我提出了道德的主张而没有论证它们，但我相信它们是正确且显而易见的，我应该承认某些功利主义者不这么想，这些道德理论家认为道德就在于整体幸福或社会效益的最大化。他们的理论使得道德的要求太苛刻，这被证实是他们理论的问题，而不是普通道德主体的问题。

第二章
美国工程史

本章我们将继续探讨工程史。工程史表明：（1）工程（至少在美国）是多种古老活动（管理、工艺、科学和发明）的融合。（2）在过去的200多年里，工程学的概念发生了巨大的改变，并且因行业的不同而不同（有时以这种活动为主，有时则以另一种为主）。（3）工程仍有其界限。因过分强调某一种活动而导致培养工程师的失败，尤其证实了这种界限的存在。尽管在某种意义上，工程无疑是一项"社会建构"的活动，但一名工程师之所以是工程师，却不是简单地因为社会冠予了他这个头衔。工程师所做的工作有它本身的学科范围。任何对工程的恰当理解，都必须承认这些学科范围。这些学科的核心是培养工程师的方式（特定的课程）和运用工程师之所知的方式（伦理法则）。

初 始 阶 段

美国最早的工程师，或者说第一批被冠以工程师头衔的人，是独立战争时期的军官。美国第一所工程学校是一所军事院校,即西点军校。①当然,这种工程与军事之间的联系不是偶然的。正如第一章所阐述的,工程始于 1661 年路易十四建立的那支伟大的军队。尽管工程师很快就被征召参与民用工程(修路、架桥、开凿运河、开矿及其监管或造船),但是这些"民用工程师"所受的训练绝大部分都与军事工程师一样。例如,1794 年法国重新组织了工程教育,建立了巴黎综合理工学院(École Polytechnique)。在那里,民用工程的学生与军事工程的学生前三年是在一 [19] 起学习的,只是在第四年(最后一年)才对他们分别进行训练,将他们送到相应的"应用"学校(如军事工程学校、桥梁道路学校等)。1797 年以后,巴黎综合理工学院的所有学生都穿上了制服,并在军事纪律下生活。②

在美利坚合众国成立之初,要建立一所工程学校是不容易的。第一次尝试发生在乔治·华盛顿还是将军的时候。接着又出现过一些尝试。直到 1802 年出台法令,建立了西点军校。西点军校也是在十多年后才有了考试、年级及确定的课程设置。其课程为期四年,参照了巴黎综合理工学院的设置。除课程外,(效仿理工学院的)还有一个小图书馆、一位法国军官、一些教材,以及背诵、考试等,甚至还使用了黑板。③

尽管其后 20 年,不曾有人能成功地效仿西点军校,但很快就有了第一次尝试。奥尔登·帕特里奇(Alden Partridge),1805 年于西点军校毕业后,留校担任了 14 年的数学教师,然后在短期的校长任职后郁郁而去。1820 年,他在家乡佛蒙特州的诺威治(就在达特茅斯学院的康涅狄格河对岸)创办了自己的学校——美国文学、科学和军事学院,目的是培养为战争服务的军官和为公众服务的工程师。④1824 年,学校搬到了康涅狄格州;1829 年又迁回诺威治。1834 年,学院成为诺威治大学,但并未改变其建校宗旨,而且保持至今。帕特里奇的实验完成了,但也被遗忘了[尽管 1865 年,学校再一次搬迁到了佛蒙特州的北田市(Northfield)]。

尽管帕特里奇的学校在 1820 年到 1840 年间几乎招收了与西点军校一样多的学生,但它作为工程学校却不是很成功。1837 年时,西点军校的毕业生中有 231 人成为民用工程师;而与此同时,诺威治大学的毕业生中却只有 30 人成为民用工程师(而且他们所担任的基本上不是要职)。⑤

19世纪30年代，对西点军校的效仿要比20年代更流行一些，而后的十年则更是如此。弗吉尼亚军校成立于1839年；南卡罗来纳西塔德（Citadel）军事学院成立于1842年；安纳波利斯的海军学院成立于1845年。⑥只有工程教育得到了真正的普及，才能有真正的民用工程教育。美国民用工程教育真正开始于19世纪30年代后期。

作为我们最古老的民用工程学校——伦斯勒综合理工学院，它的校龄似乎驳斥了上述观点。但伦斯勒成立于1823年这一事实，却正好论证了上述观点。

伦斯勒成立的时候，名字里既没有"综合理工"也没有"学院"。尽管它从未搬迁过，但却也像诺威治一样经历了多次改变。史蒂芬·凡·伦斯勒（Stephen Van Rensselaer）是一位具有哈佛学位的从事农业的绅士，他给予了这所学校名字与资金，目的是为他所在地区的初级中学培养掌握农业和机械技艺的教师。其最初的课程只有一年，就像那时的师范院校。

[20] 但是，到了19世纪30年代初，伦斯勒已成为一所科学精修学校，像哈佛或达特茅斯那样的人文学院的毕业生最后都要精修科学课程。事实上，它或许可被称为美国第一所研究生院。那个时期的许多毕业生成为美国几何学、植物学和地理学的重要人物。⑦

但那时的伦斯勒还不是一所工程学校。直到1835年它才具有授予民用工程学位的资格，并且直到19世纪40年代后期才有了明确的工程学课程设置。⑧学校三年制课程的设置及学校现在的名称似乎应归功于学校当时的主管——年轻的本杰明·富兰克林·格林（1842年毕业于伦斯勒，是第一批被授予工程学位的学生之一）⑨——在1847年到欧洲的一次旅行。不过，将"综合理工"加入到伦斯勒学院的名字里，并不标志着它与巴黎综合理工学院有任何直接的联系。那时的欧洲还有其他一些综合理工学院（其模式或多或少都源于法国）。⑩这个新名称的出现，标志着从那以后伦斯勒将着眼于培养工程师而不是科学家，并且将采用法国的学校而不是美国或英国的学校（直接或间接）所提供的模式。⑪

为什么美国的第一批工程学校采用了法国模式？答案很简单：那时法国提供

了当时唯一的可操作的模式。尽管在 19 世纪初英国的制造业就已引领欧洲,但直到 19 世纪中期以后才有值得称道的工程学校。[12]并且,我们甚至可以说,英国在 1800 年是否有民用工程师,也取决于技术几乎完全自学的英国机械工人、实业家、建造者与他们所欣赏与学习的法国工程师之间的相似程度。[13]英国人在工艺上的有效教育实际上是以师徒传承的方式进行的。而美国在 1800 年几乎还没有可以带学徒的工程师(或工程师的原型)。[14]因此,像大多数欧洲国家一样,美国只能效仿法国。

　　美国所有早期的工程学校都将教学重点放在数学、物理学、化学和制图上,同时还有很多诸如簿记、勘察、测量和其他的实践科目;但很少有拉丁语、希腊语或希伯莱语、古典文学或修辞学等具有文科院校特征的课程,虽然可能也要学足够的法语(或德语)以便阅读未经翻译的书籍。

　　当然,早期的工程学校与文科院校的区别并不在于工程学校有教自然科学而文科院校没有。事实上,在 1800 年,像哈佛、布朗、威廉玛丽、北卡罗莱纳以及其他一些重要的大学都已经有了数学和自然科学的教授。[15]其实,它们的区别主要在于,那时的工程学校提供了文科院校所没有的、明显具有实践特征的教育方式。那么为什么要实践呢?历史学家奥康尼尔·查尔斯(Charles O'Connell)所说的一个故事为我们提供了一个答案。

　　1825 年,詹姆斯·希弗带领一支土木工程师队伍去俄亥俄州勘察扩展国道的路线。由于这条路是工程部队的一个项目,所以希弗得向华盛顿的军方总工程师马科姆上校报到。希弗很快报告说,他的团队很难采用军方的标准方式去筑路。马科姆回复道,与希弗提议的方式相比,军方的标准方式"被认为是更完美更出众的,因此,采用这种标准能更好地实现他们的目标"。但是,因为马科姆以前也处理过民用项目,所以他还是允许了希弗所采用的方式。"民用团队"虽然一时可以 [21] 采用希弗所提的更为简单的方式,但是,"一旦被要求理解军队的标准"后就应尽快转到军方的标准方式上去。[16]

　　希弗是一位有能力的民用工程师,他习惯于当时的民用工程师的工作方式。

马科姆则是美国最复杂机构的代言人。事实上，军队的方式仅适用于军队。当时美国大部分是乡村，小镇的居民数大多在 2,500 人以下。尽管那时的美国工业已富有创造性，但仍然几乎是由众多小工厂所组成的。这样的工厂不需要，甚至不理解军队所认为是理所当然的标准。[17]

即便是像运河这样重大的工程，在修筑的过程中都可以没有工程师。确实，最伟大的运河——伊利运河的修筑大约开始于西点军校设置课程的时候（1817 年），而完工于伦斯勒成立的时候（1825 年）。虽然伊利运河经常被称为"美国第一所工程学校"，但它是一所艰难的学校。那些负责工程的是勘察员、律师或乡绅。他们边造边学，有时是通过参观其他运河或者从书本上学，有时则从经验中学。[18]这些"运河工程师"到底是不是严格意义上的工程师这一问题，类似于同时期有关英国"工程师"的问题，可以有不同的答案，而答案取决于是强调他们与今天的工程师的相似性（他们建造什么）还是非相似性（他们所受的训练与采用的方法）。他们属于边缘的案例。如果明确地把他们当作工程师，那么将会把许多明显不属于工程的东西也算作工程。

早期铁路的修建却不同于早期的运河。即便是经常与伊利运河相提并论，并且被称为"美国第一所铁路工程学校"的巴尔的摩-俄亥俄铁路（B & O），从 1824 年起就开始招募学校培养的，尤其是西点军校培养的工程师了。[19]

如何解释修筑铁路与修筑运河之间的这种不同呢？这其中至少牵涉四个因素：

第一，修筑运河是一项旧的技术，而修筑铁路则不是。正因为修筑铁路是一项新技术，所以需要的经验比较少，更多需要的是基本的原理知识。

第二，铁路比运河更需要集中规划。铁路相对于运河的主要经济优势是速度。只有在路线畅通、水和木头的距离放置合适、维修人员能快速检修等情况下，速度才有保障。

第三，截至 1824 年，西点军校已经存在足够长的时间，足以证明其毕业生对修筑铁路很有用。

第四，西点军校的毕业生带来了适合工程师的组织形式。比如，1829 年，在

B&O工作了五年的陆军中校朗先生出版了第一本铁路工作手册。后来的铁路工程师，无论他们是否受过正规训练，都受用于这本书。[20]该书中的很多内容与军方的标准十分相似。[21]

即便如此，在19世纪20年代或30年代，铁路也不是工程师的势力范围（本应成为）。这个时期美国工程师所取得的真正成就是形成了一个不同的工作规则。比如，1825年到1840年间，在马萨诸塞州的斯普林菲尔德的兵工厂，发展了最终在欧洲被赞誉为"美国体系"的制造程序。这个体系使得武器部件的可互换性达到了一个前所未有的程度；它也使得技术工人受到了新纪律的约束，其中包括将传统的计件工资替换成了计时工资。兵工厂是以后大批量生产的一个模式。[22] [22]

1850年，这是工程师人口普查的第一年，大约只有2,000位美国人确定他们自己是非军事的工程师，即大约2,300万人口中只有2,000人（也就是10,000人中大约只有1人）。[23]现在的人口只是那时的10倍，而我们拥有的非军事的工程师却是那时的1,000倍（即100人中有1人）。

工程师这一职业有时被称为"囚禁的职业"，因为大多数工程师在大集团中工作（如通用汽车、西屋电器、陶氏化学公司、IBM等）。[24]与工程师相比，大多数律师和医生这类"自由职业者"则是个体从业或在小团体中就业（至少截止到最近都是如此）。不幸的是，"囚禁"这个词错误地强调了一个重要的内涵。我们的确需要工程师从事以大集团为象征的大事业。但工程师不是那些集团的俘虏，就像心脏不是身体的俘虏一样。工程师与这种大集团间的关系犹如心脏与身体的关系，是共生的。在大集团中工作不是将来某一天会醒来的噩梦；大集团是他们的自然栖息地。我们不需要用工程师的技能去做机械师、制图人、建筑师、木匠、技工以及此类可以单独或在一个小团体里就可以做的事。大集团需要雇用工程师做大事业，也只有存在了大集团，工程师的人数才会多。而美国在1850年却还很少有这样的大集团。

中期：工程的"分裂"

在 19 世纪 50 年代的美国,民用(土木)工程师仍然认为工程是一种单一的职业。1867 年,几百位民用工程师建立了第一个国家工程组织——美国土木工程师学会(ASCE),任何一位民用工程师都可以申请加入。㉕但即便如此,工程学也已开始出现不同的专业分支。到了 1920 年,已形成了五个主要的协会(土木、矿业、机械、电气、化学工程)和许多更小的组织,每个协会都因为需要入会资格而排斥其他大多数的工程师。㉖

从 1870 年到 1920 年这半个世纪的历史,可被视为一个悲剧,因为在工业化的影响下,工程原有的统一性丧失了。一部关于机械工程的历史甚至可以将其命名为"工程:分裂的职业"。㉗但也还存在四种不同的解读。

第一,不仅是这个时期,其实许多关于工程的历史也是这种分化的历史。第一次分化发生在 18 世纪中叶,法国民用工程从军事工程中分离了出来。㉘

第二,工程原有的统一性本身就是可疑的。这个时期也可被描绘成是,工程变成了一种单一的职业,而"土木工程"只是其中的一个部分。我认为,1870 年的美国,"土木工程"与"机械技艺"、建造桥梁、采矿或冶金之间的关系仍然不是很清晰的。它们都是工程吗? 甚至在 1896 年,当哥伦比亚最后承认它成立于 1863 年的学校是矿业学校时,也已过了很长时间。在此之前,它一直被称为"工程学校",后来变成了"矿业、工程与化学学校"。显然,即便是在 19 世纪 90 年代,"工程学"仍然不包括我们现在所赋予这个词的所有意涵。㉙

第三,1870 年到 1920 年这半个世纪,是工程获得巨大成功的时期。1880 年,美国人口 4,000 万,但已拥有 7,000 名土木工程师,是 1850 年的三倍多(而总人口仅是当时的近两倍)。但是,这样明显的增长还没有暗示接下来的 40 年将会发生什么。1920 年的人口普查报告有 13.6 万名工程师,是 1880 年的 20 倍(而人口总

[23]

数又仅仅是接近两倍）。㉚

　　第四,由于那些依赖工程师的行业大量增长,工程出现大量分支是不可避免的。

　　早期与现在的工程课程都显示了工程与数学及自然科学之间有着重要的联系。但工程不只是数学与自然科学。工程师还知道得更多,例如,如何组织工作、给出指示、核算产出。这些知识在不同的行业里有所不同。比如一位土木工程师设计普通管工要安装的管子,就不需要花一秒钟去考虑航空工程师所使用的管道耐受性标准。㉛

　　这些专门领域的知识主要是经验的结果,源于个体工程师的经验、"野外实践经验"和实验室或者试验工场的测试结果。由于工程师以相同的方式常规地记录和报告他们的经验,于是个体的知识就传给了与其一起工作的其他工程师们。最后,许多知识变成了表格与公式,载入了该领域的手册中。它们为进入该领域的人提供了教学课程,也为客户提供了专门的说明,也成为政府的条例。尽管这些知识通常以图表、方程、数学公式和事物图的形式存在,但与自然科学无关。然而,它却凝结着人与事物如何一起工作的经验。㉜

　　工程师们常抱怨说,当一项新技术成功的时候（比如宇宙飞船）,常常是科学家得到赞扬;而当它失败的时候,却是工程师受到责备。㉝我想,尽管工程师对责备与赞扬的常见分配的看法是正确的,但我不认为他们应当抱怨。其实这样的分配是对工程师的赞扬——尽管这是从事物的反面角度看。它暗示着科学家的职责只是做实验,并且实验通常是失败的;而工程师的职责是工程,并且工程通常是成功的。因此,工程师的失败像科学家的成功一样,是出乎意料的,因此都是值得注意的。㉞

　　使工程师极可能获得成功的,不是他们所拥有的数学和自然科学知识,这些知识是与科学家共有的,而是特殊的行业知识,是知道在这里哪些有效哪些无效,也就是工程师所称为的"工程科学"。例如,试想一下支撑桥梁钢柱的安全因素。要想为这样的建筑部件设置合理的安全冗余,需要考虑（除其他事件外）过去所经历的失败,以便找到材料的缺陷,需要考虑在维护中很可能出现的错误和在使用时结

［24］

构部件不可预知的改变。若有合理的维护，则可使其使用数百年。这样的知识不属于任何自然科学领域。它是社会科学知识，是人与工具如何一起工作的知识；但它仍然是工程学知识，只有工程师了解许多这样的事情。

这里我们触碰到了工程学的另一个深刻见解。尽管工程师经常将自己描述成是运用自然科学知识去解决实际问题的人，但他们也可以简单和更准确地将自己描述成是在特定行业应用"人们如何工作"（方法学）的知识的人。工程学中的管理学知识至少与自然科学知识一样多。所有的工程师都有这样的能力，即将遇到的问题进行数学解析建构，利用自然科学知识建立解决方案，再将每个解决方案整理成"一份设计"、一套有用的说明或指令。而这些设计、说明或指令实际上成为指导别人工作的标尺。[35]因此，工程本是（并将一直是）一种技术的管理。[36]

技术管理需要掌握详细的专门技术的知识。当这样的知识多得没人能全部掌握时，一个行业中的技术知识就会排斥其他行业中类似的技术知识。于是，工程师不得不专门化，并且这种专门化将沿着产业链而断开。

但是其他专业，比如法律和医学，也专门化了，却并没有像工程学那样地分裂。律师有全美律师协会（American Bar Association），医生有美国医学协会（American Medical Association）。那么，为什么没有一个美国工程师协会，却有如此众多的社团、委员会、理事会、联合委员会和机构等，以至于没有一位工程师能知道全部的技术知识呢？工程学的分支可能是不可避免的，但不应是这样的零散。虽然我同意工程学的分裂不是不可避免的，但是将其与法律和医学进行比较，或许有助于解释为什么这仍然是可能的，即工程学的分裂是不可避免的。

直到最近，大量的律师和医生仍然是单独工作的。他们的雇主即客户或病人可以带着任何问题来。非专门化的训练维持了法律或医学的经验共同体，而工程学自从1900年以前的一段时期以来就已经没有了相应的共同体。

而且，那些曾经的共同经验现在也已经大量消失了。律师与医生现在也专门化了，他们的职业协会曾相对统一，现在也已分裂成了数以百计的"部分"，这些"部分"甚至也与工程学零散的协会一样独立而多样。不过，还是很少有律师或医生采用工程师一直以来的工作方式。尽管现在的律师与医生也像工程师一样在团体里工作,但他们很少工作在同样的团体里。在同一个项目里,很少需要协调数百名律师,需要协调的医生数量就更少了。而工程师则正好相反,他们通常会与同领域的工程师一起工作,比如土木工程师与土木工程师一起、机械工程师与机械工程师一起……[37]工程师常常必须与数百位或数千位其他工程师一起工作(比如一个核电站仅操作人员就需要好几百位工程师)。法律与医学中的专业名称有可能来自于任何一位客户或病人所可能具有的问题中,而且客户或病人将提供共同的经验给律师或医生。而在工程里,专业名称通常取自一类雇主或客户,并且该专业的工程师应该占据主导地位。只有当工程师不再有事可做,以至于没有理由专门化的时候(现实并非如此),工程才有可能是单一的行业。

[25]

什么样的人是工程师?

几乎从工程形成开始,工程师对他们所共有的科学知识(尤其是数学知识)和区分他们的专业实践知识哪个更为重要的问题,就有着不同的观点。那些强调实践的人倾向于对职业伦理感兴趣,而那些强调科学的人则不然。[38]通过考察这种分歧对工程学教育的影响,我们就可以学到很多关于什么是工程的知识,或至少可以了解工程学的变化。

在工程学教育中,强调实践是长期以来对从业者的要求,尤其是那些学徒出身的工程师。传授工程师——他们将来工作需要知道什么就教他们什么(极端主义者会这么说),就要忘掉理论,让工程师能尽早进入工厂。[39]

按照这种极端,重视实践将不仅排除人文、社科以及其他具有典型文科教育特征的课程,而且也会排除很多工程科学的课程。实际上,它用职业培训来替代传统大学教育长期以来形成的培养工程师的模式。[40]

在美国早期的工程学历史中,包括许多在学院或其他学术机构里进行的实践教育的试验,维持时间一般都不长。比如,19 世纪 30 年代,阿莫斯・伊顿(Amos

Eaton)在伦斯勒教授土木工程期间,曾这样描述其课程:"学院开始让位于工场,在这里研究的是事物而不是词汇。"伊顿宣称,教工程学时没必要用比算术更高等的数学,工程学中最重要的部分不能从任何书中学到,西点军校所使用的土木工程学教材无异于"闭门造车"。[41]但在伊顿任期内,伦斯勒在培养工程师方面与诺威治一样地失败。[42]当格林接替伊顿后,伦斯勒开始向那时以西点军校为代表的科学(当时的标准)一端靠拢了。[43]

随着开始修筑伊利运河,美国许多大项目尝试将实践进路当做一种唯一的可以提供专门技术的途径。但是否可以将在车间里训练的工程师称做工程师还是一个有争议的问题。

例如,19世纪90年代,通用电气(GE)提供了一个"工程实践"课程,收费100美元。有资格入学者必须是不小于21岁的"年轻人",必须有一个土木、机械或电气工程学学位,或有两年电气工作或机械车间工作经验。课程学习时间为一年,包括在通用电气的林恩制造厂(GE's Lynn Works)的不同部门之间轮岗——在车间接电线四个星期,在弧光部门组装弧光灯两个星期等,但没有正规的教学形式。[44]

[26]   我们该如何理解这种形式的车间训练?注意在这个"实践工程"的课程中,两年的工作经验被认为是相当于一个大学工程学位。在19世纪90年代前,第一个工程学位像现在一样需要修四年。因此,在GE看来,实践不只是正式教育的替代,而且其效率好像是正规教育的两倍。这是一种惊人的态度,尤其像GE这样的企业,是当时技术最先进的企业之一。那如何解释GE的态度呢?

我想我们必须承认,"工程师"(和"工程")的意思已随时间发生了变化。"工程师"这个概念自1890年至今,仍然是模糊不清的,但它并不令人迷惑。

如果一个概念应用于任何实例都会引起争议,那么这个概念就是令人迷惑的。比如,像"圆的方"这样令人困惑的词,在使用的时候其标准是不一致的。而"工程师"并不是一个令人迷惑的概念。一方面,一位具有土木或机械工程学位和几年成功实践经验的人当然是一位工程师。但另一方面,火车司机或锅炉工,尽管习惯上也可以称他们为"工程师",但很显然他们不是我们在这里所说的工程师。这样的"技术人员"在某种意义上只属于更早期意义上的工程师。

　　当代有关工程师的一个争论就是,一个人获取了正确的经验但没有工程学学位,是否能被看成是一位工程师(比如,他只有一个物理学学位或者化学学位)。而这一争论又将衍生出另一个争论,即哪些经验是正确的。约10年监理工程的经验是否属于某种正确的经验呢? 又或者,一个人必须亲自做工程才能有正确的经验吗? 那"做工程"又是由什么组成的呢? 为什么监理工程师不能算是"做工程"呢?

　　回到19世纪90年代,概念的边界更模糊。那时机械工程师还在痛苦地将自己从"纯机械工人"中区别出来。那时机械工人的工作范围要比现在广得多,他们不仅修机器,而且也做必要的改进。他们还经常从事创造发明。⁴⁵电气工程师也有将自己和"纯电气工人"区别开来的问题,那时电气工人的工作范围也要比现在广得多。⁴⁶诸如此类。也许那时通用电气的"实践工程"类似于现在的一个两年或四年的"技术"学位,而不是"工程学"学位(或一个技术管理方面的高级学位)。只是在当时还没有这样的学位可供选择。工程师不得不寻找其他方式去解释他们如何与机械工人、电气工人以及其他手工业者的不同,尽管这些人与他们有一些共同的任务和很多相同的技术知识。

　　工程师最终找到了两个方面的不同。一个方面是将工程理解成一种管理。⁴⁷工程师发布指令;那些具有专门技能的人只是执行指令而已。工程师是生产大军里的长官。尽管这种观点在工程历史中根深蒂固,但以这种说法区分工程师和手工艺者显然是不够充分的。至少它没法解释为什么工程师就应该当主管。这不可能简单地解释为雇主是这样规定的。如果将负责工程当做工程师与其他员工间的唯一区别,那么任何一位工程的主管都可以被认为是工程师。工程师通常认为工程师职业所需要的比这更多(的确,他们的雇主也这样认为)。⁴⁸另一个方面是,工程作业还需要一些手工艺者所没有的知识。工程师可以给手工艺者下指令,正是因为工程师知道那些纯手工艺者所不知道的事情。尽管这种说法听起来是合理的,但也仅仅是在需要考虑知识的时候才是合理的,而且至少部分知识是在车间外

[27]

学来的。比如,自然科学知识和高等数学就是这样的知识。几乎没人敢说在工厂里可以学到很多这些科目的知识。

这是将工程基本上理解成"科学的"(而不是"实践的")一个优势。这样的优势至少还体现在其他三种理解上。第一,如果工程要成为一种职业(就像法律或医学一样),而不仅仅是一份被冠以"管理者"的工作,那么工程师就不会认同想成为一名工程师取决于雇主如何定义其工作的说法,而会认为工程师必须拥有一份学历证书。第二,学校的正规训练通常被认为是一种职业的重要标志,所以工程师倾向于强调学校教育。第三,工程的统一性(假设它存在)尤其体现于工程师之间有一种可以共享的教育(这是工程师认为他们所应共同具备"工程方法"的基础)。强调车间里的具体训练内容,也就是在强调工程的另一些特征,这些特征有可能导致工程被分成许多相互不能理解的行业。相反,强调作为科学的工程,似乎肯定了多数工程师的共识,即不管各个领域间的区别有多么大,所有的工程师事实上都拥有一些共同的东西,正是这些共有的东西使得他们既不同于普通工人、也不同于普通管理者。㊾

那么,"什么样的人是工程师?"这听起来像是一个哲学问题——事实上,它也的确是。但它也是一个实践问题:每一个工程协会大多要限定"工程师"的会员资格(或者会员资格的类别),这就不得不定义"工程师",而这些定义或多或少都有一定的准确性。历史学家爱德温·莱登(Edwin Layton)曾告诉过我们很多有关采用不同定义而产生不同结果的事。接近实践的定义倾向于将工程学会变成行业协会;而接近科学的定义,将会排除许多设计项目(以供工程师执行)的人以及在工程师间维持纪律的人。㊿

尽管莱登并没有说清楚工程师是什么,但他至少让我们知道了给工程师下定义有多难。尤其他没注意到,极端地定义"作为科学的工程"(engineering as science)和"作为实践的工程"(engineering as practice),同样是灾难性的。如果像科学家那样训练工程师,即使是像"应用科学家"那样训练,就会倾向于培养出科学家而不是工程师。(51)比如,成立于1847年的哈佛大学劳伦斯科学学院,其教学内容为:"第一,工程学;第二,矿业(广义上还包括冶金学);第三,机械的发明和制造。"㉜显然,劳伦斯科学学院被认为是一所工程学校。到 1866 年时,劳伦斯共有 147 名毕业生:其中有 94 位成为教授或教师;5 位成为大学校长;只有 41 位真正成为工程师(而在同样的 20 年里,伦斯勒却有 126 位)。㉝劳伦斯作为一所工程学校的失败是 1865 年在波士顿创立麻省理工学院的很大一部分原因。㉞

　　然而,在 20 世纪尤其是第二次世界大战后,工程教育更多地倾向于接近科学这一端。工程专门领域(从农业工程到电话工程的所有内容)的教学大纲从本科课程中消失了,只剩下稍大些的划分,如土木、化学、电气之类的。甚至,这些领域的课程也越来越倾向于强调一般的原理、计算和实验室操作。如果学生要学工程技艺,即使确实需要,也要等到毕业后。㉟　[28]

　　只是到了最近,工程学校在董事会的压力下做了很多改革,才又开始倾向于实践。但这种反向的变化并不意味着要回到最初的工厂,而是表明工程学校开始用新的思路去思考工程学了,比如,从根本上关注设计。㊱其中有些新思想已经显现效果,比如,在四年级课程里设置工程设计;另外一些效果现在才刚开始显现,比如,将设计原理引入三年级乃至二年级的工程科学课程中;还有一些效果的显现目前只停留在口头上或试验阶段,比如,试图在设计课程里引入所有内容,包括由设计可能引发的伦理问题,以及如何让同行和上司接受设计等实际问题。㊲

　　回顾最近的这些发展,看起来还是明智和期待已久的。工程中的陈规使许多工程失去了其创造性的一面,比如,依赖于对科学原理的推导,逻辑性地或(更确切地说)机械性地解决实践问题。从那么多工程作品所具有的惊人新意来看,创造性应该是显而易见的——无论是早期铁路工程师建造的桥梁,还是今天令人眼花缭乱的计算机种类。

　　当然,工程不仅仅是发明,就像它不仅仅是科学或不仅仅是管理一样。我们期待的工程不仅仅是我们生活的很多领域的发明创造,部分原因是工程师的工作具有一定的约束性,而其他发明家——无论是建筑师、应用科学家、工业设计师或杂务工——则没有这样的约束。工程师在确保安全性、经济性、可靠性、耐久性和工艺性等方面具有出众的工作习惯。这些工作习惯及其背后的工程科学都隶属于工程设计。尽管处于从属地位，但它们都是工程的基础，就像诗词中要遵守的格调和韵律一样。

　　那么，究竟什么样的人是工程师？我们现在必须这样回答：任何一个可以像工程师那样做设计的人。[58]但是，对于工程设计，我们只有最粗糙的概念。今天的工程哲学处在一个类似 100 年前科学哲学所处的位置。我们只是刚开始明白有这样一个问题的存在。[59]

工程职业与伦理

　　到此，本章所说的工程基本上属于"工作"（occupation）范畴而不是"职业"（profession）范畴。因为"自由职业"（liberal profession）在过去是指适合绅士做的任何工作，而现代所赋予"职业"的内涵则更多，诸如组织、准入标准，还包括品德和所受的训练以及除纯技术外的行为标准。[60]1850 年，工程还不是此种意义上的职业；即使在 1900 年的美国也还不是。现在才是。那么如何来解释这种变化呢？

[29]

　　直到 20 世纪，美国的工程协会基本上是科学或技术的协会。因此，例如，美国土木工程师学会（ASCE）建立的目的是"通过交流思想、研究和经验来提高成员的知识、科学和实践的水平"。[61]这里没有关于改进工程师正规教育或建立行为标准的建议。

　　事实上，最初努力为工程学教育设定最低标准的是工程学校，而不是实践中的工程师。1893 年，在芝加哥举办的哥伦比亚博览会上，70 位工程学教师创立了工程教育促进会（SPEE），后来变为美国工程教育协会（ASEE）。[62]SPEE 在工程学教育方面进行了许多富有价值的研究，并提出了许多极有影响的建议。然而，直到 1932 年，主要的工程学会才成立了工程师职业发展委员会（ECPD）来明确工程学的课程设置。[63]

行为标准更早些时候就被采用了。确切地说,在某种意义上它开始于工程师第一次将自己从那些不能像工程师一样工作的人中区分出来的时候。工程可以(部分地)通过能力标准来定义,并且能力标准在某种意义上就是行为标准。但从这个意义上说,每项技术工作都有行为标准;而且一些行业协会或科学协会还可能会被组织起来维持这些标准。而伦理标准,不同于能力标准或组织标准,似乎能将职业与其他技术工作区分开来。[64]

直到 20 世纪 20 年代美国工程师才有独特的伦理标准。为什么他们没有更早地采用这样的标准?为什么他们在那时才采用这样的标准?我的猜测是:工程师没有更早地采纳伦理标准的原因就跟现在包括法律、教育在内的大多数专业没有采用一样,是他们觉得不需要。[65]

20 世纪以前,工程具有俱乐部的性质。因为那时工程师人数相对较少,他们在自己的小天地里工作,彼此间的闲言碎语便足以维护所需的纪律。但到了 1900 年,那个时代就一去不复返了。[66]小城镇变成了城市;1850 年或 1870 年的大城市也在以三倍、四倍,甚至五倍的规模增长。同样的事情也发生在大多数工程师所工作的工厂里。同时,工程师职业本身也获得了巨大的发展。从 1870 年的几千名工程师增长到 1900 年的 10 万多,而且很可能会继续快速增长。1900 年时,大多数的工程师是年轻人;古老的学徒体系正在瓦解;学院或技术学校成为进入工程生涯的主要渠道,或者说,至少很快会变成这样。

职业前辈自然会寻找新方法去做那些他们用老方法不能再做的事情。为了帮助年轻一代理解他们所被期望的,一个正规的伦理标准是必需的。因此,20 世纪早期,各个主要的工程协会都建立了一个委员会来起草工程伦理。不过,起草工作比想象的要困难。委员会成员发现他们的共识比事先想象的还要少,甚至为确定那些极少的共识也付出了不少的努力。[67]这些协会不仅写下了他们所共同赞成的,经过艰苦的讨论,也达成了一些新的共识。要在保持过去尝试的前提下,产生一种新的职业,这表现在两个方面:首先,工程师开始接受一些新的东西;他们为自己制定了一个特别的伦理法则。第二,他们的组织不再仅仅是技术协会;他们构建了

[30]

一份工作,并有组织地去从事这份工作,同时与法律、市场和道德要求之外的某些标准相协调。其实,他们已属于一种职业。

第一次世界大战后,曾有一轮规则制定的小高潮;第二次世界大战后,又有一轮;从 20 世纪 70 年代开始,最大一轮规则制定的高潮来临。所有这些规则的制定都促进了主要工程协会间的协调,并且在伦理规则应包含哪些内容的问题上达成了实质性的一致。今天,工程师有了相对清楚的行为标准,它们可以被当做指南,也可以在工程师给他人提建议、批评他人工作或试图制止某种行为时被引证。本书第四章和第八章将举例说明这些标准。然而,工程师依然缺少一种系统的方法用于保护其职业成员在客户或雇主有不合理的要求时可以合乎伦理地工作。工程像其他职业一样,其伦理还是一项未尽的事业。

我 的 方 法

我们都倾向于将制度、职业乃至人看成几乎是已经完善了的,就如同历史中引入的柏拉图式理念。当试图这样来理解人的时候,这显然是错误的。我们知道,无论我们向世界展示的是多么的平静,其实我们都正在经历变化,或者至少总能不断地改变。⑧

因为我相信职业也是一直在发生着变化,所以尝试将工程描述为一个逐渐形成的团体,其成员像多数人一样,他并不总是指望有所成就。如同所有人类作品一样,正因为不完美,才有了改善的可能。我相信,按这样的方式去思考工程将有助于工程师理解和解决他们所面临的伦理问题。我也相信,按这样的方式去思考工程将有助于工程师以外的其他人理解工程。在接下来的章节里,让我们看看是否如此吧。

注 释

本章内容始于 1992 年 11 月 19 日在密歇根州底特律市韦恩州立大学(Wayne State

University)举行的第一次年度工程伦理讲座,该讲座由 GTE 赞助。在这里,我要感谢那些与会者有益的讨论。还要感谢麦克·罗宾斯(Mike Rabins,机械工程,德克萨斯农工大学)和我的同事们,汤姆·米莎(Tom Misa,历史学)、锡德·古拉尔尼克(Sid Guralnick,土木工程),他们对我早期的草稿提出了许多建设性的建议,感谢比尔·帕杜(Bill Pardue)帮助我查找了许多在此引用的参考文献。

① 例如,参见劳伦斯·P. 格雷森(Lawrence P. Grayson),《美国革命与"工程师的希望"》("The American Revolution and the 'Want of Engineers'"),《工程教育》(*Engineering Education*)第 75 期,1985 年 2 月,第 268—276 页。

② 在第一章中,我对这个主张进行了辩护。

③ 西尔维纽斯·P. 塞耶(Sylvanius P. Thayer)于 1817 年被任命为校长,那时注册的学生已有 250 名,教授 15 位,科目包括数学、"工程学"和自然哲学。后来加入的克劳德·克罗泽(Claude Crozet)(1790—1864)是巴黎综合理工学院的毕业生,他引入了描述几何教学,并于 1821 年出版了该学科的第一本教材……塞耶 1807 年毕业于达特茅斯学院,并于 1808 年从陆军军官学校毕业。他曾研究过法国军事工程的发展,这种影响可显见于他在西点军校重新组织的课程和教学模式中。他采用了巴黎综合理工学院的课本,将班级分成小组,要求每周进行班级报告,还发展了年级系统。[乔治·S. 埃莫森(George S. Emmerson),《工程教育:一个社会的历史》(*Engineering Education*:*A Social History*,New York:Crane,Russak & Company,1973),第 140—141 页。]

但是塞耶似乎不太喜欢过于理论化的法国工程学教育方式。他没有过多地采用巴黎综合理工学院课程,可能主要是因为美国学生的基础相对较差(考虑到求知欲或必要性,他不想使得入门太难)。

④ 尽管帕特里奇有时会在西点军校讲授一门土木工程课,但他不是土木工程师(而且,显然,他只是勉强可以教此课程)。他拒绝继任者塞耶的大多数改革,试图复制 1817 年前的西点军校(使得诺威治大学毕业的工程师在质量与数量上,都无法与塞耶时期的西点军校相比)。想要更多地了解这个主题,参见托马斯·J. 弗莱明(Thomas J. Fleming),《西点军校:美国军事院校中的男人与时代》(*West Point*:*The Men and Times of the United States Military Academy*,New York：William Morrow & Company,1969),第 3—14、34 页。

⑤ 丹尼尔·霍维·卡尔霍恩(Daniel Hovey Calhoun),《美国的民用工程师：起源与冲突》[*The American Civil Engineer：Origins and Conflict*, Cambridge, Mass.：Technology Press (MIT), 1960],第 45 页。比较詹姆斯·格雷戈里·麦吉弗伦(James Gregory McGivern)的《美国工程教育的第一个一百年(1807—1907)》[*First Hundred Years of Engineering Education in the United States* (1807-1907), Spokane, Washington：Gonzaga University Press, 1960, pp. 38, 42-45]和埃莫森的《工程教育》(第 141—142 页)。我还没找到军事工程师的相应数据(尽管,由于军队似乎不能吸纳西点军校的所有学生,所以那时几乎没有诺威治的毕业生成为军事工程师)。

⑥ 这里所引用的工程学教育历史的文献中忽略了弗吉尼亚军校和西塔德军校。大多数文献也忽略了安纳波利斯海军学校和内战后海军工程师对政府赠与土地的学校(必须设立农科和工科)的机械工程发展的影响。有关注这些内容的文献,可参见拉蒙特·A. 卡尔弗特(Monte A. Calvert),《美国的机械工程师：1830—1910》(*The Mechanical Engineer in America*, 1830-1910, Baltimore：Johns Hopkins Press, 1967),第 48—51 页。截止到 20 世纪 60 年代,许多工程学校(如德克萨斯农工大学)实际上是军事学校。这个数字大得令人吃惊。所有这些事实使我猜测：直至最近,工程学与军事教育间的联系比工程教育历史所表明的要密切得多。这种联系或许可以很好地解释美国工程师在以往的时代所特有的态度,以及为什么有些态度逐渐地消失了?(比如,工程师的政治保守主义。)

⑦ 麦吉弗伦,《第一个一百年》,第 50—51 页。也可参见雷·帕尔默·贝克(Ray Palmer Baker),《美国教育的一个时期：伦斯勒综合理工学院,1824—1924》(*A Chapter in American Education：Rensselear Polytechnic Institute*, 1824-1924, New York：C. Scribner's Sons, 1924),第 48—56 页。

⑧ 贝克,《美国教育》,第 35、44—46 页。但在 1840 年前,约有 25 个伦斯勒综合理工学院的毕业生最终成为工程师。卡尔霍恩,《美国的民用工程师》,第 45 页。

⑨ 虽然伊顿(Eaton,学校的第一位校长)坚持认为,大多数学校试图开设许多学科以致什么都教不好,所以伦斯勒应限制,主要教授科学;但在这方面的发展实在太快,以至于格林(Greene,1847 年的新校长)认为,又到了(学校)缩减专业的时候。(贝克,第 39—40 页。)

注意,在此"工程"被认为是"科学"的一部分。

⑩ 弗雷德里克·B.阿兹(Frederick B. Artz),《法国技术教育的发展:1500—1850》(*The Development of Technical Education in France*,1500-1850,Cambridge Mass.：MIT Press,1966),第267页。

⑪ 埃莫森指出(缺少证据),伦斯勒的新课程采用的是巴黎中央理工学院而不是巴黎综合理工学院的模式(埃莫森,第148、153—156页)。麦吉弗伦也这样认为(麦吉弗伦,第59页)。但两者都没有解释伦斯勒综合理工学院的"综合理工"这个词(或者格林所认为的这些机构间的不同)。

⑫ 1741年,英国人的确在伍尔维奇建立了一所军事工程学校。这所学校聘请了很多著名的应用数学家,他们写了一些对工程师很有用的初级教材(埃莫森,第33页)。然而,与西点军校不同,伍尔维奇对普通工程学或工程学教育的实践方面的影响似乎很少,甚至在英国,直到19世纪下半叶,当入学的基本条件由才华替代赞助(有点像法国采用的方式)后,才有所改观。里德(Reader),《职业人：19世纪英格兰职业阶层的崛起》(*Professional Men：The Rise of the Professional Classes in Nineteenth-Century*),第96—97页。比较阿兹,《技术教育》,第261页。

⑬ W. H. G.阿米蒂奇(W. H. G Armytage),《工程的社会历史》(*Social History of Engineering*,London：Faber and Faber,1961),第160—161页。1802年,西点军校第一任校长乔纳森·威廉姆斯(Jonathan Williams)评论道:"成为一名工程师……是一回事,但成为一名"有才能的军官"(Officieur du Génie)则是另外一回事。我不知道这是怎样发生的,但我找不到任何完整的英语概念来对应法国人给予这个职业的称谓。"[彼得·迈克尔·莫洛伊(Peter Michael Molloy),《技术教育与年轻的共和国：作为美国的巴黎综合理工学院的西点军校,1802—1833》(*Technical Education and the Young Republic：West Point as America's école Polytechnique*,1802-1833,unpublished dissertation：Brown University,June 1971),第241—242页。]当然,具有讽刺意味的是,(正如第一章所解释的)当"工程师"这个词被引入到英国时,它是用来命名那些具有特殊技能的人,而这里的特殊技能与将法国"有才能的军官"和建筑师、工厂技工等类似的人(这些人在英国已经存在)区别开来的技能类似。因为英国人(和美国人)还不能效仿法国工程师的培养方法,英语中的"工程师"也不能表达"有才能的

军官"的意义。要是在今天,威廉姆斯就会用"职业工程师"(或"学位工程师")这样的词来表达他想表达的意思了。莫洛伊(特别参见第425—463页)认真地研究了美国在理解工程方面的落后性。

⑭ 在1816年前的美国,存在许多相对较为完整的包含了这样的"工程师或准工程师"的名册,他们从事公共建设工程。参见卡尔霍恩,第7—23页。对于在美国式的行事方式下是什么使这些少数人很难找到工作的问题,卡尔霍恩也有很深入的研究。

⑮ 麦吉弗伦,第15—23页。

⑯ 小查尔斯·F. 奥康奈尔(Charles F. O'Connell, Jr.),《工程部队与现代管理的兴起:1827—1856》("The Corps of Engineers and the Rise of Modern Management, 1827-1856"),摘自梅利特·罗·史密斯(Merritt Roe Smith)编的《军事工业和技术变迁》(*Military Enterprise and Technological Change*, Cambridge Mass.：MIT Press, 1985),第95—96页。

⑰ 梅里特·罗·史密斯,《军械与制造业的"美国系统":1815—1861》("Army Ordnance and 'the American system' of Manufacturing, 1815-1861"),摘自《军事工业》,第40—86页。

⑱ 詹姆斯·基普·芬奇(James Kip Finch),《工程的历史》(*The Story of Engineering*, Garden City, New York：Doubleday & Company, 1960),第262—265页。伊利运河学校是对早期工程部队的复兴。参见第一章。

⑲ 芬奇,第267—269页。

⑳ 同上,第268—269页。

㉑ 奥康奈尔,摘自《军事工业》,第100—106页。该文注意到了民用工程师对军方标准的最早的抵制。

㉒ 史密斯,摘自《军事工业》,第77—78页。也可参见大卫·A. 霍恩谢尔(David A. Hounshell),《从美国系统到大批量生产,1800—1932：美国制造技术的发展》(*From the American System to Mass Production*, 1800-1932：*The Development of Manufacturing Technology in the United States*, Baltimore：Johns Hopkins University Press, 1984)。

㉓ 艾德文·T. 莱登(Edwin T. Layton),《工程师的反叛》(*The Revolt of the Engineers*, Cleveland：Press of Case Western Reserve University, 1971),第3页。人口普查使用了"民用

工程师"这个词。莱登认为,在那个时候,这个词很可能包括了机械工程师(并且,也确实包括了其他非军事工程师)。我的猜测是,"民用工程师"很可能排除了很多在采矿和制造方面(即工程师的原型)那些不称自己为"工程师"的人(他们当然不会称自己为"民用工程师")。也可以注意一下劳伦斯科学学校在这个时期的专业列表。不过,也许我对莱登的异议是种诡辩。在内战之前,这些其他"工程师"的数量可能很小,很难与民用工程师相提并论。尽管如此,但能提供更多的信息总是有益的。

㉔ 这个引证的短语是由史蒂夫・戈德曼(Steve Goldman)提出的。参见《工程的社会囚禁》("The Social Captivity of Engineering"),摘自保罗・德宾(Paul Durbin)编的《对于非学术的科学和工程的批判性审视》(*Critical Perspectives on Nonacademic Science and Engineering*, Bethlehem,Pa.：Leheigh University Press,1991),第 121—146 页。但这个观点似乎有些宽泛。例如,参见大卫・诺布尔,《设计美国》。诺布尔对逝去的车间文化的怀念,似乎混淆了一般的发明和工程。一般的发明确实可以存在于小的(甚至孤立的)组织中,而工程(一种特殊的发明:集约化、标准化,等等)则不是如此。尽管车间文化令人羡慕,但在某种环境(不论是资本主义的环境还是非资本主义的环境)下已让位于工程。(正如美国工程师和苏联工程师几乎扮演了同样的角色)。诺布尔帮我们理解了工程具有超过车间文化的优势(尽管他在提到这一优势时,更多的是将它看做是恶的而不是必需的)。

㉕ ASCE 实际上成立于 1852 年,其成员几乎全在纽约市。但就像内战前的其他工程师组织的尝试一样,这个 ASCE 似乎没几年就消失了。它与 1867 年的 ASCE 的联系是微弱的,这是想把自己纳入直系系统的又一个例子。想了解更多,参见莱登,第 28—29 页。

㉖ 一些相关的历史,也可以参见布鲁斯・辛克莱(Bruce Sinclair),《美国机械工程师协会的百年历史：1880—1980》(*A Centennial History of the American Society of Mechanical Engineers*：1880-1980,Toronto：University of Toronto Press,1980);特里・S. 雷诺兹(Terry S. Reynolds),《75 年的进步：美国化学工程师学会的历史》(75 *Years of Progress*：*A History of the American Institute of Chemical Engineers*, New York：American Institute of Chemical Engineers,1983)。

㉗ A. 迈克尔・麦克马汉(A. Michael McMahan),《一种职业的产生：美国电气工程的一个世纪》(*The Making of a Profession*：*A Century of Electrical Engineering in America*, New

York：Institute of Electrical and Electronic Engineers，1984），第十一章。

㉘ 由于火炮（artillery）工程和军事工程（engineering）的分离，或许该认为第一个分支可能出现得更早。这两个词的词根，"engine"（来自拉丁语中的 ingenium，有自然能力或天赋的意思）和"artillery"（来自拉丁语中的 ars，有技巧或艺术的意思），表明了它们之间最初是如何密切相关的。

㉙ 詹姆士·基普·芬奇，《工程学校的历史：哥伦比亚大学》（*A History of the School of Engineering，Columbia University*，New York：Columbia University Press，1954），第 65—66 页。这也是该院系被重新命名为"应用科学系"的时候。法国工程学似乎是从单一的种子成长起来的，而在美国似乎更像是三棵树长成了一棵［法国民用与军事工程师、德国矿业和冶金"工程师"、美国（可能还包括）英国机械"工程师"］，刚一组合就又产生了分支。

㉚ 莱登，第 3 页。

㉛ 参见比利·沃恩·库恩（Billy Vaughn Koen），《关于定义工程的方法》（"Toward a Definition of the Engineering Method"），《工程教育》（*Engineering Education*）第 75 期，1984 年 12 月，第 150—155 页。

㉜ 文森蒂在这方面有很好的研究。

㉝ 试想一下"火箭科学家"这个表述。其实并没有火箭科学家。因为每个与火箭发生联系的人，包括设计、发展、测试、调度（部署）和操作几乎都是工程师。任何成功的火箭技术在很大程度上都归功于工程师。而"火箭科学家"不应该因此而受到任何赞扬。

㉞ 工程师也倾向于认为工程的成功与其负责人是否为经过训练的工程师没有关系。这种倾向也导致工程师认为，像埃及金字塔的建造者或轧棉机的发明者也是工程师。将工程的成功归功于工程师，而将工程的失败归咎于其他人，如"管理者"、"不熟练的工人"、"技师"或者"科学家"等——在我看来，这是不公平的。因此，我试图为工程提出一个更为客观的概念。

㉟ 最近知道的唯一例外是：在一些"软件工程"中，工程师（或其他程序员）直接在计算机上编程。他们不需要写下书面的指令（甚至在研究和开发时所采用的间接方式中），但仍然需要准备必要的文件。通过他们的电脑，"软件工程师"实际上直接给"技术工人"下了指令。当然，正如我们在第三章将要见到的，还是有理由怀疑"软件工程"究竟是不是工

程这一问题的。不过,对于我们现在的目的来说,能够指出无论他们是不是工程师,他们命令机器时都必须考虑到计算机运作时的人类环境这一点,已经足够了。他们的技术知识,像大多数工程师所具备的知识一样,都涉及许多人和事物如何一起工作的方面。

㊱ 参见卡尔霍恩(第 77 页):"工程师的角色是从管理者的角色中专门分化出来的。"即便一位工程师从事研发工作(如果他像工程师那样工作),也是在为某些安全有用的物理系统的制造提供指令,然而,其中许多步骤仍可能处于原始研究和最终产品之间。科恩的另一些关于设计的睿智的讨论似乎完全忽略了设计作为他人操作指南的作用。

㊲ 有几位工程学教授曾告诉我,现在情况已经发生了变化,集团工作的工程师大量增加,在这些团体里工作的工程师来自于不同的领域。这也许是对的。但在我对工程师进行采访的过程中,并未发现更多的集成,甚至在研究中也一样。这里我们有一个经验的问题,对于这个问题掌握更多的信息会更好。但无论结果是什么,我确信,即使经过许多年,工程师也不会达到像律师事务所或医院那样的集成程度。

㊳ 例如,在领头的工程学会中,最具科学色彩的美国电气与电子工程师协会(Institute of Electrical and Electronic Engineering, IEEE),也是唯一遗忘了有伦理章程的工程师协会(仅在 20 世纪 70 年代,当制定了新的伦理章程后,旧的才被重新发现)。更多相关资料,参见本人的《伦理的崛起:是什么,为什么?》,《百年回顾》第 34 期,1990 年春,第 163—186 页,特别是第 173—174 页。IEEE 最近在伦理方面的努力似乎标志了一个重要的转向。但真的是这样吗? 对真相进行详尽分析将会很有意思。

㊴ 例如,我们的学院和技术学校在高等数学上浪费了太多的时间。所谓必不可少的高等微积分在实践中极少用到,我们不值得花那么多时间去学习,并且我们最有权力这么说,长时间不使用会使我们迟钝到一点也不会用。我相信每位工程师都会赞同我的观点。除非学生在数学方面拥有超常天赋,否则只要学习普通的分析就够了。[托马斯·C. 克拉克(Thomas C. Clarke),《民用工程师的教育》("The Education of Civil Engineers"),《美国民用工程师协会的变迁》(*Transactions of the American Society of Civil engineers*)第 3 期,1875 年,第 557 页,转引自麦吉弗伦,第 113 页。]

因为我听说即使是现在也还有实践工程师支持这种观点,所以我很纳闷,教授微积分(现在是两年期)对于锻炼心智(或者"铲除"某种心智)的作用是否比微积分本身更多。在很多工程中,微积分的大部分内容只是一个技术选项(可要可不要),而其余的微积分内容可(以应用的形式)与工程科学课程整合在一起。关于是否需要微积分的更多讨论,参见莎莉·哈克(Sally Hacker),《艰难地做》(*Doing it the Hard Way*, Unwin：Boston, 1990),第139—154页。

⑩ 一个关于这一争论的有趣讨论,尽管它很大程度上局限于机械工程。参见卡尔弗特,第63—85页。

㊶ 卡尔霍恩,第45页。

㊷ 同上,第50—53页。

㊸ 西点军校在实践上的成功很容易被低估。回想一下1827—1855年间的布朗大学校长弗朗西斯·韦兰(Francis Wayland)所说过的话。他在任期内将工程学引入了布朗大学,曾羡慕地评论道:"西点军校的毕业生,在数量上每年只比我们学院多一点,但在修建铁路方面,它这一所学校所做的比我们120所学校做的总和还多。"转引自麦吉弗伦,第91页。

㊹ 麦吉弗伦,第152—154页。

㊺ 卡尔弗特,第203页。

㊻ 麦克马汉,第33—43页。

㊼ 比较以下这段话:"如果协会将会员资格限定在独立的咨询工程师或有创造性的工程师上,那么协会规模会很小并且影响有限。工厂里的工程师越来越多地成为经理……工程师必定被称为商人。"弗雷德里克·R. 休顿(Frederick R. Hutton, 1907),美国机械工程师协会秘书长。转引自莱登,第37页。

㊽ 当然,尤其在早期,一些工程学协会也会接收那些尽管未经过学校训练,但在工程工作中已多年担任要职的人。应该注意,这个标准不是简单地说"担任主管"而是长时间承担"重大责任",大概足够长的时间才表明他能胜任这样的工作。这样的标准看上去更像是一个行政方案而不是自然的定义。

㊾ 参见莱登,特别是第58—60页。

㊿ 同上,参见莱登,特别是第25—52页。这样的茫然也许可以解释,为什么至少有一个20世纪的工程协会,一个短命的美国工程师组织(如最初的ASCE)会允许建筑师加入。参见彼得·米克辛斯(Peter Meiksins),《职业化及其矛盾:美国工程社团案例》

("Professionalism and Conflict: The Case of the American Association of Engineers"),《社会历史》(*Social History*)第19期,1983年春,第403—421页,尤其是第406页。将一般的工人排除在外,可能会被认为有等级偏见,但我认为它指出了更多的东西。许多人自称为工程师,比如火车司机或焊锅匠等,他们似乎忽视了工程师所共有的特征,甚至一级一级提拔上来的工程师也忽视了这一点。我认为,莱登事实上描述的英语中"工程师"的意思沿用了法语的部分含义(也就是威廉姆斯所理解的"有才能的军官")。

(51) 一个因过于强调"科学"而与工程实践相冲突的可笑例子,参见布鲁斯·斯利(Bruce Seely),《工程的科学秘诀:对公共道路局的高速公路研究,1918—1940》("The Scientific Mystique in Engineering: Highway Research at the Bureau of Public Roads, 1918-1940"),《技术与文化》第24期,1984年10月,第798—831页。也可以参见埃德娜·克拉纳凯斯(Edna Kranakis)对19世纪法国工程衰退的论述,《工程实践的社会决定因素:19世纪法国和美国的比较研究》("Social Determinants of Engineering Practice: A Comparative View of France and America in the Nineteenth Century"),《科学的社会研究》(*Social Studies of Science*)第19期,1989年,第5—70页。

(52) 麦吉弗伦,第65页。注意,这里的"工程"的意思是我们现在所称的民用工程。尽管我们现在所称的采矿(和冶金)工程和机械工程过去是与民用工程归为一类的,但它们并不被认为是(所谓恰当意义上的)工程。这里进一步证明了,我们该更谨慎地看待工程学在19世纪的"分裂"。在我所说的这个故事里,在促进工程的统一性方面,高等教育起到了关键性的作用,美国原本并不具有这种统一性(否则,如果没有高等教育,美国永远也不会取得这种统一性)。因此,值得注意的是,早期的民用工程师似乎在机械工程和矿业领域都失败了。卡尔霍恩,第82—87页。

(53) 麦吉弗伦,第64—69页。

(54) 麦吉弗伦,第79—82页。参见1804年以后巴黎综合理工学院的历史。

(55) 参见布鲁斯·斯利(Bruce Seely),《美国工程学院中的研究、工程与科学:1900—1960》("Research, Engineering, and Science in American Engineering Colleges: 1900-1960"),《技术与文化》第34期,1993年4月,第344—386页。劳伦斯·P.格雷森(Lawrence P. Grayson),《美国工程教育简史》("A Brief History of Engineering Education in the United

States"),《工程教育》第68期,1977年12月,第246—264页,特别是第257—261页。

(56) 工程师当然早就注意到了,工程具有创造性的一面。但工程的另一些方面,尤其是制图和计算这样单调沉闷的工作,将意味着很少有工程师实际上能具有"创造性"。如果这样,那么计算机也许就戏剧般地调节了单调与创造性间的平衡。这种变换可以(部分地)解释目前对于设计的强调。但是,又如何解释"车间训练"的衰退(甚至连将要成为雇主的人都不想让工程学校在车间层面上培养工程师)?抑或,20世纪的工程在一些根本方面发生了变化?(又或者是工业已发生了这样的改变?)

(57) 详见第十章。

(58) 这可以很清楚地在书中看到,例如,沃尔特·文森蒂。

(59) 我们对于工程的理解处在一个令人沮丧的境地,还可参见詹姆斯·K.法伊贝尔曼(James K. Feibleman),《纯粹科学,应用科学,技术,工程:一个定义的尝试》("Pure Science, Applied Science, Technology, Engineering: An Attempt at Definitions"),《技术与文化》第2期,1961年秋,第305—317页;M.阿西莫夫(M. Asimov),《工程设计的哲学》("A Philosophy of Engineering Design"),摘自弗里德里希·拉普(Friedrich Rapp)所编的《技术哲学的贡献》(*Contributions to a Philosophy of Technology*, Dortrecht-Holland: Reidel, 1974),第150—157页;乔治·辛克莱(George Sinclair),《召唤一种工程哲学》("A Call for a Philosophy of Engineering"),《技术与文化》第18期,1977年10月,第685—689页;塔夫脱·H.布鲁姆(Taft H. Broome),《工程——科学哲学》("Engineering the Philosophy of Science"),《形而上学》(*Metaphilosophy*)第16期,1985年1月,第47—56页;保罗·T.德宾(Paul T. Durbin),《在研究与发展中走向工程哲学与科学》("Toward a Philosophy of Engineering and Science in R & D Settings"),摘自保罗·德宾所编的《技术和责任》(*Technology and Responsibility*, Dortrecht-Holland: Reidel, 1987),第309—327页。

(60) 当然,这并不是想为"职业"下定义,而仅作为一个梗概,现在只是用来适当地表达我们的意图而已。想要进一步了解我对"职业"的理解,详见本书第四章和第十章,以及我的其他一些与此相关的论著:《职业章程的道德权威》("The Moral Authority of a Professional Code"),《道德》(*NOMOS*)第29期,1987年,第302—337页;《职业的用处》("The Use of Professions"),《商业经济》(*Business Economics*)第22期,1987年10月,第5—10页;《职业教师,保密性和职业道德》("Vocational Teachers, Confidentiality, and Professional Ethics"),《国际应用哲学杂志》(*International Journal of Applied Philosophy*)第 4 期,1988 年春,第 11—20 页;《职业化意味着职业优先》("Professionalism Means Putting Your Profession First"),《乔治敦法律伦理杂志》(*Georgetown Journal of Legal Ethics*),1988 年夏,第 352—366 页;《警察真的需要伦理章程吗?》("Do Cops Really Need a Code of Ethics"),《刑事司法伦理》(*Criminal Justice Ethics*)第 10 期,1991 年夏/秋,第 14—28 页;《科学:除了知识,还有什么责任》("Science: After Such Knowledge, What Responsibility?"),《职业伦理》(*Professional Ethics*)第 4 期,1995 年春,第 49—74 页。

㉛ 引自麦吉弗伦,第 106 页。在那本书里,他提供了美国矿业学会(1873 年)和美国机械工程师协会(ASME,1880 年)等类似的例子。

㉜ 格雷森,《简史》,第 254 页。

㉝ 同上,第 258 页。现在这个组织是美国工程和技术鉴定委员会(ABET)。

㉞ 似乎只有社会科学家和支持他们的人对这个主张存在争议,这些人希望将"职业"与"技术工作"(或"获得认证的技术工作")等同。但至少有两个反对这种等同的理由:第一,某一职业的成员通常努力地声称,他们属于某一职业而不仅仅是属于熟练的技术工作。这样的等同使得他们的主张在定义上就是错误的,并且,留下了一个问题,即为什么每个人都可能会这么说(努力声称是属于一种职业)。第二,如我们将要读到的,伦理标准的确给出了对于"职业"这一说法的重要洞见。

㉟ 详见本人的论著《伦理的崛起》。

㊱ 对这个时期不错的解读,其中包括了它对工业和工程的影响。参见诺布尔,《设计美国》。

㊲ 在这个问题上,电气工程师似乎困难最大(八年的历程)。参见麦克马汉,第 112—117 页。

㊳ 关于对人们变化方式的启发性讨论,参见莫蒂默·R. 卡迪希(Mortimer R. Kadish),《奥菲莉娅的矛盾:我们生活行为的调查》(*The Ophelia Paradox: An Inquiry into the Conduct of Our Lives*, New Brunswick N. J.: Transaction Publishers, 1994)。

第三章
"软件工程师"是工程师吗？

　　今天,这一领域已经成为一门真正的工程学科。

　　　　——约翰·J. 马辛艾克(John J. Marciniak),《软件工程百科全书》(序言,1994)

　　如果你自称是一位"软件工程师",那么你可能已触犯法律了。《计算机世界》报已有说明,在 45 个州内使用这一称谓是违法的。那些在 36 个公认的工程领域内没有接受过教育和获得许可的从业者,今后不能再自称为"工程师",而计算机专家通常就是不符合这一要求的从业者。

　　　　——《华尔街日报》(第 1 页,1994 年 6 月 7 日)

　　对于那些对职业感兴趣的人来说,一个(可能的)新职业的出现将令其激动不已,就像天文学家在浩渺天际中发现了一系列新星体一样。因为这将是一个可以用一种意想不到的方式将理论融入实践的机会，更是一次展现真理之魅力的机会。本章将从"软件工程"的出现讲起，进而论述其是否可以作为一门独特的学科、一个行业，和（或者）一种职业。

在1967年北大西洋公约组织的一次有关软件设计和测试的会议之后，作为当时会议主题的术语——"软件工程"就开始流行起来了。[①]今天，数以千计被称为"软件工程师"的人从事着被称为"软件工程"的工作，并有精明的雇主愿意为他们的工作支付报酬。[②]然而，"软件工程"并不是一门普通的工程学科。"软件工程师"很少拥有工程学位，其中一些只是计算机科学专业的本科毕业生，仅仅学过一门"软件工程"的课程（特别是，这一门课程也是由一些拥有计算机科学学位而不是工程学位的人教授的。）大多数"软件工程师"是没有经历过正式工程训练的程序编写员。[③]那么，"软件工程师"是工程师吗？ 如果这两者有什么区别的话，那么又是什么使得这个问题值得回答呢？

让我首先回答第二个问题：定义一个领域不仅仅是语义学的问题。关于软件工程的问题，值得回答的第一个理由是，我们如何界定一个领域将影响到该领域的发展。"软件工程"也许正是一个由于将其与工程类比而威胁到其发展进程的领域，一个推行着不必要的刚性课程的领域。[④]第二个理由是，这个问题的回答将有助于我们理解工程。工程的界限是什么？ 在划定界限时，什么是比较关键的？ 第三个理由是，这个回答将有助于检验工程史的效用。那么，工程史能够给我们什么样的启示呢？

[32]

有关启示的问题可能是令人失望的。我应该努力展现的是，我们不能断定"软件工程"是不是工程。只有未来才能告诉我们答案。但是通过工程史至少可以清楚两点：第一，"软件工程师"不是"工程师"，不能仅仅因为他们与工程师做得一样多或者与工程师知道的一样多，就认为他们是工程师。第二，"软件工程"能否或者是否应该成为工程的一个领域取决于这些"软件工程师"能否或者是否应该以工程师的方式受到教育。而这两个论点又取决于第三个论点，即工程主要是（或者至少应该）由其课程来界定的，而不是（如我们所期待的）由工程师事实上做什么或知道什么来界定的。因此,我们必须从这第三个论点开始讲起。

"工程师"的标准定义

"工程师"的标准定义应该是这样的:一位工程师至少拥有以下一项资格:(1)一个学院或大学的工程学士学位或更高级的工程学位;(2)作为社会公认的具有职业水准的工程社团的成员;(3)作为工程师,应具有政府部门颁发的许可证或已在政府部门注册过;(4)当前或最近所从事的工作具有从事工程活动的职业水准。[⑤]这一定义的显著特征是它预设了对"工程"的理解。事实上,四个选项中有三个使用了"工程"的术语来定义"工程师",而剩下的选项(3)仅仅通过使用"作为工程师"来代替"从事工程活动",以避免用词的重复。[⑥]

这样的定义是非常重要的,因为它们决定着谁具有进入工程职业社团的资格,谁可以获得从事工程活动的许可以及承担特定的工作。事实上,这些定义也是非常有用的。例如,它们可以帮助人口调查局把铁路机车驾驶员、看管公寓锅炉的管理员、军队工程兵种中的砖瓦工从工程师的类别中排除出去。虽然这些人仍然被称为"工程师",但他们明显已是过时意义上的"工程师"了。

但是,这些标准定义并不适用于我们的意图。因为它们并没有告诉我们"软件工程师"是否是工程师——甚至也没有告诉我们应该怎样去认识这个问题。例如,一位"软件工程师"可能〔在职业水准上〕从事一项软件工程作业,但这并不能回答他是否是工程师的问题。被雇主划分为"工程"(由于缺乏更恰当的术语)的活动,在一定意义上可能是也可能不是工程。[⑦]

解决这个问题的关键是什么呢?在实践层面上,工程师决定了这个答案。一个工程师组织具有授予"工程"学士学位和传授高级课程的资格。其他工程师组织则决定着哪些带有"工程师"头衔的社团是"工程社团组织",哪些社团——如"铁路工程师兄弟会"——不是"工程社团组织"。

工程师还决定了哪些成员是"在职业水准上"从事着工程活动，而哪些成员则不是。比如政府部门会检查工程师的注册情况或许可证，虽然其技术部门与工程部门不同，但这些机构几乎全由工程师组成。而且，即使当他们不再是工程师时，他们仍然会普遍应用已形成的工程师标准（如教育、经验、熟练程度，等等）。工程师甚至还决定了哪类工作需要职业水准的工程作业，哪类则不需要。

[33]

虽然这一标准定义解决了许多实际问题，但它并没有解决我们的问题。在"软件工程"是否是工程的问题上，工程师内部也出现了分歧。一方认为，如果"软件工程师"从事的是职业工程活动，那么"软件工程师"就是工程师；但对另一方来说，这仍然是个问题。⑧

这是一种实践层面上的异议，同时还有一种理论层面上的异议。将"工程师"定义为"从事工程活动的任何一个人"，这显然违反了定义的第一条规则："绝对不能在一个定义项中使用被定义的术语。"这条规则有其重要的意义。虽然循环定义对于某些意图可能是有帮助的，但是与一个非循环定义相比，它往往带来更少的信息。举例来说，一部字典将伦理定义为"道德"，并且同时将道德定义为"伦理"，这仅仅对于那些理解其中一个术语而不理解另一个术语的人有帮助。循环越大，一个循环定义所起的作用也就越小。

我们如何避免这种典型的循环定义呢？一种明显的方式可能是在定义"工程"时不要涉及"工程师"，然后再根据"工程"来定义"工程师"。事实上，全国研究委员会（NRC）尝试过这种方法，把"工程师"的定义与"工程"的定义连接在一起：

企业、政府、学术团体或个人努力地将数学和（或）自然科学知识应用于研究、开发、设计、制造系统工程或技术操作中，从而创造和（或）提供系统、产品、程序和（或）具有技术本质和内容的应用服务。⑨

就目前看来,这个定义当然是翔实的,因为它包括了当今构成工程的广泛的活动范围。但是,它同样是一个危险的大杂烩,就像对"工程师"的标准定义一样。它也是循环的:"系统工程"不应该在"工程"的定义中出现。如果"技术"被作为"工程"的同义词使用,那么"技术"也同样不应该出现在"工程"的定义中。(如果不是同义词,那么与"工程"相比,"技术"甚至是更加需要定义的,并且出于同样的理由,也应该避免循环。)同时,这一定义中还存在着不确定的语词——"和(或)",它们也是应该接受分析的。最糟糕的是,该定义过于具有包容性。根据定义,不仅"软件工程师"是工程师,而且许多通常不被认为是工程师的人也是工程师了。比如应用化学家、应用数学家、建筑师及专利代理人也明显满足该定义;而且,由于"数学"和"自然科学"之间的"和(或)"关系,甚至保险精算师、会计员、金融分析师以及一些使用数学手段去制造金融计算工具、跟踪系统、投资报告以及其他应用技术手段的人也都成了工程师。

[34]　　虽然这个定义显得过于宽泛,但它与其他大多数的定义一样,仍然具有三个典型的要素:第一,它使得数学和自然科学成为工程师从事活动的核心。⑩第二,它强调物理对象或物理系统。无论工程是什么,它主要关注的是物质世界,而不是(如在法律中的)规则、(如在财务中的)货币,乃至(如在管理中的)人。第三,这个定义至少表明了,工程学不是科学,它并不寻求理解世界,而是要重新创造世界。当然,工程师也生产知识(如公差表或表述复杂物理过程的方程式),但是(就如我们已经看到的)这些知识仅仅(或者,至少主要地)是用于制造一些有用事物的工具。⑪

以上三个要素只是工程的特征,而并没有定义工程。如果它们确实定义了工程,那么决定"软件工程师"是否是"工程师"将容易得多。例如,仅仅通过指出"软件工程师"在工作中通常不使用"自然科学"知识,我们就可以证明他们不是"工程师"。正因为假定这三个特征并不能定义工程(除了以某种粗略的方式),所以包括工程师在内的许多人认为,"软件工程师"是"工程师",这一点是可以理解的。不过,如果它们并没有定义工程,那么工程又该如何定义呢?

在我回答这个问题之前,我会先叙述三种常见的、应当避免的、对工程的误解。虽然这些误解和"软件工程"本身关系不大,但它们将有助于我们更好地理解"软件工程"与工程之间的关系。

关于工程的三种误解

在 NRC 的"工程"定义中,两次使用了"技术"一词,一次是将工程作为整体("或技术操作"),另一次是限定工程范围("技术本质和内容")。我们现在将关注"技术"的第二种用法。这似乎是一个常见的错误,甚至连工程师也会犯的错误。我们可以把它概括为:工程等同于技术。

这里至少可以举出三个反对这种理解的理由:第一,只有当我们如此简化我们的工程概念,以至于焊锅匠都可以是工程师(或者至少是从事工程活动的人)时,工程才相当于技术。[12]一旦我们这样简化工程的概念,那么我们就有这样的疑惑,为什么人们都想让工程师,而不是技术专家来完成工作呢? 既然技术专家也能胜任这项工作。[13]为什么需要"软件工程师",而不是"程序员"、"软件设计师"或类似的人来做软件设计或开发呢? 创造"软件工程"这一术语的关键又是什么呢?[14]

第二个理由是,这一观点使得撰写一部(不同于技术史的)工程史没了可能。根据这一观点,工程史就成了技术史,而每一个成功的发明家都是工程师,每一位成功的企业管理者也都是工程师,等等。我们感到疑惑的是,为什么我们对于工程师的术语——不像建筑师、数学家或者工匠的术语——是如此的陌生? 如果工程等同于技术,那么为什么"工程"有一个显著不同于"技术"的历史呢?[15]为什么工程组织要付出很大的努力去定义"工程"呢? 为什么要仅仅定义"技术"和"技师",然后不说,它们"同样适用于'工程师'"呢?

[35]

第三个理由是,它把工程伦理的话题转换成了技术伦理的话题,它将职业道德转变成了公共政策。无论工程伦理是怎样的,它至少在某种程度上是一种职业伦理——不仅是控制发展、使用和处理技术的标准,而且是控制某个技术专家群体的标准。

对工程的第二种误解是,认为工程(从其本质上讲)生来就是一种职业。职业人员就是"知识工人",特定的知识定义了特定的职业(潜在的工作也是这样的)。任何需要大量培训的工作都是一种职业。⑯工程需要大量的培训,因而它也必定是一种职业。将职业与知识联系起来将有助于把某些人排除出工程职业,这些人虽然起到了像工程师一样的作用(抑或"纯粹技工"的作用),但他们缺少成为严格意义上的工程师(在职业水准上的工程师)所必需具备的知识。认为工程生来就是一种职业,虽然提供了对第一种错误认识的矫正方案,但它却制造了另一种误解。

工程生来就是一种职业的想法,暗示了组织与职业没有什么特别的联系。只要你有足够的知识,你就属于一种职业。若果真如此,就有可能存在属于一个人的职业。

以这个方式思考,将会使大部分工程史神秘化。例如,为什么工程师还要花费那么多时间去设定每个想要宣称自己是"一个工程师"的人都应该具有的最低能力标准呢? 为什么他们要假设这些标准与成为一种职业相关呢? 像其他职业一样,工程拥有社团的历史,而像补鞋、发明和政治这些非职业性的行业是没有的。任何对工程的定义都必须考虑到这个历史因素。工程史中——事实上,在所有职业的历史中——最令人关注的是工程与组织、特定的标准和职业定义之间的密切关系。

对工程的第三种误解是,认为工程职业总能认识到同样高的标准。理由有二,一是诉求于工程的"本质"(或者"基础")。任何没有认识到特定标准的行业团体的成员将不会成为工程师——或者,至少不会从事工程活动。工程师(据说)有组织地去设定标准,正是为了避免与那些不是"真正的"工程师的人混淆起来。标准,仅仅记录了每一位优秀工程师所应该知道的,然后他们再对记录进行编辑,而不是制定法律。

二是诉求于工程师的道德本性。有人说，工程师总体而言每时每刻都是尽责的。尽责也就是要仔细，要注意细节，要努力做到最好。这样做也合乎道德。职业伦理就是要使每个人在工作中尽责。因此，要成为一个尽责的工程师也就是（本质上）要成为一个有道德的工程师。[⑰]工程社团采纳标准是为了帮助社团成员知道应该对工程师做怎样的期望，而不是要告诉一个尽责的、技术上熟练的工程师应该去做什么。根据这个观点，足以解释工程师为什么要努力制定伦理章程了。 [36]

工程本质上是讲究伦理的，这一认识存在什么错误呢？像其他两种错误认识一样，这第三种错误认识使得理解工程史变得更加困难。为什么工程师要如此频繁地修改（他们的）伦理章程？为什么经验丰富的工程师有时会对伦理章程的内容（如有关技术标准）持有不同意见？这些不同的意见似乎仅是关于工程师应该怎样行为的，而不是关于工程师需要告诉社会的？

如果我们检查一部典型的工程伦理章程，就会发现其中许多条款的要求比仅仅需要尽责的要求高得多。例如，章程要求帮助在雇用期间的工程师完成继续教育，或者要求他们所作的任何公开陈述都要客观而且真实。[⑱]这些章程还没有到100年。[⑲]在它们被采纳之前，一个工程师仅仅需要道德上是诚实的（正直的），以及技术上熟练地完成所有人们合理期望的事情。那时候，工程师在法律、市场和（普通）道德要求之外没有责任。（因此，工程师没有告诉社团成员期望什么的必要。）"工程职业总能认识到同样高的标准"这一认识——例如，如果工程师没有通知客户某种利益冲突，那么他们总是非职业性的——与我们所知的关于工程的知识是相反的。

工程职业的成员资格

正如我们在第二章中所见，从一开始美国的工程教育似乎就有两条路线：一条是一系列不成功的尝试，即对西点军校课程进行各种改变；另一条是将西点军校课程发展成为美国工程教育的标准。其细节对于我们现在讨论的内容来说并不重要。⑳重要的是，工程师的教育越来越成为工程学校的领域，并且这些学校变得越来越相似了。对于工程师来说，一名工程师就是从工程学校毕业并取得相应学位的人，或者是(没有学位，但)或多或少具有可与学位等同的训练或者经验的人。因此，本章便是从"工程师"的标准定义开始的。

　　这个故事的要点不是工程学将永远保持像今天这样的相同课程。自从1802年西点军校建立以来，工程课程设置已经有了很大的变动。例如，当前的工程课程更多地注重微积分，而较少关注工程制图。毫无疑问，课程设置将会继续变动，或许明年的微积分课程会被生态学和工业心理学的课程所替代。正如我所强调的，今天的工程课程在一定程度上是由昨天的工程课程发展而来的，因此，明天的工程课程将会由今天的工程课程发展而来。任何一个新的工程领域都不得不在现有的工程课程设置中寻找一个位置，这就意味着要改变课程设置，但并不代表一个全新的开始。在现有课程中寻找一个位置是一个复杂的社会协商过程，就像你要加入一个家庭一样。如果你喜欢，你当然可以把你的名字

[37]　改为"戴维斯"，使自己看上去更像是我家庭的一个成员(可能甚至是遗传学上的)，并且宣称你是我家庭成员之一，但这并不能使你真正成为我家庭的成员。而要成为我家庭的一个成员，意味着你必须生来就是，或者与我的家庭成员联姻，或者被我的家庭所收养。

　　像核能工程这样的领域，似乎生来就属于工程学范畴，而其他领域(如矿业工程)要成为工程学，似乎得通过职业"联姻"或者"收养"的方式来实现。具有讽刺意味的是，它们事实上仅仅是引用了"工程"这一符号：使用同一个名称，建立了另一个"家庭"——如铁路工程，但是却没有自己的历史辩护——或者应该选择一个更加合适的名称。

　　一种职业的历史揭示了一个特定的行业是怎样组织起来的，使得其成员坚持认同在法律、市场和道德之外的标准。一个行业的历史是组织的历史，是能力标准和行为标准发展的历史。美国工程的历史开始于南北战争之后。这是一个令人困

惑的故事,因为"职业"伴随着"工作"而形成。在今天,许多早期的职业社团成员将不再具有成员资格。

尽管如此,我想我们能明白,当工程师越来越清楚地知道工程师曾经是些(或者,至少应该是些)什么人时,他们就会倾向于,从原来基于技术方案、实践创造或者其他技术成就的角度来赋予协会(在职业水准上的)成员资格,转变为基于两个更加苛刻的要求来赋予协会成员资格:(1)专业的知识,(2)承诺以一定的方式(即依照工程伦理章程)使用这些知识。第一个要求是工作性的,现在这个要求就等同于一个工程学位文凭。第二个要求是职业性的,虽然许多职业(特别是法律)将"承诺遵守职业的伦理章程"作为准入这一职业的正式要求,但工程还不一样(除了注册职业工程师,即 P. E. 以外)。相反,当一个工程师被发现违反了伦理章程时,这种被社会所期望的承诺就会昭显自身:"我是工程师,但我并不承诺去遵守章程,因此没有做错任何事。"当然,这样的辩护从来都不曾被接受过。职业的回答应该是:"当你宣称自己是一名工程师时,也就是意味着你已承诺去遵守章程。"㉑

我认为把"软件工程"理解为"工程"的尝试,从根本上忽视了工程职业概念的复杂性。例如,玛丽·肖(Mary Shaw)在其观察报告中写道:那么,何时何地表明软件工程正在走向工程学呢?在某些情形中,它依然是工艺;而在另一些情况下,它是商业实践。科学有助于结果的出现,对于一些个案,你可以辩护说职业化的工程学正在诞生。㉒若在该报告的第一句话中,用"应用科学"替代"工程学",第二句话中,用"应用科学"替代"职业化工程学",那么,就没有什么可争辩的了。但是,按照该报告的提法,它的最后一句话完全是错误的。根据肖所描述的,没有什么能够暗示"职业化的工程学正在诞生"。

"软件工程"的基本问题

20 世纪 60 年代中期,"软件工程"这一术语被创造出来,其目的是为了满足 [38]

"软件制造业被奠基在多种基础理论和实践学科之上的需要,对于工程学已有的分支,这些基础理论和实践学科一般是传统的"。[23]因此,关于"软件工程"的思考源于这样一个假定,即与已存在的工程学分支共享一定的基础理论和实践学科。这是工程师们普遍使用的一个假定,称基础理论为"科学"或者"工程科学",称实践学科为"工程方法"。然而,"软件工程"的历史使得这个假定充满了疑问。

"软件工程"的早期支持者对于什么是工程的基础理论和实践学科存在分歧:一些人认为工程本质上是以物理学、化学、数学等理论知识作为基础的"应用科学";另一些人则把工程理解为一种主要以设计为目的的技术。对于他们而言,工程主要是通过规格(说明书),把概念转化为原型,再经过测试和微调最终定型的一种方式。然而,对于大多数人来说,工程主要是一种组织和管理设计、开发和制造过程的方式,一种以确保工作在预算之内按时完成,并达到使客户满意结果的方式。[24]

实际上,工程学已有的分支所共享的,或许是所有分支所共享的,是一些共同的核心课程(物理学、化学、数学等)。这些课程可能为工程提供一个理论基础,但也可能无法提供。除此之外,在不同的领域之间也有一些重要的重叠,许多科目是相似的或类同的(或者,至少没有比这更重要的了)。长久以来,(可能从一开始)工程就是一个由变化多端的活动组成的混合体,它们通过一种共同的教育而结合在了一起。虽然这种共同的教育与工程师实际所做的有着明显的联系,但这种联系,甚至对于工程师自己而言,也并不总是清楚的。[25]

因此,如果"软件工程"要成为工程的一个领域,严格地说,它必须要求它的从业者有一个工程学位(或者同等的东西)。[26]现在,与工程学的课程相比,"软件工程"的课程更加灵活多变。如果"软件工程"的学生机械(不加以变化)地学习工程课程,而不学习比工程课程要求更多的计算机科学、心理学和管理学的课程,那么他们是否会是更好的"软件工程师"? 我认为,这是一个经验性问题,也是一个开放性的问题。对于一个设计、开发和维护软件的人来说,到底需要多少的物理学、微积分、热力学等课程的知识呢？

我认为这个问题的答案是不明显的。事实上，以它所呈现的状态，这个问题恐怕是难以回答的。一个工程师需要多少物理学、微积分、热力学等课程的知识，可能完全依赖于正在开发的软件类型[并非它是不是"生活评价的"（life critical），而是它的设计者应该掌握哪类知识，才能正确地完成设计]。让某个并不具有工程知识的人去开发一种应用于工程的软件，我们可能会很担忧，那么，对于一个为儿童开发计算机游戏或者为内科医生开发诊断程序的这样的一个人，我们会有同样的担忧吗？

另外，"软件工程"不是生来就属于"工程"的。如果它要成为工程的一个部分（"一门工程学科"），那么它必须通过"联姻"（或者"收养"）的方式来实现。这将要求"软件工程"发生巨变，或工程出现适当的改变，或者两者都改变。"软件工程"可能必须把它的课程设置提升到工程所能认可的标准，或者工程可能必须改变它的课程设置，以便为"软件工程"腾出空间（例如，放弃所要求的化学课程），或者工程学和"软件工程学"都必须改变。"软件工程"不能仅仅通过采纳名字、复制工程方法，甚至通过一些权威的机构如 IEEE 宣布它属于工程，就能成为"工程"的。事实上，即使"软件工程师"接受了工程教育，他们也不需要成为工程职业的成员。 [39]

教育仅仅满足了工作的要求。还有职业上的要求，即信守工程师伦理章程。㉗到目前为止，"软件工程师"似乎已确信他们会有自己的章程。㉘

像"工作要求"一样，"职业要求"也为"软件工程"留有一定的回旋余地。"软件工程师"能有他们自己的章程，即在所有工程师所共享的章程之外，还有一部自己的责任章程。"软件工程师"也能设法制定一部与工程师共享的章程，修改其中工程师对他们自己的独特要求。但他们所不能做到的是，既要成为工程师（"在职业水准上"），又拒绝接受工程师共同分享的职业承诺。

"软件工程"会加入工程家族吗？这是一个颇具预言性的问题。在此，我想做的是用"软件工程"去揭示工程职业概念的复杂性。但必须补充说明的是，使得"软件工程"成为一门"真正的工程学科"的益处,与到目前为止使它看上去好像有益处的讨论相比,我认为前者更具有不确定性。像这样的工程训练并不能确保项目在预算内按时实现,或者确保客户满意。虽然工程教育总是含有管理的成分——在20世纪的前半期比现在更多,但在预算内按时向客户满意地交付产品方面,工程师总是存在问题的,特别是在缺乏经验的领域,如计算机的研发领域。与工程师掌握专业知识的能力相比,工程师信守承诺的能力更能暗示一个工程领域的成熟度。那么,内科医师和审计员难道就不能展示他们的承诺吗?

我在此所说的并不意味着提出了一个关于"软件工程"作为一门学科、一种工作,乃至一种职业的地位问题,我所关注的是怎样去概念化这个新的但已被认可的工作。如果我们不再设法从工程中借用概念,而是从建筑学或者工业设计,尤其是纯粹的发明中去借用概念,我们或许就能更好地理解它了,因为在这些领域,化学、物理学和数学等不是那么重要,而且伦理章程也不是那么详细。或者我们应该从"施工管理"中借用概念。与从事工程活动相比,"软件工程"可能更像是管理一个宏伟的公共建筑(如一座桥、一幢摩天楼或者一个电站),而不是做相关的工程。施工管理者至少能像工程师一样做得好:能在预算内按时交付产品,并且使客户满意。㉙又或者,"软件工程"可能更像律师所从事的工作(像律师起草新的可协商的契约或者复杂的土地使用协议等)。

[40]   因此,问题的关键不是"软件工程师"是否是工程师——很明显,如果一些人是,那么大多数人将不是;问题的关键是,他们是否(或者何时)应该属于工程师。

我的结论是,这不是一个一味寻求事实或真相的问题,而仅仅是一个需要被关注的、复杂的、社会决定的问题——关乎训练和行为标准的采纳。像工程一样,"软件工程"是一项社会事业,而不是一个自然物种。

注　释

我要衷心地感谢海伦·尼森鲍姆（Helen Nissenbaum）、艾尔尼·伯恩斯坦（Ilene Burnstein）和薇薇安·韦尔，因为他们对这章初稿做了有益的评论。本章内容的缩减版以"定义工程：怎样做，为什么是重要的?"（"Defining Engineering: How to Do It and Why It Matters"）为题曾刊登在《工程教育》第 85 期，1996 年 4 月，第 97—101 页；完整的版本（即以此为题。尽管时间在前，实际是在一年以后发表）曾刊登在台湾杂志《哲学和科学历史》（*Philosophy and the History of Science*）第 4 期，1995 年 10 月，第 1—24 页。本章的重新发表已获得授权。

① 加里·A. 福特（Gary A. Ford）和詹姆斯·E. 托迈科（James E. Tomayko），《软件工程的教育和课程设置》（"Education and Curricula in Software Engineering"），《软件工程百科全书》（*Encyclopedia of Software Engineering*，New York: John Wiley & Sons, 1994）第 1 卷，第439 页。

② 1991 年（电气与电子工程师协会中的）计算机学会成员调查表明，超过一半（54%）的成员认为他们自己是软件工程师，而全体会员中则有 40% 认为他们是软件工程师。［弗莱彻·J. 巴克利（Fletcher J. Buckley），《定义软件工程》，《计算机》（*Computer*）第 2 期，1993 年 8 月，第 77 页。］

③ 事实上没有关于"软件工程师"的准确数字，虽然我听说全世界估计有 300 万。这里的估计也仅仅是我汇聚了那些似乎最有可能正确的看法后得出的。

④ 例如，参见玛丽·肖（Mary Shaw），《软件的工程学科前景》（"Prospects for an Engineering Discipline of Software"），《电气与电子工程师协会软件》（*IEEE Software*），1990 年 11 月，第 15—24 页。虽然她以"工程"的定义开始这篇富有智慧的论文，并且把文章主体的大部分放在讨论工程史上，但她真正的主题却是关于学科的一般性成长。她其实可以写许多类似的论文（现实并非如此），使用法学、医学或者审计学等，而不是将"工程学"作为学科的范式——这会更清晰地表明她所关心的主题。

⑤ 这个定义，即国家研究理事会对工程师的教育和效用的研究，出现在萨缪尔·弗罗曼的《文明的工程师》（第 64—65 页）一书中。

⑥ 对比加拿大人提出的更为别致的定义：

　　"职业工程实践"意味着与工程原则应用有关的任何行为,如计划、设计、撰写、评估、咨询、报告、指挥或者监督,或者管理,而且这些活动涉及对生命、健康、财产、经济利益、公共福利或者环境等的安全保障。(重点强调。)

　　摘自加拿大工程资格委员会 1993 年的年会报告(*Canadian Engineering Qualifications Board*, 1993 *Annual Report*, Ottawa: Canadian Council of Professional Engineers, 1993), 第 17 页。这个报告并没有给"工程原则"下定义。

　　⑦ "基因工程师"出现了类似问题,其他"工程师"可能也会出现类似的问题,如"社会工程师"。(当然,这种定义的问题不仅仅限于工程师: 将律师定义为"法律实践者"或者将医生定义为"医学实践者",不会比工程师的定义更成功。)

　　⑧ IEEE 把"软件工程"定义为"应用一种系统的、严谨的、定量化的方法去开发、操作和维护软件;也就是说,把工程应用到软件上"(巴克利,第 77 页)。这个定义(或者,准确地说,那个"也就是说")引出了下面的问题,即所说的"系统的、严谨的、定量化的方法"是一种从工程到软件的应用,还是另一门不同学科在软件上的应用? 并非所有将"系统的、严谨的、定量化的方法应用于开发、操作和维护"都必定是工程的。事实上,软件主要不是一个物理学的,而是一个数学(或者语言学)的系统。这一事实至少说明工程原则的应用是有局限性的。

　　⑨ 弗罗曼,第 65—66 页。

　　⑩ 我已经仁慈地忽略了"数学和(或)自然科学"中的"或"。对工程师的训练一直都包括大量的数学和物质科学(至少化学和物理学)。如果"软件工程师"普遍地没有受到类似于物质科学方面的训练,那么无论怎样的数学训练也不能弥补他们和(严格意义上的)工程师之间的差距。

　　⑪ 可能值得注意的一件事是,工程师事实上制造了优美的客体,例如,布鲁克林大桥和典型的计算机线路板。尽管如此,工程师仍然不是(像建筑师那样的)艺术家,对于工程,优美不是一个评价作品的主要因素;效用才是。

　　⑫ 与弗莱彻·J. 巴克利相比,"动议的背景(IEEE 计算机学会管理者委员会任命一个

特别委员会采取行动把软件工程建设成为一种职业,1993 年 4 月 15 日)":

> 公元前483 年,作为征服希腊的一部分,波斯和米堤亚的国王薛西斯一世命令建
> 造两座连接达达尼尔海峡的浮桥,为他的军队从亚洲到欧洲提供一条通道。建成后不
> 久,一场暴风雨把桥给摧毁了。薛西斯处死了那些工程师,并且建造了另一座桥。由
> 此可以证实,在那个时候,对于在他们自己能力领域内工作的职业人员,个人责任的标
> 准是存在的。

这一段内容就像巴克利的《定义软件工程》("Defining software engineering",第 76 页)
一样,对工程和职业的误解是显著的。当然,巴克利没有理由把薛西斯桥的建造者称为
"工程师",而不是"桥梁修建者",甚至没有理由把他们描述成"职业者",而不是"技工"。
他肯定没有注意到这样一个区别,即桥梁的倒塌是由于建造者的无能,还是由于当时任
何建造者无法掌控的力量所造成的。类似于海水冲击造成桥梁倒塌的故事,这一事故的
发生似乎与波斯统治者的独断专行相关,而不是与每一个人自愿承担的责任标准相关。
因此,将这一事例放在涉及将"软件工程"作为一种"职业"的动议上,是(非常)不可
取的。

⑬ 例如,如果可以将爸爸和儿子都是工程师(根据今天的标准定义)的罗布林一家,与
大部分今天不会被允许设计或建造桥梁的实业家和其他同时代的桥梁建造者相类比,那些
自学成才、相对草率的"技术专家"难道不能因为大多数他们所建造的工程已经能够正常适
用而被认为是工程师吗？

⑭ 例如,考虑到 L. A. 贝拉迪(L. A. Belady)在《软件工程百科全书》的"前言"(第 11
页)中所说:"软件工程这一术语表达了一种把程序设计放进工程学科领域中的持续
努力。"

⑮ 工程师,特别土木工程师,喜欢把罗马建筑师看成是他们职业中的一员。当被问及
为什么时,他们通常指出,罗马的道路、沟渠、影剧院和其他建筑被认为是如此的不朽已证
明了这一点。但我认为,这个回答看似是一个正面的论据,实则是一个反驳他们论点的证
据。工程师们喜欢说:"一位工程师能够用 1 美元完成愚蠢的人需要用 10 美元才能完成的

事。"或者,如工程和技术认证委员会所采用的更为通俗的表达:"工程是这样一种职业,即将通过学习、经历和实践获得的数学和自然科学知识,结合判断,应用于发展各种方式和手段,以便更加经济地利用自然的物质和力量为人类造福。"罗马建筑师建造的这么多比他们的帝国还要长久1,000多年的建筑物,至少暗示了他们所花费的正是(今天意义上的)工程师所要节省的。当我们回忆起罗马的伟大建造者没有一个人创造一种建筑的职业,相反,他们不是这一年监督公共建设工程,就是下一年监督一个行省的政府建设的时候,我们一定会断定,虽然他们是伟大的建造者,但他们不可能获得工程社团在"职业水准"上的资格承认。虽然他们可能起到了"工程师的作用"(不过这是过时的),但他们不是职业成员(甚至不会在潜在的工作中被雇用)。

⑯ 对于这个错误的无畏辩护,参见约翰·T. 桑德斯(John T. Sanders),《小偷的荣誉感:对职业伦理章程的反思》("Honor Among Thieves: Some Reflections on Professional Codes of Ethics"),《职业伦理》(*Professional Ethics*)第2期,1993年秋/冬,第83—103页。如果文章标题并没有表明将能力与职业等同错在哪里,那么该文则建议我们应该考虑把黑手党也作为一种职业。

⑰ 注意,对于工程如此精明的弗罗曼,也主张伦理与责任的等同。弗罗曼,《文明的工程师》,第104页。

⑱ 那么,这些伦理规定, 或者任何其他的伦理规定,是工程所专有的吗? 是对它本性的一种表达吗? 有这样的伦理规定存在吗? 据我所知,没有。我认为,一部特定的职业章程是对一般道德理想的有特色地再加工和再修改,以便适用于特定的条件和满足特定的期望。有特色,但不需要专有。

⑲ 在美国,章程是从20世纪20年代开始的。在英国,它们差不多要早半个世纪。在欧洲大陆,或者在其他民法权限内,这些章程并不具有它们的对应部分,直到第二次世界大战后。为什么呢?

⑳ 更多细节,参见格雷森,《美国工程教育简史》,《工程教育》第68期,1977年12月,第246—264页。

㉑ 见本书第四章对于这个回应的辩护。同时要注意,IEEE 的伦理章程仅仅适用于 IEEE 的成员。它是针对一个技术协会成员的伦理章程,而不像 ABET 的章程或者全国职

业工程师协会(NSPE)的章程那样,是一种职业章程。事实上,我认为它过去几年的简化归因于它想囊括多种成员资格。现在,工程师的比例正在下降,而非工程师的数量和种类正在增加。一般来说,伦理章程随着经验的丰富而增多,因此,缩简是出现麻烦(问题)的标志。

㉒ 肖,《前景》,第22页。

㉓ 米歇尔·S. 马奥尼(Michael S. Mahoney),《软件工程的基础》("The Roots of Software Engineering"),《CWI 季刊》(*CWI Quarterly*)第3期,1990年12月,第325—334页,特别是第326页。

㉔ 同上,第327页。

㉕ 例如,直到最近,一些实践工程师还鼓励工程学校减少工程学位对理论的要求,而增加更多的对"车间经验"的要求。然而,过多偏重"车间经验"的尝试似乎培养出的是工头而不是工程师。显然,正是这种被实践者用来批判工程教育的抽象性,却有助于一个人成功地成为工程师,即便(如实践者正确地提到的)教授的某种具体技能(例如,高级微积分)一般不会用到。为什么?

㉖ 一些电气工程部门会提供这样的学位,例如,"计算机工程,软件方向"。

㉗ 当然,对于美国工程师而言,不只有一部伦理章程。这可能暗示,在美国,工程不是一种职业,而是若干种职业。这个暗示不应该被采纳。例如,IEEE 章程——三个章程中的一个——通常会在这样的场合被提到,它根本不是一部职业章程,它对工程师不适用(不像一部职业章程应该的那样),而仅适用于 IEEE 的成员(无论是否是工程师)。因为它所包含的要求不比其他规则多或者与其他规则不一致,所以在此我们可以将它排除在外。其他两个主要章程适用于工程师,它们仅仅在细节上有所不同(NSPE 的要求少一些)。由于 NSPE 似乎在制定它的章程时将国家的考虑融入其中,我认为,将 ABET 章程看成是基本的职业章程是合理的(特别是因为大多数工程协会已经承认它了),因此,当我在这儿谈及"工程师的章程"时,一般指的就是 ABET 章程。

㉘ 例如,参见约翰·D. 穆萨(John D. Musa),《软件工程:一种职业的未来》("Software Engineering: The Future of a Profession"),《IEEE 软件》(*IEEE Software*),1985年1月,第55—62页。穆萨提出"软件工程"是独立于工程的一种职业(虽然他对"工程"术语的用法

暗示了相反的一面）。

㉙ 比较肖(《前景》,第21页)的观点:

不幸的是,("软件工程"这一术语)是现在最常被用来指生命周期模型、常规方法论、成本估算技术、文件框架……和其他的标准化生产技术。这些技术是进化到贸易阶段的特征——"软件管理"将会是一个更为恰当的术语。

第二部分 情境中的工程师

定义了工程,我们现在可以确认伦理在当今工程实践中的地位了。尽管这也需要我们了解历史,但我将从最近的一个事件——挑战者号的爆炸开始。当然,这个事件本身对于工程来说也是非常重要的。对公众而言,它是最近以来最具伤害性的工程灾难,甚至比两次核灾难(三里岛和切尔诺贝利)还要惨烈。不同的是,它制造了一个英雄工程师——罗杰·博伊斯乔利(Roger Boisjoly)。工程师们发现,在挑战者号爆炸事件中他们所恐惧的是集体决策的失误。然而,以挑战者号事件作为这一部分的开始,我还有其他两个更为通俗的考虑:第一,与绝大多数工程相比,挑战者号事件后所产生的大量文献可以使我们更能接近这一关键性的事件。它是一出戏剧,从中我们可以学到很多。众多的细节也突显了工程的"使命"以及在完成这种使命的过程中伦理章程的地位。在这里,我们可以了解实践中的工程职业。第二,不管多么具有戏剧性,它还是具有许多普通的工程实践所具有的特性,尤其是大型组织,工程师管理者与普通工程师间的合作和冲突、技术和商业考虑的混杂、界定什么是或不是工程问题的难题,以及一些初看上去是技术决策的问题却隐含有伦理考量等。在许多方面,挑战者号灾难与普通大型工程事件并无二致。在这一部分和第四部分中,这一案例将有助于我们理解工程师所做的,在伦理上什么是错的,以及怎样防止伦理上的错误行为。

第四章
伦理章程与"挑战者号"

众所周知,医生和律师都必须遵守某些公认的行为准则。但人们却没有发现工
程师需要承担同样性质的责任,因为,人们没有把工程师认作是职业的成员。

　　—— A. G. 克里斯蒂(A. G. Christie)(工程师,1922)

要分析各种独立的职业,我们必须从它的社会功能入手。一部伦理章程必须
包括一种使命感——对其职业的特殊作用的感觉。

　　——朗·富勒(Lon Fuller)(律师,1955)

1986 年 1 月 27 日晚,莫顿·瑟奥科尔(Morton Thiokol)航天中心已经进入倒
计时,准备在第二天发射航天飞机,但是工程副主管罗伯特·伦德(Robert Lund)
却遇到了一个麻烦。在当天早些时候,伦德主持了一次工程师会议,会上工程师们
一致建议停止发射。他已经同意并通知了上司杰拉德·梅森(Jerald Mason),梅森

又通知了航天中心。伦德期待着推迟发射。航天中心拥有良好的安全记录,因为一直以来,发射只有征得技术人员同意之后才能进行。

　　伦德不同意发射是因为升空时发射场的温度将接近冰点,航天中心担心的是火箭助推器外部会先结冰,但伦德担心的其实是那些用来密封助推器各接合缝的"○型环"(○–rings)。○型环的设计曾经是一个不错的主意,它使瑟奥科尔公司能够在犹他州制造这个大火箭,然后把它分成几个部分运到 2,000 英里外的航天中心。由于在犹他州建造火箭要比直接在现场建造经济得多,瑟奥科尔公司因此得以低价中标。这份合同让瑟奥科尔公司获取了 1.5 亿美元的利润。[①]但是○型环并非完美,只要有一个在飞行中失效,航天飞机就会爆炸。先前的飞行数据显示[44]○型环在飞行中会被磨损,而最严重的磨损正是发生在升空时气温最低的那一次。实验数据有些粗略但却显示出了征兆,看上去磨损的可能性会随着○型环失去弹性而增大,而弹性又是随着温度降低而降低的。遗憾的是,几乎没有一次实验是在 40 °F 以下进行的,因而工程师们只能进行推测,不过,因为牵涉到七位宇航员的生命,结论似乎很清楚:安全第一。

　　一直到当天早些时候为止,情况似乎都很明朗,但现在伦德却不那么确信了。航天中心对于不同意发射的依据感到"愕然"和"震惊",他们希望能照常发射。但是没有瑟奥科尔公司的批准,发射是无法进行的,航天中心要求梅森重新审议。梅森再次检查了数据并且推断○型环只有在预期的温度下才能维持正常工作状态。而此刻,一旦伦德批准,航天飞机项目副主管约瑟夫·基尔敏斯特(Joseph Kilminster)就准备签署发射令了。伦德的第一反应还是坚持异议,但是之后梅森对他说的话使他重新考虑了这个决定。梅森要求他更像一名管理者而不是像工程师那样思考。(原话或许是:"抛开你的工程师身份,履行你的管理者职责。")伦德听从了他的意见,并改变了决定。第二天航天飞机在升空时爆炸,机上人员全部罹难。因为一个○型环失效了。[②]

　　伦德应该改变自己的主意并批准发射吗?当然,回头再看似乎是很明显的:不应该。但是,如果我们可以预见事情的所有后果,那么我们原本应该怎么做也就不再是问题了。要公平地对待伦德,就要求我们去回答,是否只有当信息确切有效了他才能决定是否发射。我们需要考量,伦德,本身是一名工程师,是否应该像一名管理者而不是像工程师那样思考呢。但首先,我们需要了解管理者的思考与工程师的思考有什么区别。

有一种说法强调这种区别在于技术知识。管理者接受的训练是处理人事,工程师接受的训练是处理事物。那么,像管理者而不是像工程师那样思考就意味着更关注人而不是事物。按照这种解释,伦德的主要任务是处理好与他的上司、航天中心和他属下的关系。他的工程知识对他来说就好似一门外语——可以帮助他理解属下工程师谈话的内容。他应该尽量表现得好像从未取得过工程学位。

以此来解释梅森对伦德的要求似乎令人难以置信,但是如果这是难以置信的,那么可以置信的又是什么?如果梅森的意思不是要伦德丢开他的工程知识(梅森自己也没有做到这一点,早先他作为工程师亲自复核了那些数据),那么他到底要求伦德做什么呢?如果不是单单使用他的工程技术知识,又怎么做到像工程师那样思考?这是工程师们追问了至少一个世纪的问题(如我们在第二章所见到的)。它的回答通常是通过伦理章程来表述的。因此,要解决这个问题唯一的方法是更多地了解那些伦理章程。

工程章程的历史

美国的第一个民用工程组织——波士顿土木工程师协会(Boston Society of Civil Engineers)组建于 1848 年。之后又陆续出现了一些组织,而第一个正式的官方组织则是在 20 年后才成立的。虽然这些早期组织的领导者有时候也会提到具有"正直和高尚人格"的工程师应该为委托人谋取利益,但工程伦理章程在美国的历史起步还要晚得多。 [45]

1906 年,美国电机工程学会(AIEE)投票决定将其主席斯凯勒·S. 惠乐(Schuyler S. Wheeler)在一次致辞中所表达的理念通过章程使之具体化。经过多次讨论和修改,学会理事会在 1912 年 3 月采纳了一部章程。1914 年,美国机械工程师协会(ASME)采纳了 AIEE 的章程(略作修改)。同时,美国咨询工程师学会、美国化学工程师协会(AICHE),以及美国土木工程师协会(ASCE)也建立了自己的章程。到了 1915 年,美国的各主要工程组织都建立了自己的伦理章程。③

这些最先出现的章程几乎在刚被采纳时就遭到了批评。④普遍的批评是认为它们太注重雇主和下属工程师的职责了。其中以下规定是最受争议的:AIEE 章程(section B. 3)要求工程师"把保护客户和雇主的利益作为(他们的)首要职业责任,并且……(要)避免一切违背这个职责的行为"。而一名工程师对于公众的职责仅限于"帮助人们对工程事务有一个公平和正确的一般性理解,扩展人们对工程的一般认识……防止出现关于工程项目的不真实、不公平或言过其实的陈述",以及要注意其在公众面前的言论(section D. 16-19)。另一个常见的批评是,尽管"雇主"和"客户"经常被相提并论,但早期章程似乎主要是为那些签有许多客户合同但又不依赖于他们中任何一个的工程师而设计的。"基层工程师"(Bench engineers)——被雇用但不承担重要管理责任的工程师——占据着工程师群体中的大多数,却几乎被遗忘了。⑤不过最严重的批评或许是,有时候被一部章程所允许的行为却被其他的章程所禁止。例如,ASCE 的美国土木工程师协会章程(section 1)禁止工程师"接受任何额外的报酬,除去为客户服务所应得的之外",而 AIEE 的美国电机工程学会章程(section B.4)则允许工程师在客户同意的情况下接受供应商或其他第三方的报酬(当然,只有当所有的工程师都属于同一种职业时——例如,当土木工程师和电机工程师持有相同的标准时,这种不一致才是值得重视的)。

针对这些批评的回应也随之同步产生。最早的回应是美国工程师协会(AAE)于 1927 年采纳的章程。不过,尽管 AAE 试图包含所有的工程师,并在短期内也产生了一些影响,但它几乎立刻就失败了。其他早期的一些尝试也没有哪一个起到了更大的作用。但是,在二战前夕,美国工程理事会(AEC)组建了一个委员会,希望建立一种对所有工程师都适用的章程,这部章程要代表每一个主要的工程师协会。AEC 解散后,工程师职业发展理事会(ECPD)接过了这项任务。最终完成的章程有意识地综合了早期的主要章程。

ECPD 章程至少在建立统一的工程师团体上取得了表面上的巨大成功,1947 年有八个主要工程师组织表示"接受或赞同"它。到 1955 年,国家、州或地方的 82 个工程师组织采纳了它,或者至少采纳了其中的大部分。正如一位评论家所言:"这也许是有史以来取得的最大的进步,离目标——建立一部适用于所有工程师的伦理标准——更近了一步。"⑥

但是,ECPD 章程并没有起初想象的那么成功。有些组织在"赞同"它的同时,也保留了他们自己原来的一些详细的规定,而这些规定似乎比 ECPD 章程中的相关规定更适合于他们的具体情境。随着时间的推移,这些组织越来越倾向于自己的章程,ECPD 章程也就逐渐地失去了它的影响力。

为扭转这种趋势,ECPD 分别在 1963 年、1974 年和 1977 年对章程进行了修订。尽管这些修订许多都是实质性的,但最主要的还是结构上的变更。四项"基本原则"取代了"前言",二十八条"守则"缩减成七条"基本守则",另外添加了一套"指导方针"。这些结构上的变更是希望:一个不想全盘接受整个章程的组织可以只接受其中的原则和守则而不必接受指导方针。尽管指导方针应当根据前面的原则和守则来理解,但事实上它可以独立成章。

尽管作出这些修订,但工程技术鉴定管理委员会(ABET)的章程还是很快地取代了 ECPD 的章程。但无论如何,这些修订还是让 ECPD 章程获得了新生(尽管使用了新的名称)。这些修订之后的章程(即那些基本原则和守则)起码部分地被大多数主要工程组织用以取代自己原来的章程。不过,也有两个重要的例外。

国家职业工程师协会(NSPE)最初采纳的是 1947 年版的 ECPD 章程,但在 1964 年用他们自己的章程取而代之了,此后又有过几次修订。尽管与 ECPD 的原始版本有许多相同之处,但 NSPE 的章程在结构和内容上都已有所不同。NSPE 章程之所以重要是因为:

首先,NSPE 有一个"伦理评价委员会"(BER),专门回答协会成员递交的伦理问题。虽然其他一些工程协会有类似的咨询组织,但是迄今为止 NSPE 在发表建议方面是最积极的。BER 的"观点"每年在 NSPE 的杂志《职业工程师》上多次刊登,1981 年至 1989 年间的大约 250 条意见已经集结成册分六卷出版。这些观点成为许多工程伦理问题的宝贵参考资源。

　　其次,职业工程师是由州政府颁发从业资格证的,NSPE 因此能够(通过它的州际组织)约束职业工程师,这很像州医药协会对医师的约束。与其他工程伦理章程不同的是,NSPE 章程至少隐含了强制性的意义(尽管只是针对注册工程师)。

[47]　　　另一个例外的独立章程来自于电气与电子工程师协会(IEEE),它之所以重要,原因与前者不同。有着超过 30 万名会员的 IEEE 是美国最大的工程师组织,其 1979 年版的章程最具代表性,能体现与其他章程的不同。由于只是对 IEEE 的"成员"适用,因此它要比 NSPE 的章程简明得多(虽然明显长于没有指导方针的 ABET 章程)。它的某些条款也不寻常,例如,"条款 Ⅱ"要求工程师"无论种族、信仰、性别、年龄和国籍,都要公平地对待所有同事和工人合作者"———一般章程只保护工程师免遭不公正待遇,而并不包括保护所有工人合作者;而"条款 Ⅲ"很局限性地规定了工程师对雇主和客户的职责,要求与"此章程的其他部分"一致,但并没有(如现在其他的工程章程那样)宣称公众的健康、安全和福利是"至关重要的"。1991 年 IEEE 放弃了这个章程,取代它的章程更短,而且在内容上与 ABET 的章程(除去指导方针)几乎相同。遗憾的是,历史学家没有告诉我们,1979 年版的 IEEE 章程是如何失败的,或者为什么 IEEE 仍然坚持他们自己的章程,而不是直接采纳 ABET 的章程(两者实质上并无差别)。

　　这四部章程——NSPE 章程、ABET 章程、IEEE 章程(1991 年版)和 ABET 的指导方针——现在普遍成为工程师的伦理基准。毫无疑问,其他章程还将陆续出现。

现今的伦理章程

大多数职业都定期修改他们的伦理章程,而且许多都经过了不止一次的大修改。但是工程似乎是非常独特的职业,这可以从多年来被推出和采纳的各种版本章程的数量之多反映出来。为什么工程伦理章程的历史会那么的不同呢?是工程,或工程伦理本身很独特吗?

为何会出现那么多的章程?对此主要的解释是工程师实在太多样化了,以至于一部伦理章程无法全部覆盖。有些工程师是独立从业者,有些是大公司的雇员,有些则是管理者。有些工程师受到严格监管,而有些——不管是在大公司还是他们自己的公司——或多或少可以自己做主。工程师的工作区别太大,以至于无法用同一个标准去要求。总而言之,工程师不是一个单一的职业,而是一个由有历史渊源的职业构成的族系。

以此来解释工程伦理章程的数量之多似乎有一个不当之处。如果工程中的各个分支就如同普通医学和牙医学这样的区别,那么工程师为什么还要建立"机构庞大的"组织,并且花那么多时间去编制一部适合于所有工程师的伦理章程?普通医生和牙医就从未做过类似的努力,去为他们两个职业写一部共同的伦理章程。工程师们一直试图为所有工程师写一部章程,这种努力持续了四分之三个世纪,而这——就像现存的工程学校一样——本身就证明了工程师们都属于同一个职业,尽管其成员身份是可以区分和多样化的。事实上,这种起草统一章程的努力可以被看做是维持职业统一性的尝试。从这个角度来看,那么多数量的章程被推出和接纳是(被工程师称为)"NIH"(not invented here,非我创造)现象的一个实例。是独立的职业组织的数量,而不是现存的工程职业的数量,决定了有那么多章程的存在。⑦

当各方都有很好的理由来支持自己的观点时,就会发生 NIH 现象。或许实际情况就是如此。一方可以相当正确地指出一部短章程易于记忆或参考。它可以被张贴在明显的位置以提醒工程师注意他们的责任。一部简短的章程也更容易得到认同,因为其必然具有的概括性自然地掩盖了对于行为细节的异议。但另一方也可以指出,一部长篇的章程能够提供更多的信息。它能对特殊情境作出说明,澄清各种异议,另外还能提供更多的指导——至少对于那些愿意花时间去研读的人来

[48]

说是这样的。它可以减少这种可能性,即那些自认为赞同的工程师突然发现自己并没有真正理解章程——有时候为这个发现要付出很大的代价。某些职业(例如,律师和会计)很久以前就建立了一套类似于 NSPE 或 ABET 指导方针那样的长篇章程。其他的,如牙健康护理者和社会福利工作者,则选择了类似于 IEEE 或 ABET 的基本原则和守则那样的简短章程。

然而,各种工程伦理章程不但在长度上不同,而且在内容上也不尽相同。由于内容上的区别并不仅仅是表述所造成的问题,因此 NIH 现象只能部分地解释为什么工程师们还不能接受单一的章程。毫无疑问,历史只是其中的部分原因。NSPE 不会放弃它现在的章程,除非在 BER 观点毫无价值的情况下。或许还有其他因素,例如,NSPE 章程是为在州一级的协会内使用而设计的,而 ABET 和 IEEE 的章程却不是,它们主要是为在自己的学会内使用而设计的。

无论对章程数量之多如何解释,不可否认的是,章程的多样性让工程师无所适从。一名工程师——例如,一名取得职业工程师执照(P. E.)的 IEEE 成员——可能需要遵守三部章程(IEEE 章程、NSPE 章程和 ABET 章程),那么他到底该参照哪一部呢? 如果在某些问题上这些章程的表述不同(如果有的话),那么他应该遵守哪一个呢? 如果他的行为被一个章程所允许而被其他章程所禁止,那么其他工程师又将如何看待他呢? 他们究竟应该做什么呢?

这些问题其实并没有看上去那么严重。一般说来,这些章程并不会由采纳它的组织强制地实施。尽管其中的用语往往类似于法令,但伦理章程事实上更像是在导向良知或公众判断,换言之就是道德律。一名工程师如果违背了他所属组织的伦理章程,是不太可能就此被开除的(甚至不会产生正式的责难),甚至不太可能撤销他的"工作执照"(因为大多数工程师根本没有获得执照),除了良心上的痛苦之外,唯一可能影响他的是,那些非常了解他并知晓他到底做了什么的人对他的不良评价。他主要应该做的是,向那些关注他的人,包括向他自己,证明他的行为是正当的。(我们会在第八章再次谈到如何解决章程之间相互冲突的问题。)

但是,把伦理章程看做是道德律而不是法律规定将面临新的难题。如果伦理章程仅仅是道德律,那为何还要如此费心呢?为什么不让每个工程师按照自己的良心行事呢?为什么他不得不考虑一些工程师组织对其行为的约束呢?工程师协会里有怎样的道德专家呢?难道说那些道德专家——如果有的话——不是哲学家或牧师吗?抑或仅仅是工程师?要回答这些问题,我们应该更深入地考察职业和伦理章程之间的关系。

职业和章程

当一个行业把自身组织成为一种职业的时候,伦理章程一般就会出现。为什么在伦理章程和职业之间会有这种联系?这里有三种较为普遍的解释。 [49]

第一种解释可以称为"范式定义",认为要成为职业就要模仿已被广泛认同的职业模式。成为一种职业就要与职业范式,即与最受尊敬的职业相像。因为范式——特别是有关法律的职业和医药职业——要求长期的训练、专门的技能、资格认证,等等,因此任何其他想要被承认是一种职业的团体都应该考虑这些问题。由于法律界和医药界都有自己的伦理章程,工程界想成为一种"真正的职业",自然也需要有一部伦理章程。

这一解释可以对许多问题作出说明。例如,美国律师协会(ABA)于1908年采用了第一部伦理章程,这比第一部美国工程师协会章程的出现早了四年。工程师们当然不会忽视美国律师协会的这个举动。[8]

尽管如此,但这种解释对于我们的目的来说还是不够充分的。对于模仿的强调不能解释为什么"范式职业"要采用章程或者工程协会为什么要模仿ABA建立伦理章程,而不是复制ABA的伦理章程、执行程序或认证要求。对于模仿的强调同样也没有解释,为什么工程师认为章程的内容很重要。毕竟,如果一种职业只是需要一部章程,那么工程职业就应该和其他职业类似,为何工程师要如此看重章程的内容呢?章程内容之所以重要,仅仅是因为范式职业认为章程内容重要吗?为什么范式职业会这样认为？或许最重要的是，强调其他职业并不能解释为什么一些早期的美国工程伦理章程是模仿英国土木工程协会的而不是模仿美国范式，比如 ABA 的章程；或者，为什么在英格兰第一个建立伦理章程的职业是地位相对较低的药剂师和初级律师业（而不是地位更高的医师职业和高级律师业）。⑨

为弥补范式定义的不足之处，就出现了通过"与社会的契约"这种进路来理解职业和伦理章程的关系。按照这种进路，一部伦理章程是一个组织必须拥有的，这是社会把它认做是一种职业的前提。章程的具体内容取决于：为了换取职业化带来的利益，如高收入、高威望和高信任度等，社会将会赋予职业什么样的责任。一部章程是一种赢取优势的手段，而社会只把这种优势赋予那些对自身作出一定约束的组织。拥有一部伦理章程对于职业来说，没有其他的利益。

尽管第二种解释比第一种解释更深入了一步，但它还远远算不上是充分的。特别是在回答以下问题时它并不能给予我们什么帮助：当社会似乎已经承认工程是一种职业并且不太在意何种章程被采纳时，工程师为何还要如此费心地关注章程的细节？社会对于工程师怎样处理彼此间的关系似乎不在意，或者已经提出正面的忠告了，但为什么最初的工程章程还要花那么多的篇幅来制定相关的条例？在这些问题上第二种解释无能为力，我们需要寻找更好的答案。

[50]

第三种关于职业与伦理章程关系的解释比前面两种好一点。这种解释主要把章程看做是"职业成员之间的契约"。按照这种解释，一种职业就是一个团体，团体成员希望能为同一个目标进行合作从而取得比独立工作更好的效果。例如，工程师的目标可能被认为是高效地设计、建造和维护安全有效的物理系统。⑩这样，一部伦理章程应该指明职业成员怎样才能在实现共同目标的过程中让每个人作出最大的贡献，同时个人代价却最小（包括公众代价也最小——如果关心公众也是理想的一部分）。章程应该非常合理地使人感到同一职业内的其他成员不能从某个人的善举中获益，从而保护该人免受某些压力（例如，在压力下不按常规办事以节省开支）。章程应避免职业内部成员遭受某些竞争带来的影响。

按照这种解释，一个行业要成为职业并不需要社会的承认，而只需要其成员为实现共同目标而进行合作和身体力行。一旦某个行业变成了一种职业,社会就有理由给这种行业一些特权(如从事某些工作的垄断权)——当社会赞同该职业为追求其目标而采用的方法时。否则,社会也可以不承认这种职业。因此,按照这第三种解释,前两种解释的错误在于把职业的表面特征混同于了职业本身。⑪

如果我们把伦理章程理解为一种方法——职业用这种方法来规范希望追求共同目标的人们之间的关系,那么出现众多的伦理章程就可以解释为工程师们对于怎样追求共同目标还没有完全达成一致的意见。从这一方面来看,工程仍然是一种正在形成中的职业。以这种方式理解工程,还是与把工程理解为一种职业不一致。章程间的实质性差别并不大,与在行为选择的重要性上的差别相比,不同章程在结构和语言上的区别要更为明显。工程师们对"契约"中的所有基本术语已经达成共识。

把伦理章程理解为职业成员之间的约定,我们就能解释:为什么工程师在职业实践中不应该纯粹地依靠个人意识、为什么他们应当考虑工程师组织对他们工作的建议。我们在选择做什么事时,应当考虑别人期望我们做什么,特别是当这些期望是合理的时候。一部章程提供了一种指引,这种指引告诉工程师们彼此可以持有怎样的合理期望,"游戏规则"是什么。就像我们必须先了解棒球规则,然后才知道该怎么打球,我们也必须先了解工程伦理,然后才知道工程师应该如何行事。例如,作为工程师,我们是应该仅仅考虑安全性而不顾雇主的期望呢,还是优先考虑安全性其次才是其他人的期望?伦理章程还应该提供另一种指引,来告诉我们可以期望同事们帮我们做些什么。例如,成为一名工程师的部分条件是把安全放在首位,那么伦德手下的工程师就有权期望得到他的支持。当上级要求伦德像管理者而不是像工程师那样思考时,他,作为工程师,就应该回答:"对不起,如果你期望副主管能像管理者而不是像工程师那样思考,你就不应该雇一名工程师去做副主管。"⑫ ［52］

如果伦德真的这样回答,那么他的回答就是"工程游戏规则"所要求做的。但是,如果不是仅仅按照规则来判断,而是按照实际情况来判断(即把所有因素考虑在内），那么他这样的回答还正确吗？这不是一个空洞的问题。即便是游戏，也可能出现无理的或不道德的情况（例如，想象一下，在一个游戏中，你只有通过切断你的手指或向楼下的过路人射击才能得分）。人不仅仅是这种职业或那种职业的成员，他们也是公民——道德的主体，对职业之外的事也要负责。并非只要按照职业的要求做了，人们就可以回避良知、批评、责备和惩罚。

现在我们已经解释了为什么作为一名工程师应该考虑他的职业伦理章程，但还没有解释为什么从某种意义上说每个人都应该成为一名工程师。

我们可以把这种观点阐述得更生动一点。假设伦德的上司对前面假设的伦德的回答作出了这样的答复："是的，我们雇用了一名工程师，但（我们假设）一个具有常识的工程师，他懂得一个理性的人在进行这种决策的时候，伦理章程究竟应该占有多大分量。理性一点吧，你和我的工作都悬得很，瑟奥科尔的未来也差不多。安全的确很重要，但是其他事情也同样重要。如果我们阻止了这次发射，航天中心就会寻找其他更容易说话的人来提供火箭助推器。我们都会丢掉工作。"如果按照职业章程做事确实是正当的（也就是说，应该把所有因素考虑在内），我们就能够向伦德（及他的上司）解释为什么他——作为一个理性的人——应当支持把他自己的职业章程作为全体工程师的行动指南；也能解释，为什么在当时的情境中，他期望别人把他当做一个例外是不合理的。

为什么工程师应该遵守他们的职业章程？

在开始解释为什么要遵守章程之前，我们先来概述两个被一些人认为是合理的解释。一个解释是伦德应该按照他的职业要求去做，因为他"承诺过"，比如说他加入了一个有伦理章程的工程协会。我们必须放弃这个解释，因为伦德可能从来没有承诺过要遵守某个章程，或者还没有加入任何一个有章程的职业团体（美国有一半的工程师如此），难道这样就可以宽恕他没有做一名工程师应当做的事吗？不。工程师的责任不应该建立在一些偶然行为上，如承诺、誓言、宣言上。对于我们所说的职业成员间的"契约"，不能仅从字面上理解，它更多地是像一种"准契约"或者"隐含在法律中的契约"——也就是说，这种责任应该建立在公平的基础之上，只有用自己的行为付出（如宣称自己是一名工程师），才能获得利益。

另一个貌似合理的解释认为，伦德应该按他的职业要求去做，因为"社会"是这么主张的。我们可以部分地排除这种解释，因为我们并不清楚社会是否确实这么主张了。社会表达主张的一种方式是通过法律，但没有法律规定所有工程师必须遵守他们的职业伦理章程（但对于律师，法律确实这么规定了）。当然，除法律之外社会还有其他方式来表达它的主张，比如通过公众意见。但公众是否充分了解工程伦理从而对我们思考的问题有明确的意见呢？这是值得怀疑的。更为重要的是，我们并不清楚为什么要由公众意见或法律来决定什么是合理的或者道德的。可以肯定的是，不合理的法律（如有些条款要求使用过时的技术）以及不道德的法律（如有些条款强迫苦役）在现实中都存在着。支持这些法律的公众意见与这些法律一样，都是不合理和不道德的。 [52]

我们所排除的这两种解释（如果它们成立）有一个显著的共同特点，那就是都提供了一个理由来说明人们应该遵守职业章程，但却并没有说明在具体情境下应该遵守哪些条款。它们没有考虑到伦理章程的具体内容，都只是一种"形式上"的回答。而我即将给出的回答不是形式上的。我认为，只有证明了伦理章程里的具体内容是合理的，才能说你支持的章程是合理的。

回顾一下 ABET 的章程，它分成基本原则和基本守则两部分。基本原则用一般词汇简单地描述了工作目标：工程师要"支持并推进工程职业的正直、荣誉和尊严：1. 用他们的知识和技能为人类造福；2. 要诚实、无私，并忠诚地服务于公众、雇主和客户（等等）"。对于那些使用他们的技能来努力实现理想的人们，一个理性的人怎么可能去反对呢？（至少在他们的行为并不影响自己的情况下，一个理性的人还怎么可能去反对呢？）毫无疑问，如果工程师们能用自己的知识和技能支持并推进职业的正直、荣誉和尊严,那么每一位工程师——事实上,每一位社会成员——的境况都会得到全面的改善。

如果说基本原则确定了目标,那么基本守则就确定了一般的职责。例如,要求工程师"把公众的安全、健康和福利放在首要地位","只能客观和真实地表达公开意见","处理每个雇主或客户的职业事务时,要做一个忠实的代理者或值得信任的人",还有"避免所有的利益冲突"。每位工程师——无论他是作为普通人还是作为工程师——都可以从这些要求中受益。如果工程师们都能真实地表达公开意见(等等),那么作为普通人,任何一名工程师都会变得更安全、更健康,或者说更受益。但是作为工程师,如何才能从这样的要求中受益呢?为了回答这个问题,我们得做一个思想实验。

想象一下,如果工程师们没有按照基本守则的要求去做(但是满足法律、市场和道德的一般要求),结果会怎样?例如,如果工程师们不把公众的安全、健康和福利放在首要地位,那么他们会是怎样的工程师呢?日复一日的工作当然没多大区别,但工程师可能会不时地被要求去完成一些任务,这些任务对于雇主和客户来说是有利可图的且又是合法的,但可能会置其他人包括一些他非常关心的人于危险之中。如果没有职业章程,那么一名工程师就不能以工程师的身份去反对它。当然,工程师仍然可以"以个人身份"去反对它并拒绝做该项工作。但如果是这样,那么他就有被一名不持反对意见的工程师所取代的风险。因为雇主和客户会把工程师的这种个人疑虑当作是能力上的不足,犯错误的可能性很大。工程师要保留他的"个人意见",他就要面临巨大的心理压力和失去工作的压力。他作为工程师的利益和他作为常人的利益就发生了冲突;他的良知与他的私利发生了冲突。

[53]

这就是为什么每个工程师一般都期望别的工程师能按章程做事,这样他们就可以从中受益。我认为,利益很明显是巨大的,足以解释人为什么愿意加入一个对他的行为作出同等约束的协定。但我尚未说明是否每一名工程师必定从这样的协定中全面受益,甚至也没有证明是否每一位工程师都认为这些益处值得让他们承受那样的制约。职业,与政府一样,并不总是值得去费力维护的,某种职业是否值得维护是一个经验问题。虽然如此，但职业与政府之间至少存在着一个区别，从某种意义上来说，职业是自愿加入的而政府不是。没有人天生就进入一种职业，进入职业必须获得职业身份（例如，获得学位，或得到一份只有具有职业身份才能胜任的工作）。因此，我们有足够的理由做这样的推测：人们选择工程师作为职业是因为他们愿意从中获益，即使要以遵守一些规定作为交换。[13]

如果像我们现在在假设的这样，获取这种利益的唯一方法是成为工程师，而这样的工程师要把公众安全、健康和福利放在首位，那么每位工程师（包括伦德）都有足够的理由期望工程师们能普遍地拥护 ABET 的章程（或类似的章程），因为没有人会愿意被迫在良知和私利之间做选择。但是当一名工程师有可能在违背章程的情况下获利时（就像伦德当时的处境），他为什么还应当拥护这个章程呢？答案很明白。

如果伦德要对自己违背章程的行为进行辩解，那么他就会说，这是出于对瑟奥科尔和他自己利益的考虑。伦德这样的辩解正是与工程伦理章程不一致的地方，他一般也不会允许其他工程师以此来为他们的行为辩护。伦德不会允许章程包容这样的特例，因为这种包容与章程的意图是相抵触的。章程之所以是必需的，在很大程度上是由于：如果没有它，私利会促使工程师做出一些伤害他人的事。出于同样的理由，伦德不会允许其他工程师以自身和雇主的利益为由为自己的行为进行辩解。容忍这种辩解会极大地破坏伦德极力支持的工程实践。

我相信以上论证已解释为什么伦德要考虑所有的因素，因为职业章程要求他这么做，他不应该凭潜在的道德意识来做事。我正在回答的问题是"为什么要遵从伦理"，而不是"为什么要遵从道德"。这将给我很大的乐趣，因为我可以退回到日常道德层面上去讨论怎样做才是正确的问题，考虑所有的因素也就是重视职业的现实。这种论证主要依靠的道德律是"公平原则"（"戒欺"）。因为伦德自愿接受作为一名工程师（通过声明自己是工程师的方式）而带来的利益，所以他应该遵守这些能使其利益实现的道德约定。[14]令我感到痛苦的是，我要说明这些道德约定是如何使那些利益变成可能的，以及为什么即使是现在还是有足够的理由来说服伦德认可这些道德约定。

[54]

当然,我假设了在现实中工程师的行为一般都符合 ABET 章程(不管他们是否知道有这么一个章程)。如果这个假设是错误的,那么伦德就没有职业上的理由来遵守章程。章程将是一些死的文字,并不能指导活生生的实践,这就好像是一套从未被政府采纳过的"模型法令",或者是一套没人会去玩的合作游戏的规则。伦德将不得不依赖于个人判断,但对个人判断的依赖在当时并不是必需的。伦德属下的工程师们之所以提出推迟发射的建议是因为他们认为公众包括宇航员的安全是至关重要的,他们做了工程师们应该做的(依照 ABET 章程)。他们的建议本身就证明了这些章程是可以指导活生生的实践的。[⑮]

因此,当伦德的上司要求他像一个管理者而不是像工程师那样思考的时候,伦德肯定会认为他实际上要求的内容对于工程师来说是不正确的,而且伦德也找不出理由来说明自己为什么可以例外。当伦德按他上司的要求去做的时候,他实际上辜负了其他所有的工程师,辜负了他们共同的实践目标,因而,在今天看来,工程师们应该对伦德当时的做法说"不"。因为他们怀着合理的愿望,即希望他们的客户和雇主将能服从"职业判断",如果没有服从,业内的其他成员也会帮助他们,使客户和雇主服从。

当然,伦德可以解释他的行为是为了他自己和瑟奥科尔的利益(或者解释为什么当时看起来是为了这个目的),[⑯]他也可以对各种工程伦理的讨论嗤之以鼻(尽管这样做会使政府禁止他参加所有的政府工程,使下属的工程师拒绝与他合作,使他的雇主视他为累赘),但是他不能——假设我们已经罗列了所有的可能——证明他的行为是正确的,不能证明他考虑到了所有因素。

那么,我们已经罗列了所有的可能了吗?我当然是这么认为的。但对于我们的目的而言,这无关紧要。我分析伦德的行为决策并不是为了谴责他,而是为了理解工程活动中伦理章程的地位。对此还需进一步地分析。

伦理章程的使用

到目前为止,我们都假设伦德是按他上司的要求做的,即他是像一个管理者而不是像工程师那样思考。这样的假设能使我们相对清晰地解释伦德错在什么地方。伦德错在：作为一名工程师，在他本该像工程师那样工作的时候，他却像管理者那样工作。

我们现在必须把这个假设放在一边，然后考虑工程伦理是否真的禁止伦德那样做，即他把他自己、雇主和客户的利益置于七名宇航员的安全之上？普通的道德似乎允许这样的衡量。例如，尽管开车上路会加大死于交通事故的风险，但没人会认为我开车送孩子上学，而不是让他自己坐公交车，就是违背了某种道德。道德允许我们更关注那些与我们关系密切的人的切身利益。如果工程伦理也允许这样，那么——无论伦德对自己的行为怎么评价——他都不是真的不够职业。让我们假想伦德逐条阅读我们的四种"基准"章程，他能从中得到什么呢？他能参考哪一条呢？

在现在 ABET 章程的七条基本守则中，相关的似乎只有两条：(1)"把公众的安全，健康和福利放在首要地位"和(4)"处理每个雇主或客户的职业事务时，要做一个忠实的代理者或值得信任的人"。这些规定能告诉伦德该怎么做吗？答案并不明显。"公众"是否包括七位宇航员呢？他们毕竟是瑟奥科尔客户（航天中心）的雇员，而不是公众——比如说那些在基地对岸观看火箭发射的普通市民——的一部分，而且怎样才算是客户或雇主的"忠实的代理者或值得信任的人"呢？是按照指令行事呢，还是按照客户或雇主的利益行事？而且一个人如何能确切地判断这种利益呢？毕竟，伦德的决定实际上对于雇主和客户来说都是一场灾难——只不过伦德、他的雇主及他的客户（或至少他们的代表）认为他们自己在这场灾难中是无辜的。并且，如果公众福祉的这个要求与忠实的代理者之间相矛盾时，那么伦德该怎么做呢？如何才算是把公众的福祉"放在首要地位"呢？

1979 年至 1990 年间 IEEE 章程的所有改动对伦德都没什么太大的帮助。第三章第一条多少重复了 ABET 第四条对于忠诚代理者的规定（canon 4）；第四章第一条多少重复了 ABET 的第一条规定（尽管没有正式宣称公众利益的"首要地位"）（canon 1）。IEEE 成员应该"保护公众的安全、健康和福利，并且在影响到公

[55]

众利益时要大胆揭发"。但是,代理者的忠诚责任被章程的其他规定所限制,而保护公众福利的责任却没有被限制。当公众福利与代理者的忠诚责任相冲突时,公众福利无论如何都要被优先考虑。因此,对于"放在首要地位",老的 IEEE 章程提供了一个看似可信的解释。如果我们知道公众安全、健康和福利都具体包括哪些内容,那么这一解释将会是有用的。遗憾的是,IEEE 章程(和 ABET 的一样)对此并未作出解释。在新的 IEEE 章程中唯一相关的条例是第一条:"在作出工程决策时,有责任使之与公众的安全、健康和福利的要求相一致,并要能及时地揭露可能危及公众或环境的因素。"尽管新的章程并没有用类似 ABET 的文字来宣称把公众的安全、健康和福利放在首位,但它却具有同样的效果。把它省略掉的所有参考文本(关于与雇主和客户的关系)再加上去,并与此项要求(IEEE 成员要为公众的健康、安全和福利负责)相结合,就达到了同样的效果。

　　尽管 NSPE 章程要比 IEEE 和 ABET 章程详细得多,但其细节也仅仅是稍有帮助。第一条"实践规则"完全重复了 ABET 的守则 1,而第四条规则也与 ABET 的守则 4 如出一辙。规则 1a 追随 IEEE 章程把公众安全、健康和福利置于首位,但是更多内容则叙述了应该怎样"揭露"各种危险。如果否决伦德的判断将会危及公众的"安全、健康、财产,或福利",那么按照 NSPE 规则 1a,伦德应该主动让"恰当的权威人士"注意此事。恰当的权威人士似乎应当是客户和雇主之外的人。规则 1b 依据"可接受标准"不全面地定义了"公众的安全、健康、财产和福利"。如果伦德的问题在某些已被接受的标准中有例可循,那么这条规则是有帮助的。不幸的是,使用○型环是一个全新的事件,没有"安全指导"手册可以参照,这是伦德遇到的问题之一。

[56]

　　NSPE 章程有着详细条款的优点。越是详细的章程就越能对工程师担心的问题给予指导。例如,如果在当前的 NSPE 章程中能够包含类似于其 1954 年版守则 11 那样的规定——"(工程师)有责任在他负责的工作中,预防各种对生命、肢体、财产有危害或威胁的情形的出现……",那么这将会使伦德的责任清晰化。遗憾的是,NSPE 章程不再包含这一条款。为什么? 一种可能性是当前章程的起草者觉得前面已经提到要把公众安全放在首位，所以这个条款就显得多余了。另一种可能性是 NSPE 章程（以及 ABET 指导方针）现在要求工程师只考虑公众的安全、健康和福利，而不是像守则 11 那样要考虑到每一个人的。也许是在适当的思考之后，各种章程的起草者觉得除要求工程师关心公众安全外，还要求他们关心客户或雇主的雇员的安全，这就显得太罗嗦了。如果一部伦理章程没有很清楚地表述问题（事实上经常如此），那怎么能指望工程师去理解它呢？

如果我们仔细思考职业和伦理章程之间的联系，那么这个问题就将变得惊人地简单了。任何文献的含义都必须按照作者的意图去理解才是合理的。例如，如果在婚姻法里碰到未作定义的"bachelor"一词，那么我们会把它理解成单身男子，但如果"bachelor"一词同样未作定义地出现在大学毕业典礼的进程说明中，那么我们就会把它理解成所有获得学士学位的学生，无论男女、无论婚否。这样的理解是合理的，因为我们知道婚姻经常涉及单身男子（或单身女子），而不是获得学士学位的人，而在毕业典礼中情况恰好相反。因此，对于"把公众的安全、健康和福利放在首要地位"这一宣言，一旦我们合理地推测出工程师们的意图，那么我们就能理解"公众"的含义，把雇员包括在"公众"中是他们的意图（也就是说，至少作为理性的人，这应该是他们的意图）。

工程伦理章程的"作者"（包括那些最初的起草者或批准人，以及现在的支持者）或多或少都是理性主体。他们和其他理性者的区别仅在于：他们知道，要成为工程师，工程师必须首先了解哪些内容，并且由于知道了这些必须，因而他们承担了某些他们不能（或最好是不能）承担的行为责任。因此，可以合理地推测，他们的伦理章程不会拿自己或是他们所关心的人的安全、健康或福利去冒险，除非有实质性的好处（例如，高报酬，容易申请到章程的编撰权，或可以实现某些他们承诺过的目标）。同样可以合理地推测，没有一部他们"编著"的章程会包含被一般人认为是不道德的东西。工程师和我们中的大多数人都是类似的，所有人都是一样的，因此，我们没有理由去推测工程师是一个倾向于不道德行为的群体。

[57]

　　但如果上述推测是不真实的呢？如果大多数工程师都是道德上的反叛者或自私自利的机会主义者，那么又会怎样？对他们章程的解释当然将会不同，并且会更困难一些。我们不能再把它理解成为一种职业章程（道德容许的规则系统），而是不得不用理解纯粹的社会习俗、理解纳粹法令或类似的东西的方法来理解它。我们将不得不放弃这些章程属于伦理的前提假设。

　　但是，在这种前提假设下，我们能很容易地解释为什么一部工程伦理章程要把"把公众安全放在首位"作为一种高于其他一切（包括要做一个忠实的代理者或值得信任的人）的责任：理性的工程师希望避免产生这样的情况，即工程师使用他们认为是错误或不合宜的专业知识。每位工程师都希望能合理地相信他人的知识会有利于公众，甚至在公众利益和雇主或客户的利益相冲突时候。如果给定了这种假设，那么"公众"确切地是指谁？

　　我们也许可以把"公众"等同为（在某个社会、场所或其他任何地方中的）"每一个人"。按照这种理解，"公众安全"意味着每一个人的安全基本上是同样重要的，仅仅对儿童或肺部不好的人或类似的人带来伤害的危险物是不会危及"公众"的。这样的理解是不可接受的，因为很少有哪种危险会对每一个人都造成基本同等程度的影响。把"公众"理解成"每一个人"会导致对公众责任的过于轻微，以致难以保护大多数工程师。如果他们按照这种理解方式做事，就会造成他们（或是他们关心的人）生活质量的下降。

　　我们也可以把"公众"理解成（在某个社会场所或其他任何地方中的）"任何人"。按照这种理解，"公众安全"应该指部分或全部人的安全，把公众安全放在首位就意味着永远不要把任何人置于危险之中。如果第一种理解使得保护公众的责任太轻微了，那么第二种理解会使这个责任变得太重了。例如，很难想象我们怎么可能既有飞机、穿山隧道或化工厂，又不会给人带来风险。没有一个理性的工程师会认可一部让工程师无所适从的伦理章程。

　　因此，我们需要根据人的一些相关特征（而不是像前面那样，仅侧重于他们的数量）来界定"公众"。例如，我们可以认为人们成为公众一员的条件是他们相对无辜、无助或者被动。按照这种理解，"公众"是指这样一些人：他们缺乏信息、技术知识或深思熟虑的时间，因而会或多或少地受到伤害（当工程师代表客户或雇主行使权力时）。"把公众安全、健康或福利放在首位"的相关条款不应该迫使工程师减少对这些"无辜人群"利益的关注。

按照这种理解，某人可以在一个方面被看成是公众的一部分，而在另一方面却不是。例如，对于〇型环的问题，宇航员属于公众，因为他们对这个危险不知情，不会因为这个理由而提出终止发射。与此相反的是，在火箭助推器结冰这一问题上，他们就不属于公众成员，因为相关的危险已经完全通报给他们了，若他们不愿冒结冰的风险他们可以提出终止发射。这种对"公众"的第三种理解方式似乎并没有出现前面两种理解方式所遇到的困难。现在我们知道了"把公众安全放在首位"的含义，我们可以合理地推测理性的工程师对此是会接受的。 ［58］

按照这种理解，所有四套伦理章程都要求伦德要么拒绝批准发射，要么向宇航员通报所有信息并询问他们是否同意冒险发射。拒绝批准发射就意味着把宇航员的安全放在首位，并以此方式保护了"公众"；而向宇航员通报所有的信息并让他们自己作出决定也是把"公众"的利益放在首位，因为这样就把宇航员的公众身份转变成决策的"知情参与者"。在当时环境下，无论伦德选择哪种做法，他都不会认为他自己、他的雇主（瑟奥科尔），或他的客户（航天中心）的利益是可以和公众利益相提并论的。

这个回答正确与否取决于我们的思考是否全面。那么我们的思考全面吗？我们又怎么知道我们的思考是否全面呢？当然，我们可以借助于一张核对表，但是我们怎么知道这张表是全面的呢？过去的经验可以借鉴，但是不时地会发生一些以前从未出现过的情况，那么我们该怎么办呢？就像工程中的其他问题一样，在工程伦理中，对于一个问题的证伪往往要比证实更容易。现在的情况就是如此，尽管我们不能证明第三种解释是正确的，但我们却可以证明不这样理解是错误的。

另一种解释认为，"公众"是指除了相关的雇员和雇主以外所有的"无辜者"。

雇员被排除在外,这是因为在他们的薪酬中包含了工作中的风险代价。按照这种理解,伦德将不需要把宇航员的安全放在首位,因为他们不属于公众。

这第四种的解释有什么错误吗?这取决于我们怎么理解"无辜者"。他们是指这样一些人:缺乏信息、训练或深思熟虑的时间,因而会受到伤害(当工程师代表客户或雇主行使权力时)。一个了解其风险并接受该工作(能够规避其风险)的雇员可以坚持要求一份足够高的薪酬,这样他可以被认为是已经得到风险的补偿了。按照第三种解释,他同样也不属于需要工程师负起重要责任的公众,因为对于风险他应该是知情的。而从另一方面看,如果雇员缺乏足够的信息不能评估风险,那么他就不会想到去要求相应的补偿。换句话说,在这个风险中他将变得和公众一样,是无辜、易受伤害、没有补偿的。没有什么东西可以保证工程师或他所关心的人是了解所有风险的雇员。因此,理性的工程师有足够的理由希望保护这样的雇员,就如同保护一般公众一样。"公众"的概念应当这样去理解。⑰

教   训

[59] 工程事故的一个显著特征是事故起因很少仅有一个,糟糕的设计、自然灾难、操作失误,甚至蓄意破坏都可能是事故原因。工程建立起来的系统相对来说可以对事故免疫,因为系统只有在经历了许多小事故之后才有可能避免大事故。

与许多工程事故一样,正是因为出现了很多问题,挑战者号才会爆炸。因此,对于究竟是"哪个"原因的辩论实际上是"空论"(academic 的贬义解释,其他情况下通常是褒义的词汇)。挑战者号的设计当然是不完美的。(但哪项工程设计不是如此呢?)〇型环只是许多问题中的一个。瑟奥科尔(以及 NASA)的决策程序也是不完美的。至少在爆炸发生的一年前,就应该把〇型环的重新设计放在极端重要的位置上。还有预算的问题,例如,由国会来担保太空项目。莫顿对瑟奥科尔的收购也可能改变了决策程序,使得决策过程更微妙了,工程导向的比重更小了,等等。⑱如果没有这里的任何一个因素,那么在 1986 年 1 月 27 日这一天,伦德就可能很容易作出决断。

任何曾在某个大项目中扮演过重要角色的工程师都会发现挑战者号的故事似曾相识。工程界对事故复杂的因果链并不陌生,因为这个链条从 20 世纪 60 年代早期一直连到了"挑战者号爆炸"。正好相反的是,工程实践离不开预算、工作必然面临合作的难题、站在实践的角度上(以及纯技术的角度上)就必须在各种设计中作出选择,等等,这种"政治化的"考虑有助于理解为什么伦德在一夜之间变成了事故最后的防护栏。但这不能为他的决策作出辩护,也不能证明他的决策与事故无关。在挑战者号事件给人的诸多教训中,有一点是要强调的:想要取得工程实践的成功,工程伦理与良好的设计或测试是同等重要的。

职 业 责 任

前面我们给出了许多的讨论,想说明的是:工程师显然有责任遵守职业伦理章程。那么,他们的职业责任是否已完全包含在章程里了? 这取决于我们在这里所说的"责任"的含义。如果我们是指行动所要求的(专门的)"义务"或"职责",那么回答是否定的;约定俗成,伦理章程本身确立的就是这样的责任。但是,如果我们所指的"责任"较少,(类似于)"他们只承担或分配那些他们认为是合理的任务",那么工程师当然还有章程以外的职业责任。[⑩]工程师不但自己应该遵守职业章程,他们还应该鼓励他人遵守章程或对不遵守章程的人进行批评、排斥或其他形式的责问,以此来间接地支持职业章程。应该采用这些辅助手段来支持职业章程的理由至少有以下四条:

第一,支持章程有助于保护工程师和他们关心的人不被其他工程师的行为所伤害;

第二,支持章程有助于为每位工程师提供良好的工作环境,他们可以更容易地抵抗住他们不愿意做的工作;

[60]　　　　第三,支持章程有助于使工程师们感到他们的职业实践不会在道德上给他们带来困窘、羞耻或罪恶感;

　　　　第四,出于公平的考虑,每位工程师都应当分担这些额外的责任,如果大家都这么做了,那么每位工程师(通过宣称他是一名工程师)都可以分享这样做所带来的利益。

注　释

[203]　　　本章开头部分来自《工程伦理章程:分析与应用》(*Engineering Codes of Ethics: Analysis and Applications*)的前三分之一,它是我与海因斯·卢埃根比尔(Heinz Luegenbiehl)在1986年为一套由 IIT 中心出版的丛书(第七章也在同一丛书中出现)而准备的"模块",该套关于职业伦理研究的丛书由埃克森教育基金会(Exxon Education Foundation)资助。尽管这个单元模块从未发表过,但它有一个较短的而且相当不同的版本曾出现在《像工程师那样思考:职业实践中伦理章程的地位》("Thinking Like an Engineer: The Place of a Code of Ethics in the Practice of a Profession")一文中,《哲学与公共事务》(*Philosophy and Public Affairs*)第20期,1991年春,第150—167页。本章内容的发表已得到授权。我非常感谢这套丛书的顾问小组、海因斯·卢埃根比尔、《哲学与公共事务》的编辑们以及那些曾耐心听过某些版本并提出过非常有用的建议的人们。

　　　①大卫·E. 桑格(David E. Sanger),《无视恶行是如何毁灭挑战者号的》("How Seeing-No-Evil Doomed the Challenger"),《纽约时报》(*New York Times*),1986年6月29日,第三部分,第8页。

　　　②《总统委员会对挑战者号航天飞机事故的调查》(*The Presidential Commission on the Space Shuttle Challenger Disaster*, Washington, DC: U. S. Government Printing Office, 1986. v. I),第94页。先前所述的依据参见此卷(特别是第82—103页)。

　　　③威廉·H. 怀斯利(William H. Wisely),《工程社团对职业与伦理的影响》("The Influence of Engineering Societies on Professionals and Ethics"),摘自《伦理、职业与保持竞争力:1977年俄亥俄州哥伦布市俄亥俄州立大学 ASCE 职业活动委员会专门会议》(*Ethics, Professionals, and Maintaining Competence: ASCE Professional Activities Committee Specialty Conference, Ohio State University, Columbus, Ohio*, 1977, New York: American Society of Civil

Engineers,1977），第 55—56 页。

④ 参见 A. G. 克里斯蒂（A. G. Christie），《一部被认为适用于全体工程师的伦理章程》（"A Proposed Code of Ethics for All Engineers"），《美国政治与社会科学社团年报》（*Annals of American Society of Political and Social Science*）第 101 期，1922 年 5 月，第 99—100 页。

⑤ "基层工程师"（bench engineer）这一术语起源于何处？我看到过两种猜测：一种认为这个术语比喻在战舰上划船的痛苦的奴隶，他们的生活被束缚于板凳上；另一种令人愉快一些的猜测则把他们比做科学家，特别是物理学家和化学家，他们坐在实验室里的板凳上工作。对于科学家来说，"基层科学家"才是真正的科学家；那些忙于管理、会议等的科学家从事的已经不再是科研而是管理。这两种比喻对工程师来说都不恰当。一方面，除了制图员（那些在大屋子里并肩工作，很少离开制图板的人），似乎极少有工程师会把一天中的大部分时间花在同一个地方。他们要监督技术人员，到处"救火"，还要参加会议。相对于科学家来说，活动和管理更是工程师的工作中心。

⑥ 威廉·H. 怀斯利，《工程社团对职业与伦理的影响》，摘自《工程职业化与伦理》（*Engineering Professionalism and Ethics*，Malabar，FI.：Robert E. Kreiger，1983），第 33 页。

⑦ 安德鲁·G. 奥尔登奎斯特（Andrew G. Oldenquist）和爱德华·E. 斯洛特（and Edward E. Slowter），《建议：一部适用于全体工程师的伦理章程》（"Proposed：A Single Code of Ethics for All Engineers"），《职业工程师》（*Professional Engineer*）第 49 期，1979 年 5 月，第 8—11 页。

⑧ 请注意在本章开头对克里斯蒂的引文，或者参见莫里斯·卢埃林·库克（Morris Llewellyn Cooke），《伦理与工程职业》（"Ethics and the Engineering Profession"），《美国政治与社会科学社团年报》（Annals of the *Association for Political and Social Science*）第 101 期，1922 年 5 月，第 68—72 页，特别是第 70 页。

⑨ 参见 W. J. 里德（W. J. Reader），《职业人：19 世纪英国职业阶层的崛起》（*Professional Men：The Rise of the Professional Classes in Nineteenth-Century England*，New York：Basic Books，1966），特别是第 51—55 页。

⑩ 回想一下特雷德戈尔德的著名定义（第一章曾引用过的）："土木工程是一门运用自然界的广阔力量资源来满足人类的需求和为人类提供方便的艺术。"

⑪ 对这种职业理论的进一步辩护参见本人以下论文：《职业章程的道德威信》（"The Moral Authority of a Professional Code"），《道德》第 29 期，1987 年，第 302—337 页；《职业的作用》（"The Use of Professions"），《商务经济学》（Business Economics）第 22 期，1987 年 10 月，第 5—10 页；《职业教师，机密性与职业伦理学》（"Vocational Teachers, Confidentiality, and Professional Ethics"），《国际应用哲学杂志》（International Journal of Applied Philosophy）第 4 期，1988 年春，第 11—20 页；《职业化意味着置职业于首位》（"Professionalism Means Putting Your Profession First"），《乔治敦法律伦理杂志》（Georgetown Journal of Legal Ethics），1988 年夏，第 352—366 页；《警察真的需要伦理章程吗？》（"Do Cops Really Need a Code of Ethics"），《刑事司法伦理》（Criminal Justice Ethics）第 10 期，1991 年夏/秋，第 14—28 页；《在这种知识背景下，科学的责任是什么？》（"Science：After Such Knowledge, What Responsibility?"），《职业伦理》（Professional Ethics）第 4 期，1995 年春，第 49—74 页；以及《国家的死亡医生：医生参与执行死刑属于何种不道德？》（"The State's Dr. Death：What's Unethical about Physicians Helping at Executions?"），《社会理论与实践》（Social Theory and Practice）第 21 期，1995 年春，第 31—60 页。

⑫ 比较本人的论文《职业在商业伦理中的特殊作用》（"The Special Role of Professionals in Business Ethics"），《商业与职业伦理》（Business and Professional Ethics）第 7 期，1988 年，第 83—94 页。

⑬ 决策论的信奉者会马上发现，这种惯例就是一种类似已知的囚徒困境的解决方案。我避免在这里使用这个词是因为，这里没有囚徒，能做的选择也远比两难困境要好。与决策论中的其他一些术语类似，"囚徒困境"这一术语似乎会对不熟悉这个词的人造成误导，而不是有助于理解。

⑭ 我希望这种对公平的诉求不会遇到障碍，即使公平原则自从遭到罗伯特·诺齐克的著作《无政府、国家与乌托邦》（Anarchy, State, and Utopia, New York：Basic Books, 1974）近乎猛烈的批判以来就被阴云笼罩。我已经把责任的生成作了如下的限定：有意识地声称获得了合作行动所带来的益处而产生的义务，否则将无法获得利益。大多数对公平原则的攻击是基于"无意识获利"（involuntary benefits）的说法。参见 A. 约翰·西蒙斯（A. John Simmons）的《道德原则与政治义务》（Moral Principles and Political Obligations, Princeton, N. J. ：Princeton

University Press,1979,pp. 118-136）。但即使是那样的攻击也几乎不具有破坏性。你可以仔细推敲这个原则,正如理查德·阿伦森(Richard Arenson)那样,参见《公平原则与不劳而获问题》("The Principle of Fairness and Free-Rider Problems"),《伦理》(*Ethics*)第 92 期,1982 年 7 月;或者像本人一样, 在仔细考察后发现,诺齐克以及一些紧随其后的批判所凭借的一些例证并不支持这些批判,参见本人的《诺齐克对福利政府合法性的论证》("Nozick's Argument for the Legitimacy of the Welfare State"),《伦理》第 97 期,1987 年 4 月,第 576—594 页。

⑮ 我并不是宣称,工程师是因为了解 ABET 章程的内容才把安全看做是至关重要的。当你向一名律师询问职业章程时,他很可能会告诉你,他在法律学校学过 ABA 章程,并且会说他身边就有一本复本,只要花几分钟时间就能在桌子或是书柜里找到。而当你向一名工程师询问同样的问题时,他可能会告诉你,在获得工程师资格的时候,他知道有这么一套章程,但他从来没有研习过,身边也没有。他甚至可能会承认从未见到过一本复本。然而,所有长时间和工程师一起工作过的人都知道,他们和管理者对待安全问题的方式是不一样的(因此,梅森会恳请"放弃你工程师的身份")。工程伦理章程似乎在他们心中"根深蒂固"。有趣的是,工程师并不是唯一一个很少受章程文字影响的职业。另一个例子参见本人的《职业教师,机密性与职业伦理学》,《国际应用哲学》第 4 期,1988 年,第 74—90 页。

⑯ 我并不是宣称伦德一定会以这种方式来解释他的决定。事实上,正如我将在第五章提出的,我想他的解释可能是完全不同的,但同样很麻烦。

⑰ 对这个分析的批评(尽管这是一种误解),可以参见奈杰尔·G. E. 哈里斯(Nigel G. E. Harris),《职业章程与康德主义的责任》("Professional codes and Kantian duties"),摘自由鲁斯·F. 查德威克(Ruth F. Chadwick)编的《伦理与职业》(*Ethics and the Professions*, Aldershot,England:Avebury,1994),第 104—115 页。

⑱ 对于起作用的一些其他因素,有一个不错的综述,参见黛安娜·沃恩(Diane Vaughn),《挑战者号的发射决策》(*The Challenger Launch Decision*,Chicago：University of Chicago Press,1996)。

⑲ 哲学家会指出,这不是关于责任的四种标准判断(能力—责任、义务—责任、因果—责任、角色—责任)之一;但对我来说似乎是在合法地使用它。我应当感谢杰夫·麦克马汉(Jeff McMahan)(在其他文章中)向我指出了这一点。

第五章
解释过失

一个人回首他过往的言行时,会惊诧于自己的不诚实是再平常不过的事了!

　　　　　　——切萨雷·贝卡利亚(Cesare Beccaria),《论犯罪与刑罚》(第 39 章)

　　我首次对职业伦理发生兴趣是因为这样一些社会问题:试图让自己的行为符合某种职业的人们所面临的各种问题、(在各种行为中)可能的选择、在这些选择中作出决定的理由以及评价这些理由的方法。我当时把自己看做是一名大机构中的决策顾问,似乎只要简单地把政治学和法哲学中已经得到发展的一些理论应用于这一新的领域就能够解决以上问题。但是,像其他许多以这种方式处理伦理问题的人一样,我很快发觉情况并非如此简单。

　　研究职业伦理的部分工作就是阅读与职业过失相关的报纸报道、会议文献以及法庭的审判记录。我通过阅读这些文献来发现新的问题。但是,在阅读那么多文献的过程中,我开始怀疑我的建议究竟有多大的用处。尽管过失者通常都受到过良好的教育、也很正直(就像第四章中提到的那些人),但他们所犯的错误大多非常明显。当然,他们不需要一个哲学家来告诉他们这一点。同时,我也开始感到好奇,过失者在谈到他们这么做的原因时说得如此之少,似乎还远不如文盲罪犯的言谈来得更清晰明白。①

在刚开始研究过失者的行为动机时,我求助于哲学文献来解释过失,但我惊讶地发现相关文献极少而且没什么帮助。我所研究的过失者之所以犯下过失似乎并不是因为他们意志薄弱、自我欺骗、存心邪恶、浅薄无知或者道德不成熟,甚至也不是这些缺点的某种组合。在这些过失者的行为中,这些缺陷至多只是次要因素。然而,哲学文献没有对其他因素进行持续的讨论。只有当我转向查阅分析组织的应用性文献时才发现了更多有用的资料。但即使这样,我也没有找到足够的资料。[62] 对于我所研究的过失行为,我依然未能获得一个令人满意的解释。我认为这是缺少一种完备的过失心理学的缘故。

这种过失心理学的缺失对于实践和理论来说都是一种不幸。对于实践而言,我们对过失理解得越少就越难以提出减少过失的策略;对于理论而言,如果不能解释过失,那么我们对工程伦理的理解就存在一个实质性的漏洞。

本章有三个主题:第一,向工程伦理学的学生们列出证据,以证明邪恶意志、意志薄弱、自我欺骗、浅薄无知或者道德不成熟不是(即使加在一起也不是)我们所关注的过失行为产生的主要原因;第二,在现有的解释中再增加一个有趣的选择;第三,指出这种选择对于实践是重要的。但从根本上来说,本章主题只有一个,即为他人进一步研究工程伦理提供基础,希望他们能更多地考虑过失心理学。

三个过失行为的实例

让我们从 20 世纪 50 年代通用电气公司的价格操纵丑闻中一个小人物的陈词

开始。在他已不再受到刑事或民事指控之后,他描述了自己是如何被牵扯进去的:"我加入了进去……当时我还年轻,可能是我被市场经理的邀请所打动,和他一起参加了会议(而这次会议正好讨论了价格操纵),我可能太天真了。"②

在解释过失时,这名价格操纵者更关注的是被遗漏的事,而不是实际发生的事。我们没有听到任何关于贪婪、诱惑、自我愚弄或其他我们认为与过失必然有关的因素。我们听到的只是日常的社会化过程。作为一名在通用公司已经工作了九年的工程师,这名价格操纵者(在 32 岁时)被提拔为"销售实习生"。随后,他的上级向他示范如何处理业务。但这时就出现了问题。我们的证人两次指出,这仅仅只是"可能"发生的情况而已。虽然问题出在他自己身上,但他却像是学者在分析他人的行为一样,现在的他与几年前的他似乎已不是同一个人。

我认为这位工程师并没有理解他自己以前的过失行为,这在过失者中并不鲜见。这里再举一个例子。1987 年,《华尔街日报》对 50 名相关人员进行追踪调查之后,指控他们在 20 世纪 80 年代期间存在内幕交易。其中一名土木工程师这样陈述道:"在一开始,我甚至连什么是内部信息都不知道。"他说大约从 1979 年开始就知道有人会因为内幕交易而被捕——但是,他还是继续进行内幕交易,尽管知道那是违法的。这是一个他不会再重复的决定。他说:"到最后,你总是会被抓住。"③

[63]

这一陈词来自于一位小额投资人,而不是一位证券经纪人、分析家、套汇商人或其他类似的业内人士。与价格操纵者不同的是,这名内幕交易者从未真正进入到相关的组织中去。他仅仅是得到了他无权获知的内部消息。不过,这对我们的目的而言是无关紧要的。重要的是,尽管他早就知道他的行为是非法的,而且有相当大的被捕风险,但他却还要继续交易,这又是为什么? 对此,他没有多说什么,而且更为重要的是他似乎并不知道是为什么。他并不反对法律(像许多经济学家一样),也不宣称他的行为"其实"并没有过错。他也没有声称自己是被贪婪、诱惑或者邪恶意志所控制。他所有的言辞只是表示,如果他那时就知道现在所知道的东西,那么他绝不会那样去做。究竟是什么让他发生了改变? 他现在知道了什么他以前所不知道的东西？应该不会是他所说的："到最后，你总是会被抓住。"因为他无从得知是否每个内幕交易的参与者最后都被捕了，也并不存在非法内幕交易的统计表。但如果内幕交易与其他罪行一样，那么确实有相当一部分涉案人员能得以逃脱。[④]

我认为，对于我们的证人关于被捕的夸张陈述，一种比较好的理解是：这是一种能使他注意到自己正在冒的风险，并且使他不再冒险的方式。他现在对于自己的过失行为感到悔恨是因为他现在察觉到了当时没有察觉到的危险。他不需要获得太多新的知识就形成了一个对于自己过往知识的新视角。这一新视角使他很难理解当时他怎么会那样做。即使现在他并没有比以前多知道些什么，但现在的他与几年前的他在某种意义上已具有很大的不同，他似乎已在用全新的眼光观察世界。

解释伦德的决定

以上两名过失者都是丑闻事件中的小人物，我们因此当然想知道重要人物是否会有明显的不同。在我看来，其实并没有什么区别。让我们回忆一下挑战者号爆炸前夜发生的事情（第四章有描述）。

挑战者号事件与职业伦理中讨论的许多事件类似。尽管无人违法，就如通用电气公司价格操纵丑闻中的许多人一样，但却存在过失。检讨过去时，每个人都认识到了，至少感觉到了自身的过失。梅森很快就提前退休了。基尔敏斯特和伦德被调到新的办公室，并被告知将被"再分配"，这应该是一个不祥之兆。莫顿·瑟奥科尔并没有声称他们犯的仅仅是技术性错误，为他们辩护的方式也不是宣称他们的决定是值得信任的。瑟奥科尔的辩护充斥着大量拙劣的借口、封锁消息的企图以及一些自我检讨之类的花招。

那么究竟是哪儿出错了呢？从工程伦理的角度看是非常明显的。伦德能获得现任的职位，部分原因在于他是一名工程师，他有像一名工程师一样行事的职业责任。他不能自由地放弃他的工程师身份（尽管他还拥有其他身份）。对于一名工程师,公众安全是首要的考虑对象。工程师认为发射是不安全的,那么伦德就应该推迟发射。七人丧生的原因至少部分是因为伦德没有尽到一名工程师的职责。[5]

[64] 　　使挑战者号灾难成为典型案例的特征之一就是它似乎与传统的观点相抵触。伦德不仅仅是一名工程师,他同时也是一名管理者。按照定义,管理者不是行恶者。政府公开支持机构训练管理者。没什么人想禁止管理者去履行他们的职责。作为瑟奥科尔的副主管,伦德工作的一部分就是履行管理者的身份。那么他以这一身份批准发射错在何处呢?

　　答案或许是,在参与决策的过程中,他的工作本应支持工程师一方,他应当在管理决策中体现工程师的判断。他的副主管身份是针对工程的,当他放弃工程师的身份时,他就成了另一种管理者。在需要他履行职责时他却没有这样做,这就是为什么在检讨过去的时候,即使是从管理者的视角看,他也同样做错了。

　　那天晚上,他为什么会放弃自己工程师的身份呢? 伦德的解释是——而且他坚持——在航天中心的要求下,他"别无选择"。利己主义不能解释他所谓的"别无选择"。批准发射实际上是以他的职业前途来赌挑战者号不会爆炸,赌他获得的最好的技术建议与事实相悖。如果拒绝批准发射,他最糟糕的境况就是在现在这个位置上被体面地免职,让位给一个不提反对意见的人。那么,在他的档案中就不会有灾难,他也很容易在瑟奥科尔或另外的公司谋到其他不错的职位。利己主义似乎应该支持伦德不批准发射的决定。

　　那么归因于道德不成熟呢?[6]有可能,但也仅仅是可能。没有人的档案中会有道德教育情况记录。参与者没有提到任何的社会压力、法律、一般道德或职业伦理,他们口中全是工程师或者管理者在彼此交流时使用的令人乏味的专业术语。无论我们如何评价事发当晚伦德的道德状况,都仅限于推测。因此,伦德的行为具有恶意这个假设也只是推测。因为所有报告均表明,伦德是一名非常正直的人,不可能具有那样的意图。

　　那么能否归因于他的粗心、无知或能力不足呢?[7]我认为这些解释都无济于事。作出决定耗时漫长,这足以排除粗心的缘故。伦德与他手下的工程师一样,都接受过同样的训练,也获得了他们所能得到的所有信息,显然难以假定他是无知的。我们也同样不能宣称他能力不足。那么多有经验的人——包括瑟奥科尔和国家航空航天局的人——参与了伦德的决定,怎么可能能力不足呢? 伦德在操作时可能达到或超越了他的能力极限,但并不代表他能力不足。只有当存在更合适的选择时,我们才说"能力不足"。在此,我们没有理由相信其他人如果处在伦德的位置上就会做得更好。

那么我们能把伦德的决定归因于他意志薄弱吗?[⑧]是他明知有更好的选择却屈从于诱惑,因压力而放弃吗? 换言之,是他缺乏做得更好的意志而明知故犯吗? 证据表明这种假设也不成立。梅森的建议——"抛开(你)工程师的身份,履行(你)管理者的职责"——听起来并不像是在诱使伦德放弃更好的判断,而更像是要求他作出更好的判断,要求他从工程师的本能转换到管理者的理性。

当然,在压力下伦德屈服了。但"压力"并不能对他的决定给出充分的解释,这仅是以物理过程的模式作出的描述(例如,啤酒罐遭到踩踏时会爆裂)。我们仍然需要解释,为什么理性管理者的诉求会如此令人信服而别的诉求却不能,(我们需要类似于物理学理论那样的东西来使我们懂得,为什么在人类体重压力下啤酒罐会爆裂,而在其他体重下——比如猫——就不会。)也许你会说这很简单,因为理性管理者的诉求愚弄了伦德,让他认为自己正在做正确的事。 ［65］

在我看来,用自我欺骗来解释伦德的决定或许更接近于真实。迈克·马汀(Mike Martin)——一本工程伦理著作的合作作者——最近出版了一本关于自我欺骗的专著。在他列举的许多关于自我欺骗的案例中就提到了通用电气价格操纵案的参与者。我毫不怀疑他同样也能在伦德身上发现自我欺骗的因素。[⑨]

但我们应当尽可能避免用自我欺骗来解释伦德的行为。自我欺骗尽管很常见,但却是一个非正常的过程。它指的是我们做了什么,而不是在我们身上简单地发生了什么。我们必须有意地不按照我们所相信的、最有可能给我们正确答案的方式去思考问题。然后,特别是在付诸实施的时候,我们还必须相信自己所获得的答案并非不可靠。在极端的形式下,自我欺骗可能表现为,我们在相信某些东西的同时却又意识到证据明确地支持其对立面。也即,自我欺骗是一种有意识地对事实的背离。[10]

我认为不应当用这种方式去解释有责任感的人的行为,除非有证据要求这么做。在伦德的案例中就难以找到这样的证据。我们可以通过另一种方法来解释伦德为何这么做,这一方法尽管与自我欺骗有些相似,但却是正常的、常见的,至少像我们已经考虑过的解释一样,尽可能地利用了各种证据。我们权且把这个方法叫做"微观洞察"。[11]

考察微观洞察

什么是微观洞察?首先要指出,它不是"管窥"。管窥是指在没有任何补偿优势的情况下将人的视野范围缩小。管窥的字面意义表示观察的缺陷,引申后表示使用有效信息能力的缺陷,一种过分的专心、偏执狂。管窥经常与自我欺骗相联系。任何由此而获得的优势都是偶然的。

视野范围缩小是微观洞察与管窥之间仅有的共同之处,但管窥削减了本可以有效使用的信息量,而微观洞察并非如此。微观洞察缩小了我们的视野范围仅仅是因为它需要让我们将保留下来的信息看得更清楚。微观洞察得到了增强的观察力,是在具体情境下放弃无用的信息而保留更有用的。如果说管窥是通过一根长管看到另一端的光亮,那么微观洞察就是通过显微镜看到原本无法观察到的细微事物。这正是我对这一心理过程如此命名的原因。

微观洞察不是近视。一个近视的人缺乏看清远处东西的能力。他对近处的东西一贯敏锐,但观察远处时,只是一片模糊。与管窥类似,近视是一种局部的盲目;而相比之下,微观洞察是一种洞察力。近视眼需要眼镜或类似的辅助用具来恢复正常的观察力,而一名具有微观洞察能力的人只需停止使用他的特殊能力就能看到和别人眼中一样的东西,他要做的只是从显微镜前抬起头。

[66] 每一种技能都或多或少涉及微观洞察。例如,一名制鞋匠花几秒钟观察一双

鞋子之后所能说出来的就比我考察一周后所能说出来的还要多。他能看出制鞋工艺的优与劣，用料的好与坏，穿鞋者将如何行走，等等。但制鞋匠的洞察力是有代价的。当他把注意力集中在鞋子上时，他可能就会忽视穿鞋者的言语和行为。微观洞察是一种能力而不是一种障碍，但即使是能力也必须付出代价。我们不往显微镜里面看，就不可能看到往里面看所看到的东西。

尽管每种技能都涉及微观洞察，但职业仍然提供了最生动的案例。这一方面是因为职业产生的洞察力相对普遍。律师、工程师、医生、部长或会计师的微观洞察聚焦于社会生活的核心特征，而制鞋匠的微观洞察则不涉及这些内容。另一方面是因为要成为职业人员就必须接受长期训练，而且职业化工作所具有的长时间特征使得职业人员的微观洞察在其生活中占据了核心地位。职业是一种生活方式，是一种不同于制鞋匠的生活方式（或至少不再与制鞋相同）。

例如，想象一下我们印象中一些职业的典型形象，有进取心的律师、令人感到安慰的医生、安静的会计师，等等。我想我们对于制鞋匠、木匠或人事管理者都没有类似的印象。这些技能对个性的形成似乎不会产生太大影响。现在，让我们说一个关于职业性近视的笑话：一名工程师被宣判死刑，但是在行刑时断头台的刀片卡住了，因此他即将被宣布免于死刑，但此时这名工程师却自愿"修好了它"。这个玩笑在对职业所必须塑造的职业能力的赞赏的同时，也讽刺了职业成员自觉意识的扭曲。真正的职业性近视或许很少，很少有职业会让人失去用常人的眼光观察世界的各种能力。但常见的是，一种不从显微镜前抬头的趋势，一种不假思索就把职业视角扩展到生活的各个方面的趋势。

从严格的意义上说，管理者不是一种职业。尽管像职业拥有自己的学校一样，现在也出现了各种管理学校，但严格地说，管理者还是缺少成为一种职业的两个根本特征：（1）对某种道德观念作出正式承诺；（2）一种普遍的伦理章程。事实上，在我看来，管理者甚至还没有清晰地意识到自己作为管理者——对他人的财产、组织和名誉进行管理——的身份。令我吃惊的是，那么多的管理者认为自己是企业家或资本家——像是在拿自己的而非他人的资金来冒险的商业人士。

尽管如此，今天的管理者还是具有职业所具有的许多特点的，包括专业技能和相应的视角，但最重要的是他们用微观洞察力观察一切的生活方式。我们对于管理者的传统印象是，在他的预算之外他就看不到有毒废物。这种印象有一定的真实性。管理者，特别是高级管理者，几乎总在和其他管理者一起工作。他们的工作日总在"办公室"度过。通常这些工作日很长，不是朝九晚五，而是朝八晚七，甚至是朝七晚八。他们阅读管理杂志，出席管理会议。他们用管理者的视角观察世界。

[67]

一个人成为一名管理者需要一个自然过程，但大多数公司并不满足于"常规的文化适应"，而是设立了特殊项目来训练管理者掌握某种管理技能。罗杰·博伊斯乔利——其中一名试图让伦德坚持不发射意见的工程师——自己也是一名临时的管理者。他重新回到工程师岗位是因为他希望能更近距离地在航天飞机旁工作。尽管他嘲笑瑟奥科尔为管理者开设的训练项目是"魅力学校"，但他还是指出他们帮助瑟奥科尔的管理者成为一支有凝聚力的团队。他们有助于使工程师出身的管理者能清晰地意识到管理者视角（看待事物）的优先性。[12]

工程师看待一个决定的方式与管理者有什么不同呢？对于我们现在的目的，重要的是工程师与管理者处理风险的方式。[13]我认为工程师和管理者至少有两个方面的不同：第一，某些风险一般不在工程师的考虑之中，例如，如果不能保证发射进程，那么就有丢掉航天飞机合同的风险。这种风险不是他们的职业所关注的，但却正是一名管理者所关注的。第二，工程师所受的训练使他们总是保守地估计可接受的风险。通常他们的工作都会在相关的职业协会或其他标准制定机构批准的数据表的指导下进行。当他们没有这样的数据表时，他们会尽量遵照以往的安全经验。一般地，工程师不会在风险和利益之间进行权衡。他们只有把风险降低到可接受的等级之后才会继续进程。而另一方面，管理者一般会在风险和利益之间寻找平衡。这是他们所受的不同训练使然。

因此，对于同一个问题我们有了两种视角：工程师的和管理者的。哪一个更好些呢？回答是：都不好。一般地，工程师视角更适用于工程决策，而管理者视角更适用于管理决策。每一种视角被错误应用于另一种决策中时，都有可能导致恶果。实际上,这基本上是一种同义反复。例如,如果我们认为某个决定由管理者来作会比由工程师来作更好,我们就会把它(适当地)描述为一个管理决策而不是工程决策。⑭

如果是这样,那就不难理解为什么伦德在挑战者号爆炸前夜改变了他的主意(包括为什么他始终宣称"别无选择")。一旦他开始把发射当做一个普通的管理决策,他就能理性地得出结论:在国家航空航天局的要求下,并且在莫顿·瑟奥科尔的处境又如此危急的情况下,爆炸的风险是可以容忍的。但是,为什么伦德会像一名管理者而不是像工程师那样思考发射问题呢?

正如我所描述的工程师视角和管理者视角的区别,他们处理风险的方式也是不一致的。伦德不得不从中作出选择。从某种角度看,梅森的请求——要伦德抛弃他的工程师身份,履行他的管理者职责——清楚地表明了伦德所面临的选择。但从另一种角度看,并非如此。梅森的请求假设了伦德的发射决定是一个普通的 [68] 管理决策。这是任何管理者都会作出的正常假设(除非受过另外的思维训练),特别是作为一名工程师出身的管理者更是如此。一般认为,因为工程师成为管理者是一种提拔,进入了一个新的层次。管理者管理工程师,他们定期收到工程建议,然后付诸实施,(按照推测)他们所考虑的问题比工程师要多,工程师一般听命于管理者。⑮

我想,任何以这种方式理解工程师和管理者之间关系的人都会屈从于梅森的请求,除非他清楚地理解自己与其他管理者的不同之处。伦德似乎并没有理解这种不同之处。事实上,梅森的请求或许说明了在瑟奥科尔的高级管理层中也没有人理解这种不同之处。如果常识认为伦德有义务履行他的工程师职责,那么梅森就不可能在众多管理者面前要求伦德摆脱工程师的身份。也许瑟奥科尔最初制定决策程序的那些人对此有更好的理解。如果真是这样,那么他们未能将他们的理解真正地制度化。失去了保存这种理解的途径,常规管理的理解最终取而代之。挑战者号爆炸事件是常规管理的自然结果。

我这么说的目的并不是为伦德的决定作辩护,我只是想让大家理解他作出这样的决定并不是因为粗心、无知、能力不足、存心邪恶、意志薄弱、道德不成熟或自我欺骗。我已经解释了从常规管理这一特定角度看，他的决定是理性的，也解释了为何在决策时这一角度似乎是正确的。在早先的回顾中，我曾指出，每个人似乎都认为伦德作出的决定不仅是不幸的，而且也是错误的。现在我解释了为什么如此。伦德不是一位普通的管理者，他被认为是管理者中的工程师。

接下来，我将总结我们能从伦德身上吸取的教训：我们总倾向于认为事情做对了才是正常的，而事情做错了则是不正常的；出现错误必然是因为有些东西不正常，通常认为犯错者有道德缺陷。而到目前为止的分析表明，至少有些错误可能只是执行正常程序的结果。⑯

此外，分析还表明：管理者在谈到遵守法律、遵守道德规范或维护职业准则时，经常会说"本该如此，不必多说了"——换言之，这些事情的重要性是如此地显而易见而不必说出来。但我认为事实几乎正好相反。这一论点，我将在后文中再作分析。

价格操纵和内幕交易

伦德代表了一类过失者，就是他们的行为不够职业；而另外还有一类过失者，则是他们的行为已经触犯了法律。那么对伦德的分析是否也可归于后一类呢？让我们先来简单地考察上文提到的那两名违法者吧。

首先是通用电气公司的价格操纵者。他有了新工作后仍然渴望学习，因为他发现以前所学的有关成为一名工程师的知识并不很对路。他每天都在与"赶上速度"作斗争。一天，他的上级请他参加一个会议，出席会议的还有其他两位主要涡轮制造商的销售经理，无疑都是些有声望的人，明显地在忙于操纵市场价格。毫无疑问，这是一个秘密会议。但是人们能从中得出什么结论呢？像通用电气这样的公司有很多秘密。会议没有持续很长时间，不久这位未来的价格操纵者就开始去做其他事情了。几次这样的会议之后，他被允许独自参加会议而没有上级的陪同。

[69]

又很快,会议就成了例行公事。

可能在最初,他对这样的会议是心存疑虑的。我们常常会对自己不熟悉的实践活动存有疑虑,但我们知道应将判断先搁置一段时间。随着了解的深入,疑虑常常会消失。当然,这位价格操纵者可能有比平常更多的理由去疑虑。他可能曾在邮件中收到过通用电气的政策复本,这些政策禁止他正在进行的行为(policy 20.5)。但政策可能来自纪律部门,而不是来自他上级中的任何人。这封关于政策的邮件与来自纪律部门或非直接关联的部门的其他邮件(通常会被管理者忽略)一样,并没有显示出其特别的重要。占据这位价格操纵者时间和我们所谓视野的,是学习如何成为一名管理者。他几乎没有时间去考虑那些似乎与他的工作没有关联的人所关心的事务,最后,他不再把价格操纵当做是价格操纵。[17]

现在,我已经用一种方法讲述了价格操纵者的故事,这种方法比较适合的术语是微观洞察。在特定环境下什么是重要的,什么是无关紧要的——他的这些意识是以正常方式发展演变的。这个过程类似于"去敏感性"——一名外科医生在能平静地切除某人的肢体或把手术刀刺入仍然跳动的心脏之前所必须经历的过程。虽然在我所描述的过程中,并不需要学会把任何东西都排斥出去,但是由于忙于使用一些信息而错失了另外的信息,这种失误至少与自我欺骗拥有一个共同的重要特点(一般的去敏感性没有这一特点),即价格操纵者被误导了。当然,这一过程与自我欺骗同样也存在两方面的区别:

1. 自我欺骗预设了自欺者具有这样的意识,即他目前用以了解周围世界的方式是不可靠的,而我所描述的过程并没有预设这类东西。这个价格操纵者很可能已经相信他的操作方式会产生一个正确的(虽然并不完善)世界图景,而他就在其中工作着。

2. 自我欺骗预设了所使用的程序事实上一般是不可靠的,而在此我们不需要这样的预设。我所描述的程序一般是可靠的。问题出在价格操纵者的程序中没有用来区分合法管理和违法管理的"设计"。这套操作程序在20世纪50年代可能很有意义,但那时的人们谁会想到像通用电气这样的公司里的管理者会被卷入到大范围的非法行为中去呢?这个发现肯定会让很多人感到震惊,包括这位价格操纵者。

现在再来考虑这位内幕交易者,他确实得到了价格操纵者所没有得到的某种警告。事实上,他看到过对内幕交易的控告。但他仍然根据内部信息进行交易。为什么?也许他欺骗自己被抓住的机会很小。但一种更令人感兴趣的可能是,他从未考虑过被抓住。他刚开始内幕交易时具有清晰的良知,但当他知道内幕交易是违法行为的时候他已经习惯于进行内幕交易了。也许与他合作的人从未显示出恐惧。他除了进行内幕交易还在忙许多其他事务,正常的谨慎态度会告诉他,如果对于报纸上警告的每一件事都感到害怕,那么他将生活在无穷的恐惧之中。我们必须使用在日常生活中培养起来的判断力来对报纸上的故事重新进行判断。他当时的处境似乎和平时一样安全。既然如此,他为何要为在报纸上看到的故事而担心呢?我们再次获得了这个例证:一个正常的过程导致了一个非正常的结果。

当然,我没有宣称事实就是如此,我提出的只是一个假设而没有论证它。但应当指出,有证据显示,我的假设至少是部分正确的。回想一下这些过失者似乎都不明白他们怎么会做出那些行为的。如果我对他们故事的解读多多少少是正确的,那么这正是我们所期待解决的问题。如前所述,至少他们犯下过失的部分原因在于没有理解某些事实——"政策20.5"是其一,内幕交易者被捕是其二。这些事实本来可以让他们正确地理解自己的行为,或者在这种理解的指导下采取正确的行动。这些事实没有引起对于惩罚的恐惧,也没有使他们担心这些过失,因为他们工作环境以外的世界似乎一切正常。这些事实似乎已经被其他一些事实排斥到意识之外了,就像我们使用显微镜观察时,把世界的大部分排斥在外了一样。

当这两位过失者从显微镜前被拉开时,他们就会终止过去观察世界的方式。但他们不会像脱离自我欺骗的人一样马上意识到自己"原来一直都知道"(因为他们只有以不同的眼光观察世界时才会认识到这一点)。相反,他们会意识到看见

[70]

了一些东西,而这些东西在证据的光线照射下必定一直都存在。微观洞察是对一个心理过程的隐喻、是一个"心灵装置"或"认知地图"。因为这种心理过程的机制对于主体而言不会比外在观察者更容易理解,所以直到现在这两位过失者应该才意识到是什么让他们专注于另外的事情了。他们确实应该感到困惑:他们怎么这么久都不明白如此浅显的道理。

实践中的教训

在本章中,我试图把过失描述为社会过程的结果,以往关于过失的文献似乎都疏漏了这一点。我尽量避免把这种严重的道德失败归咎于意志薄弱或自我欺骗。当然,我也没有把前面例子中的过失者描述成理性与道德的模范。价格操纵者和内幕交易者的确有些天真,或者说他们对世界的运行方式缺乏足够的洞察力——不能识别麻烦来临的征兆。但是,伦德似乎并不比我们中的其他人更天真,我能想象到我自己也许会像他那样做。

如果我所描述的过程确实解释了大型组织中的许多过失,那么我们也许能够得出一些关于如何防止过失的令人感兴趣的结论。最为明显的或许就是筛选出潜在的过失者,但这也许是不切实际的。若用筛选出前面讨论的那些过失者的程序来筛选,那么谁能够被筛选出来呢? 相反,我们必须考虑的是相对正直的人——这些人是组织必须雇用的——如何避免过失。 [71]

我所描述的难题是,一套正常的程序竟然能够导致重要的信息在决策时不被使用。伦德所受的管理训练并没有让他看出自己的角色是多么的特殊。价格操纵者学习新工作的方式却没有使他警惕违法行为的风险,价格操纵是道德所不允许的,对这一点他的认识就更少了。内幕交易者的经验让他对于报纸上的警告信号打了折扣。尽管微观洞察没有背离事实,但也确实因为一部分事实而牺牲了另一部分事实。通常,这种牺牲是值得的,但有时候却不值得。当这种牺牲不值得的时候,我们需要改变在其中工作的人们的微观洞察方式,或者改变那个环境。有时候两者都需要改变,通常会发生的是,改变其中一个会引起另外一个的改变。

那么我们怎样才能改变环境呢？一种方式是公开谈论并且是经常谈论我们希望人们注意的问题。例如,如果在芝加哥瑟奥科尔指挥部的人们定期提醒伦德,他不是一名普通的管理者:"无论别人怎么做,我们都指望你能站在工程师的立场上思考问题。"那么,伦德就可能会拒绝梅森的建议。确实,如果梅森听到指挥部的人们重复地对伦德说这些话,那么他就不可能再对伦德提出那样的要求;也许他会尊重伦德的判断,即使国家航空航天局给他施加压力,他也可能会说:"对不起,我的手被绑住了。"

商学教授特别厌烦讨论他们所谓的"伦理",一般的管理者也是如此,因为他们不想"说教"。他们认为说教不能引导人们做正确的事。如果一些成年人至今还没有学习伦理道德,或是不想学,那么说教者该怎么办？

这些教授和管理者似乎认为"伦理"一词涵盖了所有明显的"价值"观,以至于提到伦理就会让他们感到尴尬。他们看问题的标准是否一致,在此我必须提出一些质疑。同样是这些人,却可以定期地就利润问题进行说教。他们并没有像我们想象的那样在提到"利润"时就会感到尴尬,因为对他们来说,利润是所有观念中最明显的价值观。

无论怎样质疑,我进一步想要做的是,简单地对他们所担心的所谓说教的无效性作出回应。无论说教的内容多么显而易见,说教自身有助于在组织的集体视域中维护法律、道德和职业的思考。我想这也就是为什么商学教授和一般管理者们要不厌其烦地谈论利润的原因。他们就是这样把利润保持在关注的首位。因此,以同样的方式对待伦理的考量,这本身就会作出重大贡献,有助于让正直的人们做正确的事情。

当然,说教很难说是最好的方式。优于说教的方式包括我们熟知的伦理章程、道德考核、管理者的伦理讨论会、在普通决策制定课程中关于伦理的讨论、奖励那些摆脱了原来的工作方式而做正确的事的人。("奖励"不仅是包括口头表扬,也包括其他有价值的奖励,这些奖励一般用于表彰工作出色的人员,特别是要有奖金和晋升机会。)但无论这些特别的方案自身有多少优点,它们都共同拥有这样一个重要的特征:有助于使员工对过失保持警觉,有助于维持某种观察世界的方式。

现在考察一下教育。教育的部分功能就是让人们习惯于以某种方式考虑问题。学者们对学科的研究实际上就是"微观洞察"。因此我们应当像关注我们所教学的内容一样关注我们所不教的内容。如果我们把自己局限于仅教授学科的技术层面,那么接受我们教育的学生将倾向于形成一种仅仅包含那些技术层面的视角,他们不会自动地把我们所没有教的内容也考虑进去。实际上,他们本应成为非同寻常的学生,甚至知道该怎样看待这些额外的东西。因此,如果我们教授工程学而不教授工程伦理,那么我们的毕业生在开始工作时就只会考虑工程技术方面的问题而不会顾及伦理方面的问题。不是他们抛弃了伦理层面,而是他们根本就无法看到这一层面。[18]

当然,也有可能我们教授了应该教授的东西但仍然收效甚微。商业或某种职业中的良好行为预设了一种适当的社会情境。如果一名具备道德意识的毕业生进入一家公司工作,而这家公司又忽视伦理,如果他继续留在这家公司,那么他对他行为伦理维度上的判断将会渐渐消退,他的视野将变得狭隘,最后他可能完全无视这些伦理判断,就好像我们什么都没有教授给他。应当强调的是,这不是一个关于道德培养(就这个术语现在普遍理解的意义上)的主张。也许我们的毕业生在科尔伯格测试中可以取得和以前一样好的成绩,[19]过去他在考虑某些决策时,认为伦理层面的问题是重要的,但是他现在会停止这样的考量。问题似乎"仅仅是技术性的",是"一个普通的商业决定"或者从其他方面看来"仅仅是例行公事"。

当然,演变成这样的"道德盲目"是不幸的。由于这是人们很难控制甚至无法控制的环境所导致的结果,因此,(在某种意义上)这是一种人们无法承担责任的不幸。即使是这样,作为结果的道德盲目也无法为行为过失提供借口。道德盲目自身就是一种性格缺陷。这种由性格缺陷(而不是良好性格)所引发的行为是增加而不是减少了遭受谴责的根据。

一个组织会使其雇员对道德变得盲目,从而使伦理教育失去效果。但这个现象并不能成为不教授伦理的理由。相反,这却是一个很好的理由,来把伦理教学融入到一个更大的教学过程中,把上述理念传授给我们的学生。在此,卡罗琳·惠特贝克(Caroline Whitbeck,麻省理工学院)为我们提供了一个很好的范例。作为工程设计课程的一部分,她让学生和当地的公司接触,以了解工程师们是如何提出与设计相关联的职业伦理问题的。这样,她的学生就能学着把他们将来的雇主看做是"伦理环境"的一部分。但她的学生做的还不止这些。他们的调查研究很有可能让他们将来的雇主思考:一个工程师是怎样发现伦理问题的。因此,惠特贝克同时也改善了伦理环境,而她的学生某天就将在这样的环境中工作。⑳

注　释

[208]　　本章较早的版本用的题目是《勿使善人为恶》("Keeping Good Apples from Going Bad"),于1988年10月27日在卡拉马祖市西密歇根大学的社会伦理研究中心宣读。稍后一个版本使用现在这一标题,于1989年3月30日在伊利诺斯理工学院哲学研讨会上宣读,稍作修改后刊登于《社会哲学》(*Social Philosophy*)第20期,1989年春/秋,第74—90页。本章内容的重新发表已获得授权。我对在这两次会议上收获的鼓励和批评谨表谢意。感谢保罗·冈伯格(Paul Gomberg)仔细阅读了完稿前的草稿,也感谢费伊·索耶(Fay Sawyier)帮助我首次领悟到微观洞察这一观点。

①例如,我谈到的过失者并不像杰克·卡茨(Jack Katz)在《犯罪诱惑:恶行的道德与情感吸引力》(*Seductions of Crime*:*Moral and Sensual Attractions of Doing Evil*,New York:Basic Books,1988)中描述的罪犯那样,看上去确实在践行邪恶意志。

②《电子制造业中的价格限定与投标操控》("Price Fixing and Bid Rigging in the Electrical Manufacturing Industry"),原载《参议院司法委员会反托拉斯和垄断附属委员会价格操控听证会》(*Administered Prices*,*Hearings Before the Subcommittee on Antitrust and Monopoly of the Committee on the Judiciary*,United States Senate,Part 27,1961,16652)。

③《秋后:被指控内幕交易的人之命运迥异》("After the Fall:Fates are Disparate for Those Charged with Inside Trading"),《华尔街日报》,1987年11月18日,第22页。

④例如,46%的严重恐吓行为和52%的盗窃行为没有被报案。《美国的犯罪》(*Crime*

in the United States, Washington D. C. : Federal Bureau of Investigation, U. S. Department of Justice, 1980), 第 20、23 页。

⑤ 参见本书第三章。

⑥ 试比较劳伦斯・科尔伯格(Lawrence Kohlberg),《论道德培养》(*Essays on Moral Development*, San Francisco: Harper and Row, 1981)。

⑦ 试比较切斯特・A. 巴恩斯(Chester A. Barnes)的《管理者的功能》(*The Functions of the Executive*, Cambridge, Mass. : Harvard University Press, 1938), 第 276 页写道:

> 很明显,管理者经常出错。我认为其中很多错误的首要原因是能力的缺失,从而导致责任的崩溃。但在很多情形下可能是因为某些条件导致了道德上的复杂性以及不可调和的道德冲突。对于某个组织整体而言,一些理性行为是有益的,但也可能明显地违背几乎所有其他的人或官方的规范。

⑧ 参见简・埃尔斯特(Jan Elster)的《尤利西斯与赛壬》(*Ulysses and the Sirens*, Rev. ed. , : New York: Cambridge University Press, 1984),其中对于薄弱意志有很好的论述。

⑨ 迈克・W. 马汀(Mike W. Martin),《自我欺骗与道德》(*Self-Deception and Morality*, Lawrence, Kansas: University Press of Kansas, 1986)。马汀用现代心理学的方式定义了自我欺骗,制定了一个很有实用意义的自我欺骗概念。相比之下,大多数关于这一主题的论著只关注自我欺骗的假设所产生的逻辑难题,即假设一个同时既知道又不知道的自我。

⑩ 自我欺骗本应属于一种精神状态,但现在的研究已经超出这一范畴,要快捷地了解相关文献,参见《自我欺骗研究近况》("Recent Work on Self-Deception"),《美国哲学季刊》(*American Philosophical Quarterly*)第 24 期,1987 年 1 月,第 1—17 页。要了解相关的责任转换现象的讨论,参见斯坦利・米尔格拉姆(Stanley Milgram),《顺从权威:一种实证的视角》(*Obedience to Authority*: *An Experimental View*, New York: Harper and Row, 1974)。我没有讨论米尔格拉姆论述中可能提出的假设,因为就我所知,没有人提出要承担伦德行为的责任。伦德宣称他"别无选择"并非是对他人权威的诉求——尽管会有同样的麻烦。毕竟,伦德可以选择的事实是再明显不过了。他只需简单地说声"不",然后承担相应的后果就是了。

⑪ 我要感谢薇薇安·韦尔和迈克尔·普里查德对微观洞察解释的早期版本所做的各种有益批评,但他们毋需为这一理论包含的任何错误负责。

⑫ 这些信息是从一个录像中获得的,录像是关于博埃斯乔利在出席卡罗琳·惠特贝克的工程设计课程时所作的报告——《忠诚于公司和举报:伦理决策和宇宙飞船灾难》("Company Loyalty and Whistleblowing: Ethical Decisions and the Space Shuttle Disaster"),1987 年 1 月 7 日,特别注意他对学生问题的回答。

⑬ 更多的关于管理者和工程师处理风险方式的不同之处,参见本书第九章。

⑭ 当然,我们这里假设一家运转良好的组织可以把它的决策分为两部分:工程决策和管理决策。工程师与管理者分别在这两类决策中具有决定权。另一种可能的情况是,由于这两类决策重叠的部分太多,以至于不能做出责任的区分,从而要求管理者和工程师达成共识。对于这种可能性的探讨详见本书第九章。

⑮ 这是关于管理者和工程师之间关系的标准观点,第九章将对此进行反驳。在这里我只是表述这一观点而没有认可它。

⑯ 论述挑战者号灾难的文献一般假设管理者处理风险的方式是明显错误的。极少有文章(且有思想性地)试图分析管理事件,参见威廉·斯塔巴克(William Starbuck)和弗朗西丝·米利肯(Frances Milliken)的《挑战者号:微调差距直至东西损坏》("Challenger: Fine-Tuning the Odds Until Something Breaks"),《管理研究》(*Management Studies*)第 25 期,1988 年 7 月,第 319—340 页。

⑰ 事实上,这位价格操纵者并不记得是否看到过这一政策。参见《价格操纵》(*Price Fixing*,16152)。关于这个故事另外有一个略微不同的版本(包括宣称他肯定看到过这一政策),参见詹姆斯·A. 沃特斯(James A. Waters),《把握 20.5:作为组织现象的公司道德》("Catch 20.5: Corporate Morality as an Organizational Phenomenon"),《组织动态》(*Organizational Dynamics*)第 6 期,1978 年春,第 3—19 页。沃特斯强调的是对正确行为的"组织障碍"(organizational blocks),而我强调这是一个正常过程。但我相信我所说的并没有与他的主张相抵触。一个复杂公司中的过失可能由很多诱因所导致。沃特斯和我的不同之处在于,我们对不同的诱因感兴趣。当然,这是一个经验问题,即使我们都只有部分正确(虽然,就我们已经得到或可能得到的信息来说,这是一个很难确证的问题)。对于索

尔·W. 盖勒曼(Saul W. Gellerman)的文章——《为什么"善良的"管理者作出了伦理上恶的选择》("Why 'Good' Managers Make Bad Ethical Choices"),《哈佛商业评论》(*Harvard Business Review*)第 64 期,1986 年 7—8 月,第 85—90 页——我的评论也是如此。

⑱ 同理也适用于商业伦理。一些把自己局限在技术事务中的商学教授并不只是未能行善。不管是不是无意识的,他们都在积极地为学生的过失(倘若学生最终犯错)作着贡献。商学教授使得学生对某些东西变得盲目,而如果没有商学教授的作用,本来学生是可能看到这些东西的。

⑲ 例如,参见罗伯特·M. 利伯特(Robert M. Liebert)的《道德培养培养了什么?》("What Develops in Moral Development?"),以及莫迪凯·尼桑(Mordicai Nisan)的《道德培养的内容和结构:一种综合观点》("Content and Structure in Moral Development: An Integrative View")。上述两文都摘自威廉·M. 科泰(William M. Kurtines)和雅各布·L. 格维尔茨(Jacob L. Gewirtz)编的《道德、道德行为与道德培养》(*Morality, Moral Behavior, and Moral Development*, New York: John Wiley & sons, 1984),第 177—192、208—224 页。

⑳ 卡罗琳·惠特贝克(Caroline Whitbeck),《教科学家和工程师学伦理》("Teaching Ethics to Scientists and Engineers"),《科学与工程伦理》(*Science and Engineering Ethics*)第 1 期,1995 年 7 月,第 299—308 页。

第六章
避免举报的悲剧

群体的力量来自于狼,而狼的力量也来自于群体。

——拉迪亚德·吉卜林(Rudyard Kipling),《丛林法则》

我把关注的焦点集中在挑战者号的发射决定上,目的是帮助我们理解技术以及组织要素之间的某些复杂关系,这些复杂的关系是许多工程的典型特征。在挑战者号灾难中我们记忆最深刻的是一名工程师——罗杰·博伊斯乔利。在灾难发生后,他违背雇主的意愿,冒着职业的风险,说出了事件的真相。他不是第一个"举报"雇主的工程师,并且很可能也不是最后一个。无论在工程伦理的文献中,还是在工程伦理的教育中,关注举报都是有充分的理由的。举报是一种工程师不得不借以采用的方式,以此表明,对他们来说公众的健康、安全、福祉比雇主、职业生涯,甚至自己的物质利益都更重要。举报也提醒我们要注意工程的政治性维度,即工程师说什么以及怎么说的重要性。

大多数关于举报的讨论,试图为举报辩护或者区分可辩护的举报与不可辩护的举报;有的报道谁在举报,怎样、为什么举报;有的建议人们该怎样举报,怎样回应一个正试图举报的雇员,或者一旦举报已发生,他又该做些什么;还有的建议制定新的法律以保护举报者。无论哪种方式,他们都将举报看成是不可避免的。但我不这样认为,相反,我将论述避免举报的方法。

我并不是反对举报。总体而言,我认为举报是一种必要的恶(有时甚至是积极的善)。我坚定地认为正义的举报者应该得到法律的保护,[①]他们不应该因为他们的善行而被解雇或者受到其他任何形式的惩罚。但我认为要保护他们,其实还有很多其他的方式。本章将给予阐释。

这种阐释将强调举报破坏性的一面,使得我们更容易理解那些错误地对待举报的人。具体而言,下面将给出组织错误地对待举报者的案例,同时也将说明避免举报的重要性。我们应该从举报中受益,而不应像举报所呈现的典型现象:组织或者个人都付出了巨大的代价。[②]　　[74]

本章既涉及那些经营某个组织的、拥有巨大话语权的人,也涉及那些可能在某天不得不举报自己组织的人。这两类群体之间的交叠比大多数关于举报的讨论所认为的还要多。[③]但这并不是我选择涉及这两者的原因。我有更深入的思考。我相信,即使这两类群体之间没有交叠,使举报变得不必要仍会让他们共同受益。同时我还认为,这两类群体还能做更多的事使得举报变得不必要;如果他们彼此对对方的工作有更好的理解,那么他们会将自己分内的事做得更好。

正式组织内部的非正式组织

每个正式组织,无论大小,都包含一个或多个非正式的小团体。例如,一个学术性部门可以是由牌友、影迷、厨师等构成的网络。部门性的谈话没有限定在必须与部门事务有关,日常的生活和日常的看法也已渗入正式的组织中。正式组织的成功与否很大程度上取决于这些非正式小团体内部及相互间的关系状态。对于大多数组织来说,由类似的人组成至少与组织所从事的工作同等重要。成功不仅仅与技术性的技能或技术性的成绩相关,你还必须在合适位置上有足够多的朋友——还不能有太多的敌人。或许只有在上班时间学者们才会较多地谈论私事,但每个学者都明白,一个组织之所以会分裂肯定是因为某些成员不能和睦相处了,或者是一些成员因为经济问题或是和学校的纠纷而离开了。能够吸引成员留下来的原因,至少部分是因为全体成员之间能够和睦相处。④

尽管我是以学术组织为例,但我认为非学术组织,诸如工厂、研究所,甚至政府部门,也大体与此相同。决定这些组织是否运转良好的大部分因素不可能从组织列表、正式的工作描述,甚至个人的评价中获得。真实地考察举报意味着既要关注组织的正式方面又要关注其非正式的方面。在此,我将主要关注那些非正式的方面。

指责举报者

"举报者"是一个内涵丰富的词,他可以是匿名的或者公开的、内部的或外部的、好意的或不怀好意的、准确的或不准确的、正当的或不正当的。也许严格地说,其中有一些根本不能算是举报者。⑤但在此我不会作严格的区分。对我来说,"举报者"指称在正式组织内任何一名为了阻止组织做一些他认为是不道德的事(或者促使组织做一些他认为在道德上必须做的事),而通过非正常渠道传递信息的成员。⑥

[75]   不管举报者是否正确,如果可能,几乎所有组织都将开除举报者,或者毁灭举报者的工作前途,或者尽其可能使举报者的生活陷入绝境。一个在其他方面看来是仁慈的组织却会如此残暴地对待举报者,⑦这是为什么呢?

最常见的解释是,因为他们希望举报者越少越好。这是个人或组织的自我利益促使的。

　　无疑这一解释是事实的一部分,但这仅仅是很小的一部分。一般而言,我们对自我利益的判断还远称不上是完美的,我们的判断并没有得到改善,因为我们仅仅假设了一个(具有自我利益的)组织的作用。我们仍然可能是相当非理性的。回顾一下莎士比亚的戏剧,当送信的使者向克利奥帕特拉报告安东尼已娶了奥克塔维亚的时候,克利奥帕特拉有什么反应:

　　……滚,可恶的狗才! 否则我要把你的眼珠放在脚前踢出去;我要拔光你的头发;我要用钢丝鞭打你,用盐水煮你……对于不幸的噩耗还是缄口不言,让那身受的人自己去感到的好。⑧

　　尽管是克利奥帕特拉命令他监视安东尼的,但在送信使者带着微不足道的报酬离开以前,他还是听到了更为刺耳的话语,挨到了更加坚硬的拳头,甚至愤怒的刀就要刺进他的喉咙。

　　现今的组织可能会像莎士比亚戏剧里得了相思病的克利奥帕特拉一样严厉地对待带来坏消息的人。例如,在最近的一本关于公司生活的书里,罗伯特·杰克尔(Robert Jackall)令人不快地讲述了发生在几个管理人员身上的事——他们将负面消息告诉了他们尊贵的组织。尽管每一个被揭发的过失都是他们有责任揭发的,也是通过正确的渠道报告的,过失者也受到了惩罚,而对于所报告的错误他们也都没有责任,组织也会因为举报而变得更好,但在这些举报者中,幸运者不得不忘掉自己在事件中所扮演的角色,不幸者则因此断送了职业生涯。⑨

　　我们通常将信息理解为一种力量——它也的确如此。但当信息使我们的计划受挫时,这种理解也就没了意义。即便是具有丰富经验的管理人员也可能会对下属说:“我不想再听到更多的坏消息了。”

　　要想让正式组织具有理性,这只能是一种理想,若能实现其中一部分已经很好了。如果想理解众多举报者的遭遇,我们就必须记住这一点。一个对仅仅是坏消息的提供者进行“鞭打水煮”的组织不可能对举报者作出什么好的回应,即使——

正如经常发生的那样——举报者将对组织的长远利益作出贡献。毕竟,举报者不仅是坏消息的报告者,而且他自己本身就是一个坏消息。

举报的负面作用无处不在

关于举报的讨论,往往强调准确举报行为(既包括直接地揭露过失,也包括间接地阻止进一步的过失)所具有的不可否认的益处。而举报附带的弊端往往被遮蔽了,或许是因为与它巨大的"利"相比,这些弊端太细微了。至于不准确的举报所带来的危害就更不受关注了。⑩

不管是出于什么原因而忽视举报的负面作用,对我们而言,正视举报的负面作用是至关重要的。让我们先来看一看举报到底有哪些负面作用。

举报是组织存在问题的证据。除非正规渠道不畅通,否则员工不会采用正规渠道之外的途径。

举报还是管理失败的证据。一般而言,一些举报者的直接上司已经听到了举报者的抱怨,他们试图以某种方式来处理,但没有令举报者感到满意。不论管理者怎样看待举报者的抱怨,他们一定会把自己无法"掌控局势"看做是记录中的污点。

对于那些被举报者来说,举报本身就是负面的。隐晦的事突然被暴露在光天化日之下,他们不得不参加"控制危害"的会议、接受调查等。若没有被举报,这些事就不会占用他们的宝贵时间了。他们必须撰写特别的报告,担心公众的反应会危及他们的职业,还要面对配偶、孩子和朋友的质问,并且这些事情可能还会持续数月甚至数年。

正因为举报有这么多的后果,所以在一个组织内部,当听到举报者姓名的时候,是没人会感到愉快的。在作出涉及举报者的决定时,没有哪位管理者会不戴上有色眼镜。举报者不仅在组织内部树敌过多,而且也制造了大量不利于自己的偏见,这种偏见很难通过正式程序消除。

这还不是全部。举报者还必须承受的是失去组织对他的信任。如果他要保持这份信任,至少要在用尽了所有正规的申诉方法之后,接受组织通过正规渠道所作出的任何决定。

对于任何一位多年来都忠实于组织的雇员来说,失去组织的信任很可能是非常痛苦的,就如同婚姻破裂一样。在我的印象中,几乎没有举报者开始从事某项工作时,会想到自己某一天将不得不举报。他们似乎是因忠诚而开始工作的——或许比大多数人更忠诚。某日突发的事件动摇了他们的忠诚,震惊接踵而至,那份忠诚最终崩塌。管理者将举报者看成是组织的叛徒,而相反,大多数的举报者却认为是组织背叛了他们。⑪

而且在被迫举报以前,举报者是信任组织的,并且感觉这样挺好的。但现在不一样了,信任变成了怀疑。这正是我们所说的"组织权威",它确实是组织所具有的能力,它对信任程度具有控制权。"权力使然",举报者有多少理由怀疑组织,组织就有同样多的理由怀疑举报者。⑫他已经不再认可这种权威,他比之前更有可能举报。他现在已是组织内部的敌人。

同样,举报者与同事之间也会出现问题。举报可能使人际关系变得非常糟糕,一些朋友将反目成仇,另一些人因为怕受"牵连"开始避而不见,而大多数人则是漠不关心。在他们眼里,举报者就像垂死的癌症病人一样。这些离弃会给人留下深深的创伤。即使当举报者不再举报,他们也还是会把举报者当作一个局外人、一个组织内的孤独者,而这种孤立,无论出于什么原因,都会使人变得脆弱。 [77]

所有这些负面作用揭示出了几个难以回答的问题:当举报者不再与同事分享忠诚的时候,他该怎样像以前一样和同事共事?当他不再是他们中的一员时,同事会怎样对待他?在一个他已不再信任、没有朋友,并且他很可能会进一步制造麻烦的组织里,他该对晋升,即使是留任抱怎样的希望?我认为这些问题显然是法律所无法回答的。

帮助举报者和被举报的组织

那么可以为举报者做些什么呢？一种选择是替他另谋一份工作。但这并不容易。一般而言，潜在的雇主不会雇佣身份曝光的举报者。此外，在面试时，举报者可能还不如从前做得好。尽管许多举报者尽自己所能来掩饰，但他们仍然会被当做坏消息的信号。比如，他们的声音听上去似乎缺乏感情，他们的提问总透露着不信任，或者似乎很容易动怒。他们就像那些正经历着痛苦婚姻的人一样。

既然几乎没有潜在的雇主愿意找麻烦，所以我们可以得出这样一个似非而是的结论：举报者要继续自己的职业生涯最大的希望还是在老雇主那里。而这正是要支持法律保护举报者的主要原因。尽管法律可能很少给举报者提供直接的保护，但它能够促使组织思考如何与举报者和平共处。但这个希望也很小。只有当举报者重建了对组织的忠诚以及恢复了同事对他的信任后，组织才有可能与举报者和平共处。但这也不容易。

显然，组织必须做出足够的改变，以使举报者有充足的理由相信他不会再一次被迫举报。这种改变必须是本质上的。但大多数组织会自动抵制这种本质上的改变。同时，仅有正式的改变还不足以重建举报者与上司、下属、同事之间的非正式关系。除此之外，还应该做些事，如类似婚姻咨询一样的集体心理辅导，以坦露并解决所有因举报而必然会产生的背叛、失信、拒绝等情感。只有当举报者重新融入非正式的组织，他才会重新获得安全感。

虽然一些政府机构已要求卷入举报案件的雇员参加这类集体心理辅导，但到目前为止，结果并不理想。特别是管理者认为，这种治疗只会是另一个无法规避的磨难。[13]而为了取得疗效，这种心理辅导又需要所有的参与者自愿参加，因此，这是很难用法律形式固定下来的一件事。

[78]　这就说明了，为什么这个对于举报者而言最大的愿望——与组织和平共处——是如此的渺茫。我们需要找到更好的方法来保护举报者。从长远来看，组

织与举报者之间的和平共处对双方都有利。举报者并不真是敌人。一个被举报的组织需要他们。举报者就像是看到房子失火,于是敲门叫醒了在里面睡觉的人,虽然不受欢迎,但总比让火烧到床头才醒来要好。一个惩罚举报者的组织就好比蒙住了自己的双眼,看不见原本可以很好面对的麻烦。举个例子,当旧金山湾区地铁运输管理局(快速地铁 BART)开除三位因为报告了新型无人操控列车的运行程序存在问题的电子工程师后,就将一个纯粹的技术问题变成了一个即将发生的丑闻。当一趟列车突然冲过某个本应停靠的站台并脱轨时,运输管理局不得不面对那三位工程师早已指出的技术问题,不得不面对公众对无人操控列车的关注,且不得不解释为什么此前它忽视了此问题。

总体说来,举报者报告了一个组织需要知道的信息,但这并不意味着否认前面所描述的举报的弊端。与其极力地以其他方式阻止举报,还不如使得举报成为不必要。现在,我将转而论述:使得举报成为不必要的主要方式。

组织怎样才能避免举报?

如果举报意味组织在处理负面消息的时候存在麻烦,那么对组织来说,消除举报的一种方法便是提高它处理负面消息的能力。我们能够区分出三种进路:程序的、教育的和结构的。

"程序"进路,就是让报告负面消息成为日常事务的一部分。这些程序可能相当简单,例如,在表格上留下空白,专门用于填写"缺点"或"风险",这样的空格就迫使填写表格的人说出一些负面的东西。因而他的各级上司很有可能会把负面消息当做是日常事务的一部分来处理,而如果没有这种渠道,这种可能性会很小。[14]

这第一种进路也可能是复杂的,例如,为了鉴定存在的问题而召开的"评议会",它的作用就像上面提到的空格栏一样。一旦它的重点被定为是揭示负面消息,那么更多的负面消息很可能就会被揭示出来。这样,揭示负面消息很可能就会成为日常工作的一部分。

　　当然,情况究竟会怎样,部分地取决于相关人员的思维定式。而这种思维定势在很大程度上取决于组织以前的工作状况。组织的氛围可能使任何的程序流于形式。例如,如果填写缺点或在评议会上说出负面消息的人普遍会受到像克利奥帕特拉信使那样的对待,那么这种程序进路将几乎收不到任何负面消息。程序是否能运转,部分地取决于相关人员能否以一种正确的态度来对待它。当程序刚刚建立并且反馈方式还没有得到确立的时候,正确的态度尤其重要。⑮

[79]　　从某种意义上说,程序进路已经预设了其他两种进路。那些各种程序的参与者需要懂得负面消息的重要程度。他们还需要定期的提醒者,因为日常经验会告诉他们负面消息的破坏性。教育是一种提醒物,而正式的激励机制则是另外一种。

　　我这里所指的“教育”的含义比较宽泛,甚至也包含了正式的激励机制。在培训讨论会上,上司或者专门的培训员强调倾听最坏消息的重要性,这仅仅是我所指的教育的一部分。其实日常经验也构成了教育的一部分。如果下属向上司反映负面消息能经常得到感谢,如果他们看到带来负面消息和带来好消息会受到同等的对待,等等,那么下属就很可能会将那些培训会记在心里。

　　如果组织使得揭露负面消息合乎理性,那么上司当然很可能就会善待揭露负面消息的人。但是,只有当组织的日常程序是鼓励报告负面消息的,或者,至少不阻止揭露负面消息时,这样善待下属才是合乎理性的。一个组织能否把揭露负面消息当做日常事务来对待,取决于它的结构。

　　例如,假设一个组织规定其管理人员的职责只是负责准确发生的事,再假设他的下属告诉他,他的前任为了提高部门利润而疏于日常维护,现在大多数的机器功能状况很差。但是,这名管理者不愿意将此事报告给他的上司,甚至放出消息威胁每个人。不过,这种消息必定还是会传播出去的。可见,他自己就是一个不愿意听到负面消息的人。他有理由告诉下属:“莫惹是非。”或许他的下属一直不会去招惹是非,直到他的继任者接替他。

　　现在,让我们作相反的假设,如果组织有这样的惯例,即管理人员应负责管理好他们分内的事,包括仅仅是初露端倪的负面情况。在这样的组织中,管理人员就会希望下属即刻向他反映诸如前任在工作中存在纰漏之类的情况。他不需要害怕会有潜在的麻烦会危害到她。相反,如果让这些纰漏继续存在而不去处理,那么他将不得不对自己的疏忽作出解释。

大多数组织往往让主管负责报告他所知道的任何的负面消息。组织几乎没有这样的惯例来让任何其他人承担这种责任,也许是因为实行这种惯例的代价太昂贵。[16]因此,至少从这个方面来看,大多数的组织都有机制倾向于阻碍负面消息被揭露。让主管长期留任(比如说10年或者20年)或许可以补偿这种不足,因为几乎没有什么问题会有那么长的休眠期。但是,今天甚至很少有管理人员能够在一个职位上呆上五年。因为如果没有得到快速提拔,他们很可能会跳槽。这种流动性意味着大多数的组织必须依靠其他方式来使管理人员有理由欢迎负面消息。

目前最常用的方法是创设渠道,使得组织中的任何人都不能阻止负面消息向上传递。一种最古老的渠道就是定期的外部监督。另一种就是"门户开放"政策,即允许下属绕开若干个管理层,而向更高级别的官员反映。还有一种方式是将传统的链式管理系统变为类似网络状的系统,这样下属就不必惧怕某个特定的上司,他们也有渠道接触到更多的上司(在第九章,我将对此作出更多的论述)。这样的制度设计让管理人员有理由表示感谢,因为他是从下属那儿听到负面消息的,而不是从上级那儿;同时他也有理由尝试以某种使下属满意的方式来答复下属。这样,下属就将管理人员从"盲区"中拯救了出来。这种制度设计也使得举报不再必要。 [80]

现在我们准备探讨怎样才能避免个体成为举报者。

如何摆脱不得不举报的困境?

要摆脱不得不举报的困境,最简单的方法似乎是加入一个举报根本不会发生的组织。可遗憾的是,事情总没有那么简单。组织是人为创造的,人造物没有完美无缺的。

而且,各组织之间还存在着很大的差异。一个人若选择一个好的组织,就能够充分降低不得不举报的发生几率(就好像谚语说的:不"草率结婚"可以充分降低"长时间"后悔的几率一样)。问题的关键在于,组织会怎样对待负面消息。答案可以从组织的程序、教育项目以及结构中找到,当然不是从书面上找,而是从确实起作用的现实中找。现实与书面的差异才是关键。例如,如果一个组织有"门户开放"政策,那么这个政策是否被使用过?既然组织的工作总是不够完美,那么这一政策很可能是一个必需的通道,但却没人敢用,因为使用这样的通道反映问题很可能会被当成举报。

需要特别谨慎地审视任何被冠以"幸福大家庭"的组织。组织,像家庭一样,也有争吵、紧张以及其他类似的情况,它们就是这样成长的。只记住那些幸福美好时光的组织并不是时时都一帆风顺的,它只是不喜欢提负面消息罢了。正是在这样的组织中,举报很可能是必需的。就我个人而言,我喜欢这样的组织,它能够极为详细地回忆起过去奋斗的细节,而它总体的幸福必须来自于所有成员的再次合作。⑰

在选择了一个好组织之后,一个人是不是还能做些什么来减少某一天发生举报的几率?回答是肯定的,但他不得不从政治维度来思考这个问题。

首先,他应该发展一些非正式途径。例如,假如一个新来的工程师 W 要向 A 作正式汇报,而 B 对他们共同的上司有更大的影响力,于是 W 就可能想接触 B。W 发现他和 B 都喜欢下棋,通过下棋,他们自然也就成了朋友。这样,W 就处在了 A 的位置,原来应该由 A 传递但被 A 试图压制的信息现在可以由 W 传递了。A 几乎不能反对 W 与 B 一起下棋,而一旦 A 知道 W 与 B 成为了棋友,A 就不大可能压制 W 想要向上传的信息,因为 A 知道在 W 周围已经有了传播信息的渠道。

[81]   第二,一个人应该与同事、下属这些与自己共同承担责任的人结成联盟,不应该单独地与上司作对。不论何时,只要有可能,上司都应该对普通的建议作出回答。与个人建议相比,管理人员很可能会更加严肃地对待群体的关注。雇员应尽可能借助团队的方式行事。

第三,由于不是任何一个团队都能起到作用,所以一个团队应该对可能会迫使某人举报的道德问题具有敏感性。有一种观点认为,雇员工作的时间越长其道德敏感性就越低,而最可能持有这种观点的组织就最有可能出现举报者。[18]因此,一个希望避免举报的个人需要培养团队潜在的道德敏感性。要想达成此目的,可以有许多方法。最简单的方法是,比如在午餐的时候,将报纸上登载的一些与组织面临情况相似的问题在同事间传递,并询问"我们"该如何对待这样的问题。如果潜在联盟的成员拥有相同的职业,那么他们可能会敦促当地的职业协会举办一些讨论会,来讨论他们工作中遇到的伦理难题。[19]

第四(并不是最次要的一点),一个希望避免举报的人,应该培养自己的某种能力,使得能以一种可获得赞许式答复的方式来提交负面的消息。要做到这一点,当然,至少信息的表述要清晰、要有足够的技术细节以及足够的支撑证据。但除此之外,还有更多的要求。一些人之所以会成为举报者是因为缺乏犀利的语言表达能力。[20]与那些理解危险但却不善交流的人相比,一个语言大师成为举报者的可能性更小。

这还不是全部。以一种能够获得赞许式答复的方式来提交负面消息也包括应用"修辞学"的手法。负面消息中有积极的一面吗?如果有,那么为什么不首先将它呈现出来?如果没有,那么是否可以通过引出决策者的个人利害关系,以使得负面消息获得赞许式的答复呢?这样的策略,在关于举报的论述中很少被提及。然而,在我看来,许多人最终成为举报者,与他们没有足够重视听众的感受有关。

那些对组织运作有相当话语权的人可能会考虑我们前面没有涉及的一些教育项目。他们尤其想培养员工的政治技巧,如怎样有效地阐明问题、怎样将负面问题纳入正常的渠道。他们也许想反思他们的选聘程序。例如,当有应聘者询问公司是否有"门户开放"政策时,人事部会拒聘这样的应聘者吗?或者会把这样的问题仅当做是普通的问题,甚至认为它是有利因素?不认为此类问题有积极意义的任何组织,是不会聘任有消除举报技能的人。

结　语

[82]　现实是残酷的。人们可能已倾尽全力,但最后还是要在举报与袖手旁观之间作出选择,而看着无辜的人遭受本可以避免的不公正的待遇。举报者具有悲剧色彩。他们的正直将把他们自己以及和他们最关爱的人推向痛苦的深渊。而唯一的反向选择,袖手旁观,将使他们最关爱的人免遭伤害,但这种选择的代价却无法估量——因为他们没有尽到应尽的责任。如果组织能经受住举报的考验而继续存在,那么从长远来看,举报对组织是有利的;但从短期来看,组织将遭受损失。

当事情发展到只有这一种选择时,我们中的大多数人——至少当我们没有被直接牵连进去时,都希望那些不得不作出这样选择的人能够寻找到举报的力量。这时,英雄主义是我们最大的希望。但是,当回头看这一连串的不幸事件,我们会发现,当英雄主义不再必要时,我们每个人都将获得更多的好处。这就是为什么我要关注避免举报的原因。

注　释

[210]　本章早期的版本出现在 1988 年 2 月 17 日密歇根大学公共政策研究学会的尼尔斯特布勒会议(the Neil Staebler Conference)、1989 年 9 月 21 日密歇根的阿奎那学院(Aquinas College)、1989 年 10 月 3 日西密歇根大学每两周一次的机械工程研讨会(the Mechanical Engineering Bi-Weekly Seminar Series)等会议上。我要感谢那些出席会议的人,还有我的同事,薇薇安·韦尔,他帮助我发现了举报的许多维度。我也要感谢《商业和职业伦理》的编辑,谢谢他有益的评论,以及提供了一些有用的参考文献。本章内容最初发表于《商业和职业伦理》第 8 期,1989 年冬,第 3—19 页。

①　想对举报研究的概要有所了解,可参见马汀·H. 马琳(Martin H. Malin),《保护举报者免遭报复性的解雇?》("Protecting the Whistleblower from Retaliatory Discharge"),《法律改

革》(*Law Reform*)第 16 期,1983 年冬,第277—318 页。想要了解为何这样的保护是无效的,可参见托马斯·M. 德文(Thomas M. Devine)和唐纳德·G. 阿普琳(Donald G. Aplin),《举报者的保护——法律与现实之间的鸿沟》("Whistleblower Protection——The Gap Between the Law and Reality"),《哈佛法律期刊》(*Howard Law Journal*)第 31 期,1988 年,第 223—239 页;以及罗斯玛丽·乔克(Rosemary Chalk),《为举报者营造安全的世界》("Making the World Safe for Whistleblowers"),《技术评论》(*Technology Review*)第 91 期,1988 年 1 月,第 48—57 页。

② 描述举报者遭遇的文献比较多。想得到一份学术性较强的综述,可参见迈伦·皮雷茨·格莱泽(Myron Peretz Glazer)和佩妮纳·米格德尔·格莱泽(Penina Migdal Glazer)的《举报者:曝光政府与工业中的腐败》(*The whistleblowers: Exposing Corruption in Government and Industry*,New York:Basic Books,1989)。相反,很少有文献涉及组织的得与失。为什么?

③ 与普通的雇员相比,具有"职业地位"的人更容易成为举报者。例如,参见马玛西亚·P. 米瑟利(Marcia P. Miceli)和珍妮特·P. 尼亚(Janet P. Near),《举报的个体与场境的相关性》("Individual and Situational Correlates of Whistle-Blowing"),《人事心理学》(*Personnel Psychology*)第 41 期,1988 年夏,第 267—281 页。

④ 比较切斯特·A. 巴恩斯(Chester A. Barnes)的《行政功能》(*The Function of the Executive*,Cambridge,Mass. :Harvard University Press,1938)。

⑤ 关于"举报"定义的一个不错的讨论,参见福里德里克·埃利斯顿(Frederick Elliston)等,《举报研究:方法论的和道德论的问题》(*Whistleblowing Research:Methodological and Moral Issues*,New York:Praeger,1985),第 3—22、145—161 页。

⑥ 即使这个定义也应当谨慎地使用。在大多数组织中,通过"正式"渠道反映问题,不会被认为是无礼的;而通过"特殊"渠道反映问题,则会被认为是一种冒犯。有时,我们只有使用过某种渠道后才能确定它是特殊的。那些使用了特殊渠道的人会被当做举报者(实际上,无论依据何种标准,有些人都不是举报者,但他们仍然被贴上了举报者的标签)。同样,要结束举报者和组织之间的争论部分取决于举报的是道德问题还是技术问题(如果涉及的是道德问题,那么这意味着举报者是能够得到辩护的)。但是他们认为涉及的不是道德问题,所以他们将他看成是一个"使人不悦的雇员",而不是举报者。在此,我不打算论述我们

该如何解决这些难题。关于定义问题，最近有一个不错的文献综述，参见马里安·V.哈科克（Marian V. Heacock）和葛尔·W.麦基（Gail W. McGee），《举报：一个在组织和人类行为中的伦理问题》（"Whistleblowing: An Ethical Issue in Organizational and Human Behavior"），《商业和职业伦理》第 6 期，1987 年冬，第 35—46 页。另外还有本人的《举报中的自相矛盾》（"Some Paradoxes of Whistleblowing"），《商业和职业伦理》第 15 期，1996 年春，第 3—19 页。

⑦ 我特别记住了学术组织内部对举报者的回应。例如，布鲁斯·W.霍利斯（Bruce W. Hollis），《我揭发我的导师》（"I Turned in My Mentor"），《科学家》（*The Scientist*）第 1 期，1987 年 12 月 14 日，第 1—13 页。

⑧ 莎士比亚的《安东尼与克利奥帕特拉》第二幕第五场（Anthony and Cleopatra Act II: Sc. 5.）。

⑨ 罗伯特·杰卡尔（Robert Jackall），《道德迷宫》（*Moral Mazes*, New York: Oxford University Press, 1988），特别是第 105—112、119—133 页。

⑩ 为什么会不对称？一种原因或许是不准确的举报很少能制造新闻。报纸、警察部门、高级管理者不断地收到未经过滤的"提示"。这些不是新闻。另一种不准确的举报很少受到关注的原因或许是，要可靠地确定一个举报不正确是困难的。举报者的证据很可能仅建立在与组织对立的假设上。组织不能完整地回答，因为这涉及专利信息，或者侵犯其他雇员的隐私，这就使得局外人没办法知道举报者是错误的。或者，处于质疑声中的组织不花费高昂的代价是得不到一个最后的裁决的——因此，干脆置之不理。许多举报事件似乎被包裹在组织内，就像克劳西维兹（Clausewitz）所称的"争斗烟幕"之中。如果我们对不准确、错误或者其他有瑕疵的举报案例知道得更多，那么或许我们对举报的评价——即它们在总体效果上是好的——将会改变。或许举报，像诛杀暴君者那样，很可能击中的靶子是错误的，实践意义上也不能得到辩护。这是一个需要我们继续研究的课题。

⑪ 例如，参见笛克·朴曼（Dick Polman），《说真话的代价》（"Telling the truth, paying the price"），《费城探究杂志》（*Philadelphia Inquirer Magazine*），1989 年 6 月 18 日，第 16 页起。

⑫ 要了解对组织权威这个传统观念（和相关问题）的有趣分析，参见克里斯朵夫·麦

克马汉(Christopher McMahan),《管理的权威》("*Managerial Authority*"),《伦理》第 100 期,1989 年 10 月,第 33—53 页。

⑬ 对于托马斯·德文(Thomas Devine)的这个观察我是证据不足的,我没有发现能够证实它或者推翻它的研究成果。

⑭ 对于程序的进路我拿不准它是否还有更多的好处,可参见西多奥·T. 赫伯特(Theodore T. Herbert)、拉尔夫·W. 埃斯蒂斯(Ralph W. Estes),《通过使异议正式化来改善行政决定:与公司唱反调的人的鼓吹》("Improving Executive Decisions by Formalizing Dissent:The Corporate Devil's Advocate"),《管理评论》(*Academy of Management Review*)第 2 期,1977 年 10 月,第 662—667 页。在我看来,如果异议者没被看做是"装装样子走过场",那么异议将会更加有效;而且如果异议不仅仅是一个人的事,那么异议将更普遍化。然而,这却是另一个我们需要进一步研究的问题。

⑮ 比较詹姆斯·A. 沃特斯,《把握 20.5:作为组织现象的公司道德》,第 3—19 页。

⑯ 例如,《道德迷宫》,第 105—112 页。

⑰ 这些事件当然与现在所谓的"文化"有关,有一篇很好的讨论,可参见查尔斯·赖利(Charles O'Reilly),《公司、文化与承诺:组织中的动机和社会控制》("Corporations,Culture,and Commitment:Motivation and Social Control in Organizations"),《加州管理评论》(*California Management Review*),1989 年夏,第 9—25 页。

⑱ 在第五章中,已对这种观点作了辩护。我们也可参见卡什·马文思(M. Cash Matthews),《伦理困境和争论的过程:组织和社团》("Ethical Dilemmas and the Disputing Process:Organizations and Societies"),《商业和职业伦理》第 8 期,1989 年春,第 1—11 页。

⑲ 本人的《工程社团的一个社会责任:教管理者工程伦理》(*One Social Responsibility of Engineering Societies:Teaching Managers About Engineering Ethics*,Monograph JHJ88-WA/DE-14,New York:The American Society of Mechanical Engineers,1988)。

⑳ 或许罗杰·博伊斯乔利是最好的例子(如果我们将他在国会前所作的陈词看做是举报)。在挑战者号飞船爆炸前的那天晚上,博伊斯乔利的警告是以工程师常用的无精打采的口气发出的。他从来没有说出这样的话——"这一决定将杀死七个人"。当航天局向瑟奥科尔公司施压,要求同意发射飞船时,如果博伊斯乔利(或在场的任何其他人)是以那

种口气发出警告,那么结果又会是怎样呢? 这是一个很难回答的问题,但它至少表明了在决策的那一刻,语言的潜在力量。要详细了解这件事,可参见《总统特别委员会对挑战者号宇宙飞船灾难的调查报告》(*The Presidential Commission on the Space Shuttle Challenger Disaster* ,Washington,D. C.) ,1986 年 6 月 6 日。

第三部分　保护工程判断

即使到最近,涉及工程职业的文献也没有对利益冲突给予必要的关注。这可能是因为部分作者认为这是工程以外的话题,它属于商业伦理问题,而不属于与塑造物质世界相关的某种职业伦理。但是,在工程实践中经常会遇到利益冲突。所有的工程师必须代表客户或雇主作出专业判断。也的确,除了工程判断的实践之外,利益冲突几乎不属于工程问题。到目前为止,当利益冲突(那些干扰因素,无论是出于义务还是期望,都将导致专业判断的不公正)在破坏工程判断的可靠性的同时,也威胁着工程的效用。没有引起人们注意的是,利益冲突能以微妙的但却能引起重大影响的方式来干扰工程师对应当做什么作出判断。

这一部分的两章将以相当不同的方式引出利益冲突的话题。其中第七章讲述并分析了一个有关利益冲突的重要案例,进而引出了相关的原则,同时还论述了这些原则对于工程师作为职业人士和道德主体的重要性。这一案例之所以值得重视,还有两个原因:与其他发生在工程实践中的大多数利益冲突案例相比,它揭示了职业协会在工程实践和技术控制上的某些作用;同时,它也为进一步思考职业伦理和普通道德之间的关系提供了一个机会。

而第八章则从另一个角度讨论了同一个主题,即一种原本就是工程的职业(正如我们在第三章后所说的)。这样,我们就不得不思考,在面对利益冲突以及关于利益冲突是否属于工程的一个部分的问题时,伦理规范能起到什么作用。同时,它也为我们进一步思考以下问题提供了契机:在工程中控制利益冲突的理由,一种职业在制定其伦理规范时的自由度,制定规范应该考虑哪些因素,以及规范和职业之间的关系。

第七章
工程中的利益冲突

1982 年 5 月 17 日,美国最高法院维持对于美国机械工程师协会（ASME）违反《谢尔曼反托拉斯法》(Sherman Anti-Trust Act)的民事裁决。[①]ASME 诉讼海丘勒吾(Hydrolevel)的案件(通常被称做"海丘勒吾案")可归于工程伦理范畴,而不像水门事件那样属于法律伦理。这一案件的大部分涉案人员是工程师,他们在产业界及 ASME 拥有高级办公室。事实上,他们中的一些人可能是知法犯法,这已广为人知。海丘勒吾案的特别之处在于,其主要涉案人员的行事方式出现了严重的问题,尽管(就像所有人声称的)他们都是出于良好的动机,而且也没有意识到自己犯错。它是一个有关工程中的利益冲突的案例。要理解其主要涉案人员(即使是出于良好动机行事)错在哪里,就需要深入理解利益冲突,理解工程。

海丘勒吾案：事实

1971 年 4 月 12 日，ASME 收到一份质询，是关于协会章程第 18000 页上由 43
个词组成的那段，即"锅炉和压力容器规范"。这一规范是 ASME 采纳的近 400 个
标准规范中的一个。尽管这些标准是建议性的，但却有巨大的影响力。联邦法规
参考性地吸取了其中的许多标准，很多城市、州，甚至加拿大的一些省份也是如此。
由于这些规范的影响力和复杂性，常常需要对它们进行解读。ASME 每年至少要
答复上万份这样的质询。正如规范本身，这些解释也是建议性的。[②]

[86]   该质询涉及 HG－605a 这一段落，其中部分内容这样写道："每一个自动点火
的蒸汽锅炉应该有低水位燃料自动阻断阀，当水平面降到水位计的最低可视线以
下时，它可以自动切断燃料供应。"[③]这段话的目的是为了防止"干烧"的情况，因为
锅炉里的水太少而继续运行会损害锅炉（甚至引起爆炸）。提出质询的是芝加哥
的麦克唐奈与米勒有限公司（McDonnell and Miller, Inc. of Chicago，简称 M&M），
它垄断低水位燃料阻断阀市场已有数十年。M&M 只是简单地询问道："是否可以
在阻断阀上安装一个延时装置，以便当锅炉水位降到水位计可视线以下的某点时
再启动阻断阀?"[④]

这份质询是由 M&M 的销售部副总尤金・米切尔（Eugene Mitchell）签发的。
他之所以发出质询是因为一个竞争对手——纽约法明顿的海丘勒吾公司
（Hydrolevel Corporation of Farmington, New York）。海丘勒吾公司数年前进入低水
位阻断阀市场，他们的阻断阀有一个延时性装置，并且在 1971 年年初获得了布鲁
克林燃气公司（Brooklyn Gas Company）的合同，而布鲁克林燃气公司曾经是 M&M
的重要客户。如果在通常情况下使用海丘勒吾的延时性阻断阀符合 ASME 的安全
标准（一般认为是符合的），那么 M&M 就很可能会失去在这一市场上的优势地位。
但是，只要对海丘勒吾阻断阀的安全性哪怕有一丝的质疑，M&M 的销售部门就能
轻易地维持本公司的市场份额。米切尔知道海丘勒吾的阻断阀可以安全地安装，

但他也知道,如果这种阻断阀不安装在比其他阻断阀高得多的位置上,⑤那么在水平面降到水位计的可视线以下之前时将无法实施阻断。这一不寻常的位置本身并不具有吸引力,但它却会使事情复杂化,会给海丘勒吾公司的市场营销带来困难(因为安装者会将新的水位计安装在与老的水位计同样高的位置上,除非在细致的指导下才可能将其安装在正确位置上)。如果米切尔能让 ASME 表示 HG-605a 的条文意味着在没有即时启动燃料阻断阀的情况下,水位计内的水位不应下降到可见刻度以下,那么,M&M 销售部门就可以论证安装在常规位置上的海丘勒吾阻断阀是违反 ASME 标准的。他们还可能论证,安装在任何位置上的海丘勒吾阻断阀都是违反 ASME 标准的。在米切尔看来,同样是用以防止不必要阻断的 60 秒延时,也可以使一个火热的、几乎突然变得没有水的锅炉破裂或爆炸。

米切尔与 M&M 的研究部副总约翰·W. 詹姆士(John W. James)多次讨论过这一销售策略。自 1950 年以来詹姆士一直是 ASME 一个专业委员会(锅炉和压力容器委员会暖气锅炉专委会)的成员,负责暖气锅炉,并且在几年前的章程(含有 HG-605a 条款)修订中起着领导作用。詹姆士提议与暖气锅炉专委会主席 T. R. 哈丁(T. R. Hardin)会面。1971 年 3 月底,正巧哈丁由于其他事务来到 M&M,于是他们三人共进了晚餐。席间,米切尔就 HG-605a 条款咨询了哈丁。哈丁答道,他认为 HG-605a 条文意味着在没有即时启动阻断阀的情况下,水位计内的水位不应下降到可见刻度以下。这次会面后不久,詹姆士便草拟了一封致 ASME 的质询函,同时给了哈丁一份复本。哈丁提了一些修改建议,詹姆士将其融入最终的定稿中。

质询函到了锅炉和压力容器委员会的秘书 W. 布拉德福德·霍伊特(W. Bradford Hoyt)手上。霍伊特认为这只是一个常规质询,就将它转给了相应的专委会主席哈丁。随后,哈丁在没有征得专委会其他成员同意的情况下起草了一份答复信。如果把这份答复信作为"非正式意见",那么他是有权这样做的。然而,霍伊特签署了这份由哈丁起草的"非正式意见",并以 ASME 信函的方式发出。日期标为 1971 年 4 月 29 日的这份信函表示,低水位阻断阀应当在水平面降到水位计

［87］

的最低可视线以下时"立即运行",同时表示具有延时性的阻断阀"不能有效保证锅炉水位在延时阶段不降到危险范围"。⑥尽管答复并没有说海丘勒吾的延时装置是危险的,但仍可以合理地推断出这一点。M&M 利用 ASME 的这封信函阻止了潜在客户购买海丘勒吾的阻断阀。这个策略似乎起作用了。

1972 年初,海丘勒吾从一个老客户那儿得知了 ASME 的这封信函,并立即向 ASME 索要了该信函的副本。副本于 1972 年 2 月 8 日适时发出,按照 ASME 有关保密的政策,质询者米切尔的名字被略去。

对于这样的解释,海丘勒吾当然不快。3 月 23 日,海丘勒吾给霍伊特发去一封长达九页的信函,解释了 ASME 为何应该改变此规则。霍伊特将这封信转给了暖气锅炉专委会。5 月 4 日,专委会表决确认了最初的答复。詹姆士,当时已取代哈丁成为专委会的主席,在专委会成员讨论这一问题时,采取了回避策略,但向锅炉和压力容器委员会报告了表决结果。委员会全体委员表决后发给海丘勒吾一个"正式意见"。日期为 1972 年 6 月 9 日的这份意见认可了 1971 年 4 月 29 日那封信函所表达的"意向",并向海丘勒吾表示,尽管没有明令禁止延时性阻断阀,但是这种阻断阀还是应当安装在适当位置上,在看不到水位前实施燃料切断。⑦尽管在委员会决定如何答复海丘勒吾时,詹姆士缺席,但他的确(在起草小组的要求下)协助起草了有关答复的关键语句。⑧

海丘勒吾似乎已经发现这份答复不足以使它在与 M&M 的竞争中取胜。对于海丘勒吾的低水位阻断阀的安全性似乎仍然受到质疑。

这就是两年中该事件的关键所在。1974 年的 7 月 9 日,《华尔街日报》(*Wall Street Journal*)发表了一篇描述海丘勒吾困境的文章,海丘勒吾试图销售一种被业界很多人认为违反了 ASME 规范的燃料阻断阀。文章暗示了"业界占支配地位的公司与职业社团之间的紧密联系,而职业社团是这些公司的看门狗"。文中提到的唯一的"紧密联系"是詹姆士,他既是 M&M 的副总,当 M&M 最初发出质询的时候,又是 ASME 相应专委会的副主席,并且还是相关章程的主要起草者。⑨

这篇文章在 ASME 内部引起了骚动。例如,ASME 第 11 区的副总写道:"倘若事实真如文章所言,那么不仅应该解除詹姆士先生在章程起草委员会中的职务,而且,由于他的不道德行为,还应将他开除出 ASME。"[10] ASME 的职业实践委员会 [88]（Professional Practices Committee）随后展开了调查,发现詹姆士的行为并没有失当和不道德,并赞赏他作为专委会主席的坦诚态度。但是职业实践委员会没有掌握所有的事实。詹姆士没有告知委员会,他曾和哈丁在芝加哥会面过,没有说出他（或哈丁）在当初起草质询函时所发挥的作用,也没有说出他在起草 6 月 9 日给海丘勒吾的答复中所发挥的作用。直到 1975 年 3 月参议院反托拉斯、反垄断委员会举行听证期间,这些情况才浮出水面。[11] 在听证会举行的几个月后,海丘勒吾致函上诉,以非法的贸易限制为由,状告 M&M、ASME 以及哈丁的雇主——哈特福特锅炉检测和保险公司。

需记住的名字

哈　丁	（ASME 锅炉和压力容器委员会）暖气锅炉专委会主席、哈特福特锅炉检测和保险公司副总裁
霍伊特	ASME 锅炉和压力容器委员会秘书,负责委员会和专委会的联系
海丘勒吾	纽约法明顿的海丘勒吾公司,M&M 的竞争对手,海丘勒吾案中的原告
詹姆士	M&M 的研究部副总,锅炉和压力容器章程相关部分起草者之一,当哈丁为暖气锅炉专委会主席时他任副主席,在哈丁退休后任主席
M & M	芝加哥麦克唐奈与米勒有限公司,低水位阻断阀制造商,在海丘勒吾公司的延时性阻断阀进入市场前,一直处于市场支配地位
米切尔	M&M 销售部副总

他们错在哪里?

假设哈丁和詹姆士的行为动机良好,[12] 那么他们的行为（假如有错）,在道德上有何错误? 我们至少可以从三个方面来回答这个问题。

第一,哈丁和詹姆士的行为后果。例如,他们可能把海丘勒吾逐出业界,或阻碍锅炉安全性的改进与提高。我们把这种解释称为行为错误的"结果论"。

第二,违反了某些社会规则。例如,违反了 ASME 程序或联邦法律。我们可以把这种解释称为行为错误的"道德相对论"(因为一个行为在道德上是对还是错,完全是相对于社会所定义的对与错而言的)。

第三,引起反感的行为本身(假定在上述情境下),不论它实际的或可能的后果是什么,也不论它是否被某种社会规则所容许。例如,某种行为可能在道德上是错误的,仅仅是因为它是谎言或是对信任的背叛。这种解释有时被称为"道德绝对论",因为答案与这样或那样的社会规则无关。或许,称它为基于义务的(或"义务论"),误导成分会少一些,因为它直接依赖于对义务的考量(即使义务本身得到的辩护至少部分也是基于对这些义务的结果的全面考虑)。这些义务有时被称为"自然的"(或"绝对的"),以区别法律或社会规则强加的"传统的"(或"相对的")义务。⑬

在以上三种解释中,哪一种更适用于判断哈丁和詹姆士所犯的错误呢?让我们逐一加以分析。

[89]

后　果

哈丁和詹姆士的所作所为当然有后果。例如,M&M 在一本手册中印制了 ASME 4 月 29 日的答复内容,该手册的标题是"对手——他们是谁,如何打败他们"。这本手册于 1971 年下半年发到了销售员手上,它包含了米切尔对海丘勒吾延时性阻断阀的描述,并指出这种设备有"违抗 ASME 规范的意图,理应受到所有试图装延时性低水位阻断阀电路的人们的关注"。⑭ASME 的信函给予米切尔的观点以正面的支持,而且似乎也与海丘勒吾离开业界有很大关系。⑮

因此,一方面,哈丁和詹姆士的行为产生了不好的结果。他们的行为促使海丘勒吾离开业界,这对海丘勒吾来说是不利的。但另一方面,他们的行为却有助于 M&M 维持它在阻断阀市场的份额,这显然对 M&M 又是有利的。当然,对结果的评价远未止此。哈丁和詹姆士的行为还持续发挥着影响。海丘勒吾提起了诉讼。M&M 支付了 75 万美元才得以庭外和解。哈特福德公司也达成了庭外和解，赔给海丘勒吾 7.5 万美元。ASME 应诉，但败诉。法庭判决对 ASME 处以 750 万美元的罚款，相当于 ASME 年度预算的四分之三。诉讼对 M&M、哈特福德和 ASME 来说是很不利的，但对海丘勒吾却是有利的。ASME 上诉，虽未能推翻判决，但赢得了对于赔偿的复审。[⑯]案件最终以 ASME 同意赔偿 475 万美元而得以了结。海丘勒吾（或它的所有人）最后得到的可能比失去的更多（如果忽略相当可观的律师费），即使它在法庭上赢得的赔款远比它 10 年的利润还要多。但是，我们该如何综合考虑所有这些好的和不好的结果，从而决定哈丁和詹姆士的行为是否正确？他们的行为的好坏相抵吗（因为一方的所失意味着另一方的所得）？或总体结果是坏的，抑或是好的？结果论需要使用某种方法来平衡好的和不好的结果，从而得到一个综合的评价。那么，我们该用什么方法呢？

　　也许有其他结果可以帮助我们解决这个方法难题？当然有。例如，将海丘勒吾逐出业界可能会使我们失去一种新型的锅炉阻断阀，这种新型阻断阀的广泛应用也许将减少锅炉爆炸的可能性或提高锅炉的操作性（例如，减少阻断阀不必要的关启）。于是，将海丘勒吾逐出业界的后果将是十分糟糕的，其中的损失将远远超过给 M&M 或是海丘勒吾带来的利益。[90]

　　那么，海丘勒吾的阻断阀真的要比 M&M 的好很多吗？如果说这是一个必须首先回答的问题，那么对于哈丁和詹姆士的行为错在哪里的问题，我们就无法回答了。因为我们不知道答案，也不可能得到答案。实验室的检测仅仅是参考性的，而且我们现在也不可能进行很好的"现场试验"。

　　因此，我们基于海丘勒吾破产这一结果所作出的任何决定要么是依赖于受过良好教育的人的意见，要么是依赖于缺少可靠性的信息。受过良好教育的人的意见是指那些有经验、有学识的人作出的判断，在回答上面的问题时，他们能提供相对可靠的指导。当然，受过良好教育的人的意见也是有所不同的。在诉讼中，海丘勒吾和 ASME 都有外聘专家，一些人证实了海丘勒吾阻断阀的优越性，另一些人则证实了它可能存在的使用风险。[17]当外聘专家意见不一致时,我们自然会转向能整理各方意见并形成权威共识的专家群体。因为在这里关注的是锅炉安全,要寻求关于锅炉安全的权威性陈述,我们自然会求助于 ASME 的有关锅炉规范和委员会的权威解释。不幸的是,规范和委员会本身就是问题的一部分。

还可以考虑另一种方法。市场本身可能是我们所需信息的来源。在自由市场中的成功很好地证明了优胜者的产品要好于其竞争者(在较为完善的市场中的成功更是决定性的证明)。然而,M&M 的成功并不能有力地证明 M&M 的阻断阀比海丘勒吾的更安全。原因有二。第一,市场衡量的是价值,而不仅仅是安全这一个因素。一个产品的安全性可能不及另一个产品,但却有可能因为其他原因而卖得更好。例如,某一产品因低成本所节省的费用可能比因使用它而必须承担的高额保险费用要多。第二,海丘勒吾实际上是控告 M&M 用不公正的手段赢得了胜利。如果 M&M 确实操纵了市场,那么市场就不能告诉我们 M&M 的阻断阀是否总体上比海丘勒吾的要好。这样的市场判决并不是自由市场的判决。那么,M&M 操纵市场了吗?我们不知道。如果 ASME 4 月 29 日的信函是对规范的准确解读,而且规范本身正确,那么 M&M 利用那封信来诋毁海丘勒吾就不能说是不公正的(除非 M&M 获得信函的途径有问题)。其他情况也是一样的,信息不会扭曲市场。[18]

因此,对于海丘勒吾的退出是否有益于或危害于公共利益,我们似乎无法作出一个可靠的判断。如果是这样,我们也就无法对 ASME1971 年 4 月 29 日和 1972 年 6 月 9 日的两次答复的总体结果是否正确作出一个可靠的判断。缺乏了这样的判断,我们也就不能满足结果论的要求,即对于哈丁和詹姆士的行为错在哪里给出一个有说服力的解释。因此,要解决这个问题,我们似乎必须从以下方面入手,即指出他们违反了某种社会规则或者他们的行为与某些自然义务不符。

社会规则和个人良知

[91]　　"规则"(这里所指的规则)不仅包括那些被明确采纳的标准,还包括各种来自

实践的明显的行为标准(即所谓的"不成文的规则")。"社会规则"是因社会而异的,因为不同的社会会选择不同的规则(我把不因社会而变化的规则称为"道德规则")。我们可以指出,哈丁和詹姆士至少违反了三种社会规则: (1) ASME 规则; (2) 约束(美国)所有工程师的规则;(3) 联邦法律。让我们逐一考察这些可能性。

ASME 规则

哈丁或詹姆士违反了 ASME 规则吗? 哈丁确实与 M&M 的执行官会面并讨论了阻断阀问题,这个问题很可能转到他——暖气锅炉专委会主席的手上。他的确表达了自己对此问题的见解,也帮助起草了质询函,以获得 ASME 持相同见解的回复函。调查海丘勒吾案的参议院专门委员会认为,他的行为是有问题的,应该反对,但 ASME 的官员却不这样认为。例如,ASME "规范和标准研究部"的常务主任梅尔文·R. 格林(Melvin R. Green)为哈丁辩护道:

> 我认为你必须意识到你正试图通过书面形式确定某些信息,从而阐明章程中的某一条款。为了获得适当的解释,我真的看不出这么做有什么错。如果我是锅炉和压力容器委员会的秘书,有人打电话向我咨询,我在电话里答复他们后,他们又要求获得一份书面的答复,我也会写一份给他们的,以便向他们阐明章程的特定条款。[19]

因此,哈丁与 M&M 执行官的会面,以及他协助起草向自身所在委员会的质询,也许并没有违反 ASME 明确的或默认的规则。确实,这些行为似乎也符合 ASME 的一般程序。

哈丁的其他行为似乎也符合 ASME 的规则。正如前面提到的,如果哈丁认为他的答复是非常符合常规程序的(假定他的答复为"非正式意见"),那么他就有权答复 M&M 的质询。显然,他认为这一质询是非常符合常规程序的,正如章程所表明的那样。[20]我们甚至到现在也不能确定哈丁如此认为是否错误。暖气锅炉专委会和整个锅炉和压力容器委员会后来肯定了他最初答复的"意向"。正如 ASME 规则所要求的,哈丁确实是将答复作为非正式意见的。

哈丁没有向职业实践委员会透露他与 M&M 执行官的会面以及他在起草质询函中的作用,这也是事实。我们不知道他为什么不坦白这些事。最有力的解释是,他没有被直接问及这些事情,而且也没有他自己提出这些事的理由。如果 ASME 的一般程序是像格林所说的那样,那么职业实践委员会也许不会在意哈丁在起草最初的质询中所发挥的作用(因此,他们也许认为没必要为此举行听证)。的确,格林告诉参议院专委会,他认为,即使考虑到专委会所公布的情况,哈丁的行为也是完全合乎道德的。㉑

[92]

詹姆士的行为似乎与 ASME 的规则也是一致的。就詹姆士在 4 月 12 日质询函中的谦卑姿态,格林是这样为其辩护的:

> 噢,在这里,我要再次说明的是,你必须理解自愿标准系统。许多人花费大量时间服务于规范,试图使自己的行为符合规范。他们(生活中)的另外角色是服务于政府机构或受雇于企业。如果收到(或起草)来自该政府机构或受雇企业的质询,他们将联系(机构或)公司里的助手,由他们签署质询函并将之发送出去……这只是一个按部就班的程序问题。㉒

换言之,让别人签字是詹姆士在暖气锅炉专委会的工作方式,这与他在 M&M 的工作方式不同。他起草或不起草质询函与收到的复函内容应该是无关的。由专委会副主席的名义签署的质询函具有一定的权威性,而如果由米切尔签字,那么这种权威性将丧失。詹姆士应当签署这封质询函吗?没有哪一项 ASME 规则要求他这么做。的确,格林的意思似乎是,倘若詹姆士签署质询函真的是违反了惯例,那么 ASME 就应该谴责他,因为詹姆士没有"按部就班"。因此,即使是按照 ASME 的惯例,也没有理由要求詹姆士向 ASME 职业实践委员会通报他在起草最初的质询函中的作用。

那么,詹姆士在起草 1972 年 6 月 9 日的 ASME 的正式意见中发挥了什么作用? 同样,詹姆士的行为似乎也是 ASME 规则所允许的。尽管协助起草了质询函(就好像,他是在为一个公司服务,而这个公司可以从答复结果中受益),但该答复还需要经过审核,所以一个专委会主席通常也不会因此而被赶下台。根据霍伊特的说法,詹姆士辞职仅仅是由于海丘勒吾的来信抱怨 ASME 企图破坏新产品。对于詹姆士协助起草 6 月 9 日给海丘勒吾的答复,霍伊特说"那是完全正常的,因为主席是最合适的人选,这是基于他的资历经验,而且主席也最清楚专委会的意向"。[23]格林同时指出,詹姆士"只是试图在措词上帮点忙,以便更好地阐明主题"。[24]格林想说明的无非是,詹姆士没有什么行为是与 ASME 的条例背道而驰的。[25]

NSPE 的伦理章程

哈丁和詹姆士的行为没有违反 ASME 的规则并不意味着他们的行为在职业上是恰当的。作为工程师,他们的行为也要接受全国职业工程师协会(NSPE)伦理章程的评判。至少可以说,到现在为止,这些规范还是为工程师提供了一份明确的行为标准。(与许多其他工程社团一样,ASME 也有自身的伦理章程,它主要依据的是 ABET 的章程,但在当时该章程还没有关于利益冲突的一般性条款,它对自身条款的解释也与 NSPE 的相差无几。)粗略阅读一下 NSPE 的章程,会发现哈丁和詹姆士违反了诸多条款。[26]但是仔细地看下去,会发现事情并没有那么简单。让我们逐一考察那些可能有关的条款,先从最明确的开始。　　［93］

"忠实的代理。"参议院调查海丘勒吾案的专委会指出,哈丁和詹姆士都犯了错,因为他们在利益冲突的情况下没有停止自身的行为。某联邦上诉法院持相同的观点。[27]NSPE 伦理章程 III.5 段落特别谈及"利益冲突"。其中写道:"工程师在履行其职业责任时不应受到利益冲突的影响。"这似乎已经足够清楚了,但章程为这种利益冲突所给出的仅有的两个例子是:(1) 工程师"不应该接受来自材料或设备供应商的经济或其他形式的报酬,包括免费的工程设计,从而指定使用他们的产品";(2)"工程师在自己负责的领域联系相关事务时,无论是直接地还是间接地,都不应该接受来自承包商或其他涉及客户或雇主的当事人的佣金或津贴"。因此,如果这就是 NSPE 所谓的利益冲突的全部含义,那么哈丁或詹姆士都不存在利益冲突。他们没有从材料或设备供应商那里获得报酬而指定使用该供应商的产品;他们在与自己负责的领域处理相关事务时,也没有接受任何佣金。有什么理由可以将对于"冲突的利益"(或"利益冲突")这一术语的理解局限于类似 III.5 段落明确列出的例子上呢? 总不能仅仅基于这部分的字面来理解吧? 我们必须有更深入的研究。

Ⅱ.4 段落也涉及了大部分人认为的有关利益冲突的内容:"工程师应该作为忠实的代理人或受托人为雇主和客户从事职业事务。""忠实的"代理人或受托人允许出现哈丁和詹姆士这样的行为吗? 这里实际上涉及了三个问题:第一,当存在如哈丁和詹姆士所遇到的这种利益冲突时,我们还能是一个忠实的代理人或受托人吗? (当然,根据伦理章程对利益冲突的定义,我们还不能得出哈丁或詹姆士已经卷入利益冲突的结论。)第二,如果真有这样的冲突,一个忠实的代理人或受托人该怎么做? 第三,哈丁或詹姆士的行为有区别吗?

Ⅱ.4(a) 段落至少提供了对前两个问题的部分回答:"工程师应公开已知的或潜在的利益冲突,及时向他们的雇主或客户申明,申明所有影响或可能影响他们判断或服务质量的任何商业联系、利益或其他情况。"因此,Ⅱ.4(a) 段落所理解的"利益冲突"包括了比 III.5 段落提及的两个利益冲突例子的更多的内容。利益冲突可能是指,能够影响或可能会影响工程师判断或服务质量的任何的商业联系、利益或其他情况。在这个意义上,哈丁和詹姆士都卷入了利益冲突。对于阻断阀质询函哈丁给出了非正式的意见(也许他并没有得到报酬),因此人们可以合理地推断这个行为会影响到他后来正式答复时的判断(而且,因为可以合理地推断出,所以至少看起来会受到影响)。同样地,詹姆士很难保证他在 1972 年 6 月 9 日 ASME 信函中所发挥的作用没有部分地受到利益的驱动,因为怎样准确地措词似乎会关系到他所在公司的前景。㉘

[94]

然而,Ⅱ.4(a) 部分并不是要排除利益冲突。它所要求的只是忠实的代理人或者受托人要向雇主和客户申明各种冲突。一个忠实的代理人或受托人可以有利益冲突,但当他向雇主和客户申明了冲突后,他仍然是忠实的。

我们能从这些规则中得出什么结论呢? 哈丁和詹姆士似乎都没有向他们的雇主(M&M 和哈特福德)隐瞒利益冲突。但是,他们的确对 ASME 隐瞒了冲突(至少,他们没有向 ASME 的任何人申明)。因此,当且仅当,哈丁和詹姆士作为自愿者在 ASME 的一个委员会里"从事职业事务"时,并且 ASME 是他们的"雇主"或"客户"时,根据Ⅱ.4(a)——及Ⅱ.4 条例整体——才可以谴责他们。但是,当他们在工程社团做不计报酬的自愿者时,称他们在从事"职业事务",合理吗? (如果是职业行为,不是都必须付费的吗?)还有,称 ASME 为"雇主"或(更可能称为)"客户"合适吗?

以上的章程无助于这些问题的解决。在"忠实的代理人或受托人"的其他例子中,Ⅱ.4 段落只有两点值得一提。Ⅱ.4(d)段落写道:"在其作为成员、顾问以及政府机构和部门雇员的公共服务中,工程师不应参与由他们自己或其组织在个人或公共工程事务中提供的与服务有关的决策。"Ⅱ.4(e)部分还补充道:"如果工程师所在组织的主要领导是政府机构中的成员,那么工程师不应索求或接受来自于该政府机构的合同。"至于职业社团和其他非政府机构,Ⅱ.4 段落没有涉及。

从这两个成为忠实代理人或受托人的例子中,我们只能得出一个有关利益的结论:"雇主"和"客户"可能有足够的区别,因而可以合理地认为 ASME 是哈丁或詹姆士的"客户"(尽管从最严格的意义上说 ASME 不是他们的雇主)。虽然Ⅱ.4 段落只提到了"雇主或客户",但是在(d)中却提到了作为"成员"或"顾问"而"服务"于政府机构(也提到了作为"雇员"而"服务"于政府)。因此,如果工程师是政府机构的成员(甚至是其不计报酬的顾问),尽管他不是作为工程师被雇佣——即作为工程师而获得报酬,但是这一机构仍然是他(在一定意义上)的"客户"。另一方面,在章程的这个段落中,"客户"也可以被理解为"雇主",因为在很多时候是他们付给工程师报酬,让其从事职业活动,为他们服务(例如,当他为雇主的顾客服务时)。

Ⅱ.4(e)段落并没有帮助我们澄清想要解释的东西。根据(e)，如果工程师为政府机构服务，而又索取或接受了该政府机构的职业合同，那么他就犯错了。但是该条款并没有告诉我们为什么这样做是错的。不应索取或接受这样的合同的理由至少有两个，主要在于对"客户"的不同理解。一个理由是，这样做将不能使工程师成为政府的忠实代理人或受托人，因为他有可能利用某些人或政府的有利地位，政府原本就是他的客户（因为他为政府的某个机构服务）。另一个理由是，这样做也将不能使工程师成为私人客户的忠实代理人或受托人，因为工程师可能会滥用公众的信任，来为客户获取政府的合同，这种冒险行为将给客户带来麻烦。Ⅱ.4(e)段落没能帮助我们理解，服务于政府机构——并以此类推，服务于 ASME 委员会——是否是"职业"行为（然后再怎样理解忠实的代理人或受托人的这个职责）。例如，协助委员会起草一封信函是职业行为的表现吗？

[95]

各种各样的条款。章程中另外三项似乎相关的条款其实并没有多大帮助。Ⅱ.3(c)段落写道："在由相关利益方授予或付费的事项中，工程师不应发表技术方面的陈述、批评或论证，除非在发表自己的意见前，他们明确地表明自己所代表的相关当事人的身份，并且揭示在其中可能存在的利益关系。"这一段落当然会对哈丁和詹姆士的行为予以谴责，例如，哈丁作出那样的答复，原因就在于他希望对雇主有利（或他希望证明自己还有特别的用处，从而推迟从 M&M 的退休）。哈丁和詹姆士的陈述得到了利益方的"授意"（假如不是"报酬"），而他们并没有坦白这个利益方。但是，我们也可以假定哈丁和詹姆士的行为都出自于良好的动机，也就是说，他们的行为没有获得利益方的报酬或没有得到任何授意，而是出于对公共安全和福祉的关注。假如这样，那么章程Ⅱ.3(c)段落就不能帮助我们确定哈丁和詹姆士错在哪里。

相比之下，Ⅱ.1 段落似乎对我们更有帮助，因为它更一般化。它写道："当处理与各方的关系时，工程师应以正直的最高标准作为指导原则。"Ⅱ.1(f)段落举例进一步说道："工程师应避免参与任何以牺牲职业尊严和正直为代价而推进个人利益的行为。"这两个段落似乎更相关，如果哈丁和詹姆士就自己的意图、在

M&M 质询函中的利益以及在 ASME 答复中的作用对别人进行了不当的误导,那么他们就并没有以"正直的最高标准"为指导原则。此外,如果他们的所作所为是为了取悦于他们各自的雇主,那么他们就是以损害 ASME 的尊严、进而是整个职业团体的尊严为代价而推进自身的利益。但是,如果哈丁和詹姆士的所作所为并非"不当",那么他们的行为仍然符合"正直的最高标准",并且没什么伦理规范可以谴责他们。因此,他们的行为到底是否恰当,这取决于"正直的最高标准"是什么。我们必须从章程的其他地方寻找答案。

　　Ⅱ.3(a)段落似乎提供了这样的指导。这一部分写道:"工程师应避免使用歪曲事实的陈述,同时不可省略必要的事实材料,以免陈述被误解。"哈丁和詹姆士都省略了对事实的必要陈述,而这会导致他人(如职业实践委员会)得出错误的结论(例如,哈丁没有参与最初质询函的起草或詹姆士没有参与 1972 年 6 月 9 日答复函的起草)。但这些事实是"必要的"吗? 也就是说,这些事实是必须要揭示的吗——以防人们得出错误的结论,人们本来是有权根据事实来反对结论的(例如,人们会得出哈丁和詹姆士行为得当的结论,但事实上并非如此)? 事实是否"重要",这取决于最终得出的结论会是怎样的,不是吗? 假如哈丁和詹姆士没有公开的事都被曝光了,在这种情况下人们认为哈丁和詹姆士的行为恰当,那么我们还会认为这些原本没有公开的事是"重要"的吗? 好像不重要了。因此,只有知道了他们的行为是否得当,我们才有可能知道他们的行为是否遵循了"正直的最高标准"。求助于 NSPE 规范似乎把我们引入了死胡同,正如求助于实际的或可能的后果一样。 [96]

　　但这不完全对。我们还可以转一个弯。书面规则是很少能自我解说的。我们必须对规则的"文本"进行"精神"的解读——即隐含的目的、政策和原则,我们可以利用这些来理解规则的确切含义。例如,要理解一般"利益冲突"所排除的是什么,我们就需要知道禁止这种利益的社团是如何理解利益这个词语的。我们也需要知道作出禁止的理由有哪些,以及规则应该如何解读才符合该团体的意图。

　　作为权威的 BER。我们该向哪里寻求帮助以解释 NSPE 的伦理章程呢? 有一个可去之处就是 NSPE 的道德评价委员会(BER)。这将给我们带来最难的问题,即提供"什么导致了行为错误"的相对主义解释。要是我们认为 BER 的解释不令人信服,那该怎么办呢? 要是我们认为工程师不应按 BER 的要求去做,又该怎么办呢? 我们是否有必要误解章程的含义,或是误解工程师的正当行为? 对此,相对主义的答案较为简单。如果正确的行为就是适当的社会规则所允许和要求的行为,而如果适当的社会规则就像权威解读的那样,那么,我们不同意 BER 对章程的解读就必定是错误的。[29]BER 是解读规范的权威(因为 NSPE 给予了它这样的权威)。我们不赞同为本案中社团说话的那些观点。

这正是道德相对论的问题所在。BER(甚至作为整体的 NSPE)当然也会犯错。例如,BER 发表了以特定方式解读章程的观点。比如说"严格解读",那么大家也许会认为实际上章程就是应该这样来解读的。但大多数人仍然会认为,像本案这样的案例,章程不应被严格解读。章程究竟应该怎样解读,BER 最终也可能改变它的观点(或通过改变成员的组成而改变解读的方式)。即使 BER 没有改变它的解释,NSPE 还可以通过改变章程本身来避免这样的"严格"解读。如果 BER(或NSPE)的看法也有错误,那么我们肯定需要有 BER(或 NSPE)规定以外的标准来说明工程师应当怎么做,而这样的标准是超越这个或那个工程社团偶然提到的、论述的。这样的标准会是怎样的呢?

[97]　作为权威的良知。通常会给出的一个答案是"个人良知"。(据说)我们天生就有是非感。我们只需按照"自己认为是对的"原则来行事。我们必须做自己"觉得"正确的事情,而不论别人怎么想。这就是我们所能要求自己的,我们彼此也应该这样要求。就是说,正确的行为简单说就是个人觉得是正确的行为。

尽管这种以个人良知为标准的方式和以社会规则为标准的方式似乎是南辕北辙,但两者实际上是相似的。如果以社会规则为正义标准的方式可以准确地描述为"以集体为中心的道德相对论",那么,以个人良知为正义标准的方式可以同样准确地描述为"以个人为中心的道德相对论"。

以个人为中心的道德相对论(或"主观主义")并非没有吸引力。我们都知道,个人不能与外界完全隔离开来。每个人都应该根据自己的选择来行事,并且每个人都应该根据自己的标准来选择。我们有什么权利去要求一个人做他认为是错误的事情? 我们常常不会用自己的标准来衡量其他人的道德正直感。我们有时会让别人做一些我们认为是错误的事情,因为每个人都"有权"做自己认为是正确的事情。我们有时甚至会原谅错误行为,因为他们所做的是"说得通"的。然而,至少有两个理由可以否定把个人良知作为(道德上)对与错的最终标准。

一个理由是,这种相对论将使个人不可能犯错,只要他认为他所做的是对的。如果判断对与错的最终标准变成了行为者个人的看法,取决于他的"感觉",那么某一行为(在行为者)看起来是正确的,还是的确是正确的,这两者之间的区别就消失了。一个人只要对谋杀的场面不感到恐怖,行使谋杀后没有懊悔或愧疚感,(根据以个人为中心的相对论)就足以表明他没有做错。一个人的道德麻木感将成为他行为正当性的保证。这当然与我们所理解的(道德上)对与错不一致。

另一个理由与第一个有关。在本章开头我们假定了所有卷入海丘勒吾案的工程师都出于良好动机,也就是说他们都认为自己的行为是正确的。没有证据显示他们中的任何人事前有良心的不安或事后有懊悔的感觉。如果我们接受以个人为中心的道德相对论,我们就得同意格林对参议院调查委员会所作的总结陈词,这些陈词是解释哈丁和詹姆士行为正当的最后陈述。"每个工程师都按伦理章程工作,"他解释道,"我认为在当时的位置上、在当时的境况下作出怎样的判断取决于工程师自己。"㉚哈丁和詹姆士作出了他们的判断,而且(根据格林的观点)那就是我们要求他们做的。

这样一来,以个人为中心的道德相对论从一开始就切断了关于伦理的讨论。只要哈丁和詹姆士按他们认为是最好的方式来行事,那么对于他们的行为,就没有什么好指责的。的确,即使他们事先咨询了该怎么做,能给他们的最好建议也就是:他们认为怎么合适就怎么做,不管这合适指的是什么。如果还有更多要告诉他们的,那就是若我们处在他们的位置上我们该怎么做,而不是说他们该怎么做。以个人为中心的道德相对论使得进行(道德上)对与错的最合理的推理成为孤立的、无意义的行动。事实上,如果说 BER(以及所有建议别人该怎么做的社团)的工作有意义,那么这意义也仅仅在于帮助某人形成某些判断,而不管这些判断是什么。也许询问 BER 就像掷骰子一样。这似乎也与我们所理解的对与错不一致。

[98]

法　律

从以集体为中心的道德相对论出发,似乎只要求助于 NSPE 规则或概括性更强的社会规则,如联邦法律,就可以解决上述问题。但事实并非如此简单。所有的问题仍然存在。这里涉及的法律是《谢尔曼反托拉斯法》(Sherman Anti-Trust Act),它禁止"(不合理的)贸易限制"。"不合理的"是一个留有许多解释空间的词语,在解释 NSPE 伦理章程时我们已经遇到过这样的问题。当然,法院是解释法律的权威(正如 BER 是解释章程的权威)。但是,尽管有这种权威,法院的解释也不总是正确的(并不比 BER 更需要这样的正确性)。法院不仅有时会改变观点和"打破"先例,而且他们制定的规则也可能遭到立法机构的否决。告诉法院他们犯了错误而且要求他下次改正,这并没有什么不合理。同样,告诉国会,他们通过某部法律是错误的,也没有什么不合理。对与错的标准看来是独立于某一社会的特定规则的,即使这个社会就是整个国家。如果我们要解释哈丁和詹姆士做错了什么(如果有错的话),我们最终必须求助于这样独立的标准。

自然的标准

在社会规则之外,对与错的标准可能有哪些? 传统的答案是"理性法则"(或"自然法则")。什么是理性法则? 就我们的问题而言,它可以被粗略定义为:理性法则是一种陈述,它指明了一个人的行为应该是所有理性的人都支持、提倡、认可的,或者是被约束的(至少以特定方式理解该法则时会觉得是约束的,例如,要公平、要冷静、要在最理性的时刻处理事情)。这样的法则有很多。例如,算术法则(在这种定义上)就是理性法则。算术法则表达了所有理性的人都认可(至少在人们足够的思考后会认可)的标准,即加、减、乘、除的方法,一个人要想得出其他理性的人都认为是准确的答案,那么他就得认可这些标准。审慎法则,尽管不同于算术法则,同样也是理性法则。审慎就是指选择最有利于整体长远利益的行为。所有理性的人都认为其自身利益是与他决定做什么相关的(但不一定是决定性的)。[31]

理性的人支持、提倡、认可或承认理性法则,仅仅是因为有好的理由这么做。(有好的理由的行为构成了大部分的理性行为。)因此,换一种方式来理解,理性法则就是,在考虑了所有的情况后,它比其他任何选择有更好的支持性理由。理性的人支持、提倡、认可或承认特定的法则为理性法则,并认为这些法则是具有约束性的,至少部分是因为相伴的证据和论证支持把这些法则看做是具有约束性的(而不是其他的选择)。[99]

在这些理性法则中,对我们来说最重要的是道德法则。那么,什么是"道德法则"? 道德法则,按我们的理解,就是指导理性的人的行为准则,是每一个理性的人都希望其他人遵守的法则,尽管这意味着他自己也必须遵守。[32]道德法则不一定要表达人们实际上做了什么(除非他们是好人)。道德法则仅仅告诉我们,理性的人有好的理由希望彼此都应该做的事,即理性的人的总体利益要求他人这么做,而不论他自己是否遵守了这个法则。与算术法则和审慎法则不同,道德法则预先假定,如果选择了某种行为,那么理性的人可以相互帮助或相互伤害。道德法则提出了对待他人的要求,即把人看做人,这是我们的"自然"义务。[33]

但是,我们必须仔细区分一般情况下支持、提倡、认可或承认道德法则的理由(它们的证词),以及我们作为个体遵守或忽视这样或那样规则的原因(我们这样做的理由或动机)。对道德法则的辩护要从每个人的利益出发。但实际上人们按道德的要求行事(当他们这样做时)却是出于诸多理由的。有些人因为从小就被教导这样做并且不这么做就得不到支持,他们的道德行为在于他们具有良好的道德品质。还有些人是因为他们希望别人好,他们的道德行为在于他们具有利他或博爱等特殊品质。另一些人只是努力做自己认为对的事情(并且成功了),尽管受到错误行为的诱惑,他们的道德行为在于坚持道德的正义性。还有一些人是因为害怕被批评、被监禁或是激怒神灵,他们的道德行为在于谨慎。

　　大部分人采取道德行为的动机可能是以上这些因素或其他因素的综合。只要人们按要求去做(有恰当的意图),他们的行为就是对的,于是他们的动机就只与他们的品格或道德取向相关。然而,如果他们做错了事,那么他们的动机与什么相关就要另当别论了。"他认为好的"并不能为某一行为辩护(即不能证明该行为是正确的),但却给出了理由让人们不重重地责备他,而这样的责备在其他情况下则是恰当的。例如,一个为了家人而去偷面包的小偷,与偷了同样数量的面包而去打赌的小偷相比,或与想体验犯罪快感而偷面包的小偷相比,会得到较少的指责或惩罚。因为为了家人的动机从某种意义上说是好的,而打赌或寻求快感则不是。

　　道德法则在某种意义上是绝对的,即它们优先于任何与其冲突的考虑。不过,这种优先性也是有局限的,比如,它们实际上是一个理性人的故意所为。道德法则的优先地位,是经过一个甚至是最理性的人的深思熟虑后才获得的,这期间必然会涉及其他的考虑。(例如,尽管我会给人留下不信守诺言的印象,但我可能从对你食言中得到好处,是选择一般情况下的信守诺言,还是像上面那样撕毁诺言,这要从我自身的利益出发。)另外,虽然我按照道德的要求做了,但可能损害其他人的利益,在此意义上,道德也没有优先权。因为没有理由那么做。(例如,违背一个与道德有关的诺言——会给他人带来巨大的伤害——并不一定是非理性的,即使我违背诺言的唯一原因是守信比食言失去的更多。)道德法则的优先性表现在: 我们希望一般情况下它们是优先的;我们希望每一人都接受这样的教导,即无论何时道德法则总是优先的;我们通过谴责那些不将道德法则摆在优先位置的人来促使道德法则优先性的实现;等等。从这个意义上说,道德法则的绝对性实际上是人为制定的。

　　然而,在以下两种意义上,道德法则也不是绝对的。首先,在我们说"有理由

[100]

要求"人们给予其优先权时，它们不是绝对的。事实上并没有那么多的理由。道德法则是每个人都希望别人去遵守的规则，但并非必然是每一个理性的人——只因他是理性的人——自己想要遵守的规则。遵守这些规则并不是规则本身的必然要求（除非他是品性良好的人）。例如，当我艰难地信守诺言时，我倒希望没有作过承诺，我通常这么做并不是因为理性地"想这么做"，而是因为我"必须"这么做。理性要求道德法则优先于其他的考虑（因此是"绝对的"）只是从"道德观"的角度出发。（道德观是理性的人看问题的方式，在处理人与人之间的关系时，理性的人用这种观念来指导他们的行动。）只有谨慎的人（不会被善行和他自身的道德尊严所打动的人）在违背诺言时还可以保持理性——假如他能逃脱惩罚——尽管对于品性良好或志存高远的人来说这么做可能是非理性的。品性良好或志存高远意味着对理性的要求是不一样的。[34]

　　由此可以引出第二个理由说明道德法则不是绝对的，即它们并非毫无例外。[35]例如，"不要杀人"的法则更好的表述是"不要杀人，除非……"。尽管所有理性的人都认为杀人一般是应被禁止的，但很少有人（如果有的话）会认为所有的杀人行为都应被禁止。也许最容易举出的例外就是自卫杀人。如果我们通常禁止杀人是因为我们害怕通过他人之手而导致的非自愿死亡，那么，自卫杀人这个例外可以通过非常类似的理由得到辩护。自卫一般是用来抵抗那些违反杀人戒律的人的，是为了阻止那些破坏规则的行为，使破坏规则的行为承担更大的风险，如果具有良好品性或道德正义感的人出于自卫而杀人了，那么为自卫而辩护就是使他们的良心不安感减少，理性地保护了生命安全。道德法则出现例外将有助于我们更容易地采取正确的行为，以避免道德与审慎之间可能出现的冲突。

　　我们探讨正确与错误的标准是为了评价哈丁和詹姆士的行为，以此来质问他们的行为在道德上是否有错误。现在我们必须确认的答案是：他们确实做了道德上错误的事情，因为利益冲突导致他们的行为在道德上是错误的。既然 NSPE 章程禁止一般的利益冲突，那么确证上述答案实际上就是要确证特定的对章程的解读方法。[36]因为对道德规范的考虑是优先于其他考虑的（在前面解释过的那种意义 [101]

上),所以这个答案也将优先于其他已考虑过的答案,尽管后者并没有被证明是非决定性的。

利益冲突在道德上有什么错误?

NSPE 伦理章程的Ⅱ.4(a)段落隐含着对利益冲突的某种理解。我们先来尝试一些更直白的理解:一方面,工程师为"雇主"或"客户"而工作;另一方面,工程师应形成对某种质量的"判断"(或提供某种"服务"),而这种质量可能受到某些商业关系、利益或环境的影响(往坏的方面说)。这种针对章程的"判断"(或"服务")是工程师"从事职业行为"时所提供的判断(或服务),即在他行使作为工程师所具有的特殊技能、权力或权威时的判断或服务,而不只是,比如说,作为公民、商人或雇员时的判断。尽管工程师有能力作出这样的判断,但他们有时还是会放弃,因为存在利益冲突。工程师的判断会受到不恰当考虑的"影响",至少看起来会这样。我们有理由认为,虽然他们有(作为工程师的)技术、能力和权威,但他们可能不能成为"忠实的代理人或受托人",因为通常"忠实的代理人或受托人"应当为雇主和客户谋取利益。

NSPE 章程将关注点局限于"职业行为"上,而这一限定意味着工程师即使在不作为工程师时也存在利益冲突。该章程对利益冲突似乎采取了一种比工程伦理更概括性的分析。它给利益冲突的注释,似乎包含着这么一层意思,即任何一个理性的人都应理解,不论他是否是工程师。因此,让我们先来看一看这个对利益冲突的概括性分析,看它是如何在一个我们都熟悉的案例(对此案例我们已持有比较确定的观点)中起作用的,以确保这种对章程的分析和说明是我们所能接受的(如果确实是有道理的)。然后,我们再试图理解这种分析如何解释哈丁和詹姆士的问题。

对利益冲突的概括性分析

我们可以把章程中对利益冲突的分析归纳如下:

利益冲突是指以下任何一种情况：（a）你（或者说，一名工程师）处于和他人的关系中（例如，他人是你的客户或雇主），这就要求你代表他人行使你的判断；（b）我们有充足的理由认为，尽管有能力提供这种判断，[30]但由于某些特殊的利益、职责或你关注的其他东西，你也许没有做你应该做的（例如，做客户的代理人或受托人时没有表现出应有的能力）。[31]

这种分析总体来说符合我们对利益冲突的既定观点吗？我们能为那些观点提供道德上的辩护吗？让我们先来看一个与工程无关的但相对清晰的利益冲突案例。 ［102］

假设一位法官要审理一桩有关两个大公司之间的案件，他是公认的好法官，也是这类案件的法律专家。同时，假设他持有其中一家公司的大量股份。按照我们对章程的分析，他处于利益冲突中吗？答案似乎是肯定的。他处于和他人的关系中，这个他人需要他作出判断。作为法官，他应该先考虑利益冲突的问题，然后再考虑该案件适用哪条法律。他应当对当事双方作出公正的判决，但我们也有充分的理由认为他不会这么做。现在的情境是，尽管他绝对胜任这类案件，但是他还是有可能不会作出他应有的判断。他在其中一个公司的利益也许会使他的判决偏袒于该公司。钱是会说话的。

当然，不能保证他一定会这么做。例如，这个法官可能会任由自然的偏好来决定案子，也可能会"拼尽全力"消除偏见的影响。但是，即使他事实上消除了偏见的影响，他或其他任何人又如何能知道他已成功地做到了这一点？这种偏见并不属于法官日常所能抵制的那种偏见。消除金钱利益的影响并不包含在一般的司法训练和技能中。如果法官说他的判断已经消除了利益的影响，这样的话我们是不能绝对相信的，因为这句话本身也会受到同样的利益影响。他也不可能以其他方式说明他已成功消除了利益的影响。判断，在部分意义上，是对争论问题提出的一种非正式的观点，而并没有实用的方法可以用来检验这样的判断是否受到了利益的影响。(如果有,我们就可以用书记员来代替法官了。)当然,我们可以把案子拿给别的法官看,现有的证据与他看见的一样,让别的法官也来阐述自己的观点。假如可以排除这种做法的不切实际(为什么不直接换掉他),这样的双审只不过让我们看到了别的法官的意见。我们可以知道别的法官同意或不同意他的观点,但是我们仍然无法知道他是否成功地消除了利益对他判断的影响。因此,问题还是存在的,即我们仍然不知道在有利益或无利益的情况下,他的判断是否会有所不同。所以也就不能证明他拥有股票不会影响到他的判断。即使他以所有正当的理由"正确地"断案了,但他仍然有利益冲突的问题。

利益冲突可以不是"实际的利益冲突",而仅仅是表象。如果当事方有足够的信息证明,在当时的情况下,该利益没有左右判断,那么这种利益冲突才"仅仅是表象"。因此,在我们这个例子中,如果法官不再持有股票;或即便持有,但他也不知道自己持有,因为他的资金是委托他人管理的(他不知道他是否买了股票,或买了什么股票),那么我们就可以排除掉"实际的利益冲突"。

回应利益冲突

[103]　　利益冲突就像灵敏测量仪中的污垢。正如希望测量仪可靠一样,理性的人也希望他们所信赖的判断中不涉及利益冲突(就实际可操作性来说)。例如,我们通常希望该法官能回避这个案子(或在审理前卖掉他的股票),而不是希望他"拼尽全力"去弥补可能的偏见,因为我们无法知道这种努力何以奏效。他是否尽力了?还是尽力过头了?

如果这就是利益冲突,我们该怎么办?大多数的利益冲突是可以避免的。我们可以小心地不让自己陷入这样的境地,即负面的影响或既得的利益会妨碍我们去做应该做的事。但是不管我们多么留心,我们总还是会有闪失。我们与他人的关系错综复杂,以至于我们不能明了其中所有的脉络。我们不可能总是预见到它们的相互影响,也就不能预先采取措施以避免所有的利益冲突。但是,尽管不能避免所有的利益冲突,但是我们总能回避它们。我们可以终止合伙关系,将自己与利益脱离开,或远离那些可能影响我们判断的因素。

但这样做是否总是可行? 如果一些人由于利益关系而使他们的判断变得不那么可靠,那么我们真的会因此永远不再需要他们的服务吗? 是否应该绝对禁止利益冲突下的行为? 这些问题并不棘手。再想一下前面所谈到的法官。假定在他退休之后,两公司又发生了类似的争端,但是这一次他们同意仲裁而不是诉诸法院的判决。他们找到了这位法官,因为他前一次的回避赢得了良好的声誉和正义感。这时,他还没有卖掉股票。那么我们是希望他拒绝出面仲裁,还是希望他卖掉那些可能导致判断有偏见的股票?

有人可能认为答案很明确:是的,他应该拒绝或卖掉股票。毕竟,人们认为持有股票仍然会影响到他的判断,而人们又希望仲裁者能和法官一样提供不偏不倚的判断。另一方面,这两个公司也许愿意冒这种影响的风险,从而受益于法官对问题的独到见解(正如我们宁愿使用灵敏的但可靠性稍差的测量仪,也不愿使用那种完全可靠但对我们的测量数据来说太粗糙的测量仪)。禁止利益冲突的一般原则是为了保护那些合理地信赖他人判断的人。但如果这种保护会使得情况恶化,同时也存在某些方法可以提供同样的保护而避免情况恶化,那么,在一般的禁令之外难道就不能有例外吗? 就像自卫杀人是一般杀人禁令的例外一样。

再来看一下这位退休的法官,假设他这样推理:"当我还是一名法官时,我不同意这样的安排,因为公众与案件双方都信赖我的判断。我对该案的裁决将成为先例,但现在并不存在先例的问题了,因为除了这两个公司之外,没有人会依赖于我的判断。这两个公司找到我,是因为他们信任我,也因为他们想省钱。他们并没有询问我是否仍然持有股票。很明显,他们对此不在乎。如果现在卖掉股票,那么我的损失将会很大,也许比他们愿意支付的审理费要多得多。所以,我必须保留股票。但是,即使我持有股票,我也会秉公处理。我很确信这一点。因此,在不存在纷扰的情况下,我没有理由拒绝该项工作。"

[104]

　　法官这样的推理有问题吗？当然有问题。他似乎太自我了。他认为两个公司不问他股票的事是因为他们不在乎，而不是因为，比如他们忘了此事或是希望法官自己通报（如果他仍然持有股票）。他还认为，尽管存在利益冲突，他还是会作出公正的判断的；而不是把该案件交给他原来的单位，他只是原单位的代理人或受托人。他自认为他们愿意冒风险（不论他多么地"确信"，但他仍有很大可能会犯错）。一句话，他的推理是"专制的"。他假定一个理性的人（没有在他人知情同意的情况下）可以决定他人生存的重要方面，这在道德上是允许的，因为他认为自己至少和其他人一样有能力判断这些事情。

　　但是，法官推理的错误是显而易见的。每一个理性的人都想根据自身的好恶观念（他有对自身利益的判断，知道如何平衡这些利益）来生活，而不是根据他人的。我们不希望由他人来决定什么是对我们自身更好的，好像他人比我们自己更了解似的。即使他人确实更了解，而且他人的决定也不会给我们带来任何重大的损失与风险。而在通常情况下，他人没有我们那样了解我们自己，而且他人的决定会给我们带来很大风险，我们就更不希望了！因为这是所有理性的人都会反对的事，理性的人谁会愿意出于对他人的良好愿望，但却没有征得他人同意，就把风险加在他人头上，这种行为一般情况而言在道德上肯定是错误的。

　　因此，在这位退休法官同意对案件进行仲裁之前，他应公开他的利益冲突。的确，他应公开任何可能引起怀疑的信息，不然人们就会怀疑他不能按双方所希望的那样进行判断。虽然他可以向他们表示，他认为自己可以克服这一冲突（因为他确实是这么认为的）；但他必须保证他们完全知晓所存在的利益冲突，并保证他们完全愿意接受这样的风险，即把案件交给这样一个有缺陷的仲裁者。只有做到了这些，他才能合理地认为，如果他们仍愿意仲裁，那么这个裁决将是"他们的，而不是他的"。也就是说，这样的结果是他们被告知信息后的判断，而不是他没有告知信息的结果，否则他们会认为这样的判断与没有告知的信息有关。公开这些信息还有一个好处，即法官可以和两个公司讨论如何弥补他可能会因偏见而出现的过失。

至此可以总结：利益冲突存在于，当(a)他与他人有关系，而这种关系使得他人有理由相信他的判断会影响到他们的利益，(b)他所具有的利益会干扰他作出适当的判断。一般来说，我们应避免利益冲突；如果不可避免，应尽快终止相关行为。但在特殊情况下，利益冲突也是可以容忍的，只要有益于那些依赖对该问题判断的人，但只有当所有信息都向那些人公开了，而且那些人理性地认为这些利益无关紧要时。公开信息并不能终止利益冲突，它能终止的是被动的蒙蔽。当一个人的判断比事实上的判断看起来更可靠时，就存在这样的蒙蔽。㉟

[105]

法官、哈丁和詹姆士

如果上述都有道理，那么现在就不难回答哈丁和詹姆士错在哪里的问题了。让我们先从哈丁开始，他起初是在与 M&M 执行官共进晚餐的友好氛围中给出了对 HG－605a 条款的解释看法。这样的氛围不需要审慎的思考。我们不知道哈丁在别的场合是否会给出不同的看法。的确，甚至连他自己也不知道。但我们有理由认为，他的看法在以下情况下可能会有所不同，如海丘勒吾的执行官先和他共进晚餐或海丘勒吾的执行官出现在 M&M 的餐宴上。作为对规范的特定解释被"记录在案"后，哈丁会发现一旦质询以书面形式正式提交后，再要改变看法是很为难的。因为他第一次的答复削弱了他的能力，他本可以用更开阔的思路来考虑这份书面质询。换言之，自从哈丁在晚餐上第一次发表了对这个问题的看法后，并且该问题很可能会提交到他的委员会时，他就处于利益冲突中了。（因为对某一问题事先发表看法势必会影响后来的判断，法官们通常拒绝谈论可能某一天会摆在他们面前的案件。）哈丁协助起草质询函进一步强化了他对 M&M 晚宴时发表的那些看法的印象。但是，如果他事先没有给出他的看法，那么他在起草质询函上发挥的作用就很难说有多么重要了。

当利益冲突产生后，哈丁应当怎么做？当霍伊特将质询函转给他时，他应拒绝作出答复，应该把质询函交给专委会（除去詹姆士），在自己不参与的情况下由他们来决定如何答复。或者他应告诉霍伊特,他已经私下涉入了这一问题(并协助起草了质询函),让霍伊特来决定哈丁是否参与专委会的讨论。要是哈丁做到了上述中的任何一条,那么将没有人会质疑他的正直(他的雇主也可以节省7.5万美元)。

然而,在这两种选择中,拒绝参与似乎是上策。拒绝参与将解决整个问题,而向霍伊特公开情况只是把哈丁的难题变成了霍伊特的难题。只要存在利益冲突,就必定存在有权依赖对该问题判断的人("客户")。公开并不能解决利益冲突问题,除非是向"客户"公开情况。有时我们还要考虑谁是客户(或更常见地,客户都包括了哪些人)的问题。这里的情况也是如此。谁是哈丁的客户? ASME? 不是。ASME 掌握着锅炉安全方面的权威,它邀约普通公众信赖其安全规范,信赖其委员会对规范作出的解释。而公众也的确是信赖它的。尽管不是政府机构,但 ASME 仍然是"公众的机构",即旨在为公众利益服务的机构。所以,哈丁的客户(至少是部分客户)最终是普通大众。即使哈丁向霍伊特公开了所有情况,而霍伊特让他继续参与,但哈丁仍然没有向公众公开所有情况。他本应让霍伊特为他的(也是霍伊特的)"客户"服务,本应把霍伊特作为公众利益的代理人或受托人。有时候需要这样做,例如,向某一客户公开信息可能会对另一客户造成严重伤害,有时回避也会造成类似的伤害。(并不是所有的专制在道德上都是错误的。)但是,在该事件中哈丁本来可以回避所有的利益冲突(并不会带来危害公众利益的风险),他实际上没必要甚至不应当让霍伊特代理公众利益,因为公众没有知情同意。

确定了哈丁的最终客户是普通公众,而不是 ASME(或 M&M),这将有助于我们理解为什么哈丁应向职业实践委员会公开更多的信息。与哈丁所在的暖气锅炉专委会一样,职业实践委员会也扮演着公众代理人的角色,而不只是 ASME 的一个机构。(之所以是这样,是因为当 ASME 恳请公众信赖它的规范和委员会时,也暗示着它会保证办事的公正性。)公开的标准不只是 ASME 内部的惯例,也是公众认为合理相关的(即与公众想知道的利益有关),借此来评价 ASME 对问题解释的可靠性。哈丁应公开他与 M&M 执行官的会面,因为这次会面显然会引起公众的质

[106]

疑。不能因为他自己——正确地——认为 ASME 官员会同意他的做法（没有什么不合适的）就隐瞒这一信息。是否相信他的判断，决定权在于公众，而不在于他自己，因为他是在以暖气锅炉专委会主席的身份答复 M&M 的质询，邀约公众的信任。同样地，他也应公开他在协助起草原始质询函中的作用。

　　我把对詹姆士行为的评价留给读者，作为一种练习。特别要考虑以下问题：假使他没有签署最初的质询函，那么他会有什么错？当海丘勒吾对哈丁的最初答复表示反对时，他所在的专委会提出了回复意见，他把这些回复意见向暖气与压力容器全体委员汇报后，他还会有什么错？协助起草 1972 年 6 月 9 日那封信有什么错？他没有向职业实践委员会汇报这些行为有什么错？回答这些问题时仅仅是表面的现象会有什么作用？如果这些行为有错，那詹姆士又应如何改变他的做法（同时他还是 M&M 的忠实雇员）？为什么？

注　释

本章开头部分与保拉·威尔斯（Paula Wells）、哈迪·琼斯（Hardy Jones）和迈克尔·戴 [212] 维斯所著的《工程中的利益冲突》（*Conflicts of Interest in Engineering*, Dubuque, Iowa：Kendall/Hunt Publishing Company, 1986）一书第 1—26 页的内容一样。该书是应用伦理学论丛系列的一种，这一论丛系列由埃德森教育基金会（Exxon Education Foundation）资助。这里转载的部分已得到允许。我要感谢伊利诺斯技术学院职业伦理研究中心的工作人员和资讯小组，谢谢他们在构建这一原始项目以及将它完成等方面给予的帮助。还要感谢迈克尔·普理查德对已出版的版本洞察入微的评论。

　　①《美国机械工程师协会诉海丘勒吾公司案》（*American Society of Mechanical Engineers v Hydrolevel Corporation* 456, U. S, 1982），第 556 页。

　　② 同上，第 559 页。

　　③ *Voluntary Industrial Standards*：*Hearing before the Senate Subcommittee on Antitrust and Monopoly of the Committee on the Judiciary*, 94th Cong. , 1st sess. , 1975, pp. 153-214 at 173.

　　④ 同上，第 174 页。

⑤ 同上，第 176、184—185 页。

⑥《美国机械工程师协会诉海丘勒吾公司案》，第 561—562 页。

⑦ 同上，第 563 页。

⑧ 关键句如下："如果在低水位燃料阻断阀中加入一个延时控制装置，延时功能必须在锅炉水位低于水位计可见水位之前去切断燃料的供应。"换句话说，"它应该细致地指出，无论低水位燃料自动阻断阀的设计如何，段落 HG‑605(a) 第一句话的意思是，当水位低于水位计最低可见部分时，这样的阻断阀应该即时地切断燃料的供给"。(Senate，第 188 页，以及 *ASME v Hydrolevel*，第 130 页。) 如果这两句话(看起来)没有什么重大的不同(除了清晰度之外)，那么当詹姆士用其中的一句话来代替另一句话时，人们为什么要质疑詹姆士的这一行为呢？

⑨ Priscilla S. Meyer，《竞争爆发：竞争对手如何用"行业规范"给小公司制造麻烦》("Knocking the Competition: How Rival's Use of ' Industrial Code' Report Created Problems for a Tiny Company")，《华尔街日报》，1974 年 7 月 9 日，第 44 页。

⑩ *Voluntary Industrial Standards*，p. 213.

⑪《美国机械工程师协会诉海丘勒吾公司案》，第 564 页。

⑫ 这是一个有争议的假设，但指出它也许是有意义的。受理上诉的法院(在没有提供任何附加证据的情况下)描述哈丁的行为是"欺诈，一个有预谋的故意的对章程的解读"。[《海丘勒吾公司诉美国机械工程师协会案》(*Hydrolevel v ASME*)，第 125 页。] 美国国家标准研究所的律师也(同样，没有任何附加证据)将詹姆士和哈丁看做是"两个叛徒"。[威廉姆·H. 洛克威尔(William H. Rockwell)，《海丘勒吾案适用于反托拉斯标准》("Hydrolevel Decision as Applied to Antitrust Violations of Standards Making Organizations")，《职业视野》(*Perspectives on the Professions*) 第 3 期，1983 年，第 3—5 页。] 另一方面，在 1975 年，ASME 声称，哈丁和詹姆士所做的没有超出"做错事的表象"。[南希·瑞斯(Nancy Rueth)，《一个案例研究》("A Case Study")，《机械工程》(*Mechanical Engineering*) 第 97 期，1975 年 6 月)，第 34—36 页，这里的文字出现在第 36 页上。] 10 年后 ASME 仍然持这样的观点，参见查尔斯·W. 比尔兹利(Charles W. Beardsley)，《追溯海丘勒吾公司案》("The Hydrolevel Case— A Retrospective")，《机械工程》(*Mechanical Engineering*) 第 106 期，1984 年 6 月；或者洛克威

尔的《海丘勒吾案适用于反托拉斯标准》,第 5 页。

⑬ 当然,在有些方面自然义务也不是绝对的。在下文中我会有两点说明。

⑭ *Voluntary Industrial Standards*, p. 179.

⑮《海丘勒吾公司诉美国机械工程师协会案》,第 123 页。

⑯《美国机械工程师协会诉海丘勒吾公司案》,第 559 页;比尔兹利,第 72 页。

⑰ 特克勒·S. 佩里(Tekla S. Perry),《反托拉斯标准冻结了标准的设置》("Anti-trust Rule Chills Standards Setting"),《电气与电子工程师协会系列》(*IEEE Spectrum*)第 11 期,1982 年 8 月,第 52—54 页。

⑱ 比较 ASME 的律师斯坦顿先生(Mr. Stanton)提出的相似观点(*Voluntary Industrial Standards*, p. 214)。

⑲ 同上,第 205 页。

⑳ 同上,第 175 页。

㉑ 同上,第 211 页。

㉒ 同上,第 206 页。

㉓ 同上,第 210 页。

㉔ 同上,第 210 页;与詹姆士的评论相比较,同上,第 190 页。

㉕ 同上,第 211 页。

㉖ 在下文中,我使用了当前的伦理章程(1995 年)。在最相关的部分,相关条款类似与在 1971—1972 年生效的章程(尽管格式有很大的不同)。

㉗ Senate,第 192、211—212 页;《海丘勒吾公司诉美国机械工程师协会案》,第 126 页。

㉘ 寻求证据,参见《美国机械工程师协会诉海丘勒吾公司案》,第 571 n. 8 页。詹姆士的雇主认为他受到了影响(或者至少在此基础上,愿意为詹姆士在 ASME 不计报酬的工作而辩护)。

㉙ 这些解读每年都被分批发表在《P. E. 工程职业》(*P. E. Professional Engineer*)上,它是 NSPE 的官方出版物。这些观点(到 1990 年为止)被集中收集在以《伦理评价委员会的意见》(*Opinions of the Board of Ethical Review*, National Society of Professional Engineers: Washington, D. C.)为标题的六卷本书中。

㉚ *Voluntary Industrial Standards*，p. 211.

㉛ 与伯纳德·格特（Bernard Gert）的著作《道德：道德规则的新辩护》（*Morality：A New Justification of the Moral Rules*，New York：Oxford University Press，1988）相比较。

㉜ 有一种结果主义观念的集合——"功利主义规则"，它认为一般情况下人们应该遵循规则［如"经验法则"（rules of thumb）、"明显的规则"（prima facie rules）等类似的规则］，而不总是在考虑一个一个的后果后再决定如何去行为。这个构想意味着规则应该被设计成：从长期来看，遵守它将能产生更大的好处。我们可以忽视它的精致之处，因为要么所有形式的功利主义规则都适合于这里给出的道德法则的定义，要么遭遇到同样的缺乏有关结果信息的境况，人们仅仅试图通过考虑行为后果后，再来决定哈丁和詹姆士犯了什么错误——同样会遇到缺乏结果信息的境况。参见大卫·里昂（David Lyons），《功利主义的形式和限制》（*Forms and Limits of Utilitarianism*，Oxford：Oxford University Press，1965）。

㉝ 想进一步了解我对于这些问题的理解（包括为什么我要否认我正在利用一种功利主义规则的形式来阐述问题），可参见本人的《道德立法：没有阿基米德点的道德》（"The Moral Legislature：Morality without an Archimedean Point"），《伦理》第102期，1992年7月，第303—318页。

㉞ 这是关于自我及自我利益的一个比较老的观点，但是这个观点值得给予比我文中给出的观点更多的重视。设想一下，某个人非常诚实，以至于如果他有了不诚实的行为，就会活不下去。对于他来说，不诚实的行为是非理性的（而且，也因为它是不道德的）。换句话说，是与他的自我利益相违背的，因为他是那种诚实的人。对于这样善良的美德，实在值得赞扬。

㉟ 逻辑学家可能会声称每一条有例外的规则都能被重新写成无例外的规则。例如，"不要杀人，除非是出于自我保护或者保护无辜者"就有可能被写成"非出于保护，不要杀人"。无论这种重写是多么的笨拙，但逻辑学家在形式上总是正确的。然而，他们犯了道德性的错误。像"不要……，除非……"形式的道德准则包含了潜在的逻辑关系，而"无例外"的形式却不具备这种逻辑关系。像所有其他行为一样，杀人行为需要辩护，这种辩护就是把杀人归为某一种例外。没有杀人，当然没有例外。遵守道德准则中主要条款的人不需要辩护，而那些违反了主要条款的人则需要辩护，即使他们的行为适用于某个例外。

㊱ 当然,我们假设章程的解读方法与道德的要求相一致,工程师,作为道德的执行人,仅仅受这样的章程的约束。即便这样的假设没有争议,它也不会永远没有争议。例如,参见本杰明·弗里德曼(Benjamin Freedman),《职业道德的元伦理学》("A Meta-Ethics of Professional Morality"),伯纳德·鲍姆林(Bernard Baumrin)和本杰明·弗里德曼编著的《道德责任与职业》(*Moral Responsibility and the Professions*,New York:Haven Publications,1983),第61—79页;或者阿南·H.戈德曼(Alan H. Goldman),《职业伦理的道德基础》(*The Moral Foundations of Professional Ethics*,Rowman and Littlefield:Totawa, N. J.,1980)。他认为一些职业人员(如法官),在使用他们的专业能力处理问题的时候应该免于一定的道德约束。(但是请注意,戈德曼并没有说工程师也可以免除这样的约束。)在我看来,对于这种"分离主义"的决定性的驳斥,可参见艾伦·格沃斯(Alan Gewirth),《职业伦理:分离主义者的命题》("Professional Ethics:The Separatist Thesis"),《伦理》第96期,1986年1月,第282—300页。

㊲ 像某些工程准则一样,这个定义的原始版本包括了一个短语,即或者说是为他或她提供某种其他的服务。这一短语意味着工程师做某些超出他职业判断的工作时,当提供这些"其他的"服务时,利益冲突可能会出现。虽然我不能否认工程师偶尔也会做超出判断的工作,但是我还是认为这样做会引发利益冲突。理解利益冲突需要精确地认识"判断"的基本的、重要的含义。

㊳ 迈克尔·普理查德,《利益冲突:概念和规范性问题》("Conflict of Interest:Conceptual and Normative Issues"),《医学理论》(*Academic Medicine*)第71期,1996年12月,第1305—1313页。他认为,利益冲突中的"利益"这个词的解释应该限制在一些我们可能"追求、代表着或谋取"的东西上。(同上,第1309页。)单单是要求、欲望或者其他可能干预主观判断的情况不应该被视为能够引发利益冲突的情景。我认为,如果"利益冲突"(Conflict of Interest)这个术语中的每一部分都有确切的含义[就像"冲突的利益"(Conflicting interest)一样],那么普理查德的观点可以接受。但事实上,这是一个习语,它的含义或多或少地独立于它的各个组成部分。我们给实用工具什么样的解释,它就是什么样的,但语源学不同。我认为,至少有两个理由使得"利益"不能仅局限于(严格意义上的)利益。第一,实践不是如此的单纯。注意,如NPSE章程的Ⅱ.4(a)段落指出,作为"已知的或者潜在的利益冲突","任何商业关系、利益或者其他影响或可能影响他们的判断的情况"需

要公开。第二,不清楚将"利益"如此严格地限制起来会有什么实践上的意义。我们可以预感到,不论怎样,"其他情况"都应该被公开。那么,我们必须建立针对它们的独立的(或者是平行的)的准则吗?

㊴ 要寻求对这个分析的更加广泛的辩护,可参见本人的《利益冲突》("Conflict of Interest"),《商业与职业伦理》第 1 期,1982 年夏,第 17—27 页;以及《再论利益冲突》("Conflict of Interested Revisited"),《商业与职业伦理》第 12 期,1993 年冬,第 21—41 页。

第八章
伦理规范、职业与利益冲突

　　第七章用道德论证来解释 NSPE 的伦理规范。这可能表明，道德在某种程度 ［107］ 上决定了一种职业对于其成员的要求。而这一章将通过一个新的工程领域——临床工程来表明（至少在利益冲突上）道德在应当做什么与不应当做什么之间给职业留下了大量的选择。尽管道德可以限定职业伦理，但它不能决定什么是职业伦理。同时，这一章也将试着回应对于本书诉诸工程伦理一般路径的批评。

什么是临床工程?

　　临床工程属于相对新兴的领域——生物机械工程（大约出现在 25 年前）的一部分。除了临床工程，生物机械工程还包括康复工程（例如，假肢的选择、组装与维护工程）以及生物机械研究（例如，设计、制造、测试假肢的工程）。正如"生物伦理学"中的"生物"一样，"生物机械"中的"生物"也表明了它与医学的关系（胜过与"生命"的关系）；而其中的"机械"则表明它源于机械工程。（特别是电气工程师认为，把这个领域称为"医学（或生物医学）工程"更为恰当。）

[108]　　临床工程师和其他生物机械工程师共享着一种与医学有关的工作关系。他们与其他生物机械工程师的区别在于，他们的工作处于一种独特的关联之中。临床工程师在医院（或者医药企业）工作，他们要对使现代医学变为可能的大量技术结构进行监督。由于这种技术结构复杂地综合了常规机械系统和最新的电子设备，所以，典型的临床工程师要么拥有电气电子工程学位，要么拥有机械工程学位。[①]

　　作为工程师，临床工程师也会有工程学位，也会采用和其他工程师一样的方法、技术和知识，也会像其他工程师一样考虑设计、开发和操作安全有用的物理系统。尽管如此，临床工程师并不是普通意义上的工程师。大部分工程师在一个以工程为核心的组织中工作。即使在金融导向型的公司（如通用汽车公司）中，对大多数工程师而言，工程就像是他们的母语，他们必须用这种母语交流。而医院的情况则不同，这里的母语是医学。临床工程师可能是医院唯一雇佣的工程师。即使他们有几个同事（通常的情况），也只是组织的一小部分。他们的大部分共事者还是医生、护士、医药管理者或其他对工程职业很陌生的人。

　　这就表明，在医院的环境里，一般的工程伦理是不适用的。当然，还有其他一些原因可以支持这种观点。我这里只谈其中之一。工程师普遍同意把公众的（而不是客户或雇主的）安全、健康和福利放在首位；但是，对于医生、护士或其他医护人员来说，放在首位的是病人的安全、健康和福利，来自同事或第三方这样的公众利益是第二位的。

　　那么，我们就要问了：临床工程师的义务与其他工程师的有何不同？临床工程师最重要的义务应当是什么？

　　这些问题并不容易回答。虽然这是一个我们可以选择不回答的充分理由，但在此还有另一个原因，那就是我本人不是一名临床工程师。临床工程师应该宣称些什么作为其职业的一部分，其他人只能提供些建议。作为一名哲学家，我可以通过澄清这些问题来提出更好的建议,从而使临床工程师们更容易来回答这些问题。当然,我也能给出各种各样的建议,但为什么要这样做呢? 我缺乏这些建议所能依赖的经验。我的工程理论,即使只是用来澄清我所提出的问题,也还需通过重要的检验。

但临床工程师该如何回答这些需要澄清的问题呢? 难道这些问题最终不是哲学问题吗? 不是(尽管它们当然会带来哲学的困惑)。准确地说,它们像工程师们所面对的许多其他问题一样,如安全问题或可靠性问题,它们能用大致相同的方式去解决。工程师必须作出有根据的猜测,然后检验这些猜测,并与同事分享结果,再依据检验结果和同事的反应重新评价自己的猜测,而后作出似乎适当的修正,再次检验,如此循环下去。[②]

在这里,有些读者可能会提出反对意见。毕竟,我既认为不存在一个阿基米德点可以从中推出某一职业的伦理规范,又认为职业成员在决定什么是(以及应该是)他们的规范时处于优先地位。我甚至认为,编写工程师的伦理规范也是一项工程任务。显然,我已大大突破了第四章的观点。对此,我需要作出更多的解释。 [109] 不过,在此之前,先让我们来考查一名临床工程师所面临的典型的伦理问题,这将为我的解释提供关键性的证据。

一个职业伦理的问题

先来思考一个比较简单的问题:假设你是 Big Bill 医院临床工程的主管工程师。由于工作关系,你了解到了 Hi - Tec 公司的产品,大部分是非常昂贵的诊断仪器。Hi - Tec 是一家较大规模的公司,它拥有很好的服务和仪器,你对他们向你展示过的每样东西都印象深刻。事实上,当你和 Hi - Tec 的竞争对手有过不愉快的合作经历后,即使竞争对手的价格明显更低时,你也还是会推荐购买 Hi - Tec 的产品。当你的股票经纪人将 Hi - Tec 的股票列为推荐投资时,你也会考虑在每股 14 美元的价位时买上几百股。你会这么做吗?

有些东西是显而易见的,Big Bill 医院的订单不足以大到影响 Hi - Tec 公司总体利润率的程度。当你把订单交给 Hi - Tec 而不是其竞争对手时,你并不能赚钱。你的行为并不是那种大多数人所认为的具有明显利益冲突的。另一方面,你与 Hi - Tec 的关系可能会影响你的职业判断。③Hi - Tec 将会成为你金融家族中的一员,尽管你确信这样的关系不会影响你,但你应该明白别人不会如此确信。④如果他们知道你持有 Hi - Tec 的股票,当你推荐 Hi - Tec 的产品而舍弃其他产品时,他们可能会怀疑你的公正性。与在其他情况下相比,你的推荐会变得更没有分量。

让我们假设一下,像许多雇主一样,Big Bill 医院没有要求你透露你所持有的股票。所以,作为一个雇员,你没有被要求告知 Big Bill 医院是否买了股票。你的雇主留给你至少三个选项可自由选择:(1) 不买股票,(2) 买了股票不说,(3) 买了股票并且告诉你的雇主。你会选择哪个呢?

当一个医生在面对这样的问题时,诉诸美国医学会的医学伦理原则 8.06(1)条款也许会有所帮助:"一个医生开列药品、设备或用具,不应该受到制药公司或者其他供应商的直接或间接经济利益的影响。"这里似乎并没有禁止医生取得某种可能会影响他们作出最有利于病人利益的判断的经济利益。这里禁止的只是这种利益所带来的影响。所以,只要你认为持有股票不会影响你的判断,如果你是一名医生而不是临床工程师,那么购买股票似乎就是适当的。⑤

但(我们假设)你是一名临床工程师,而不是一名医生。当你的领域没有其自身的伦理规范时,什么东西可以指引你呢? 如果你是电气与电子工程师学会(IEEE)的一员,你可能诉诸它的伦理规范。其第二条告诉你:"尽可能地避免真实的或可察觉的利益冲突;当它们存在时,向受影响的有关方面公开。"⑥对于一个电气工程师来说,关键的问题不是这种利益是否将影响他,而是他是否存在这种(真实的或可察觉的)利益。

[110]　　如果你是一个受过训练的机械工程师,那么你可能会诉诸美国机械工程师协会的伦理指导方针(4.a)。你可能会得到相同的答案:"工程师应该迅速地向他们的雇主或客户报告任何商业合作、利益或可能影响他们判断或者服务质量的情

况。"(工程及技术教育认证委员会的规范里也有类似的条款。)

美国工程师学会联合会设立了更高的标准。根据它的职业行为模范指南，"工程师要公开所有已知的或潜在的利益冲突，公开可能会影响(或表面上会影响)其判断或损害公正和工作质量的情况"。即使你确信持有股票不会影响你的判断，但根据美国工程师学会联合会的要求，你有义务向医院报告这一情况，因为持有股票可能会影响你的判断(万一有人知道了你的股票)。

电气与电子工程师学会、美国机械工程师协会、美国工程师学会联合会都有相似的规范，这表明工程师普遍认同他们必须遵循比医生更高的标准。[⑦]但这种认同事实上是不存在的。如果你是一个有执照的职业工程师，你可能会诉诸全国职业工程师协会的伦理规范。你可能会发现条规Ⅲ的第五部分有着类似于美国医学会的规范："工程师不应因利益冲突影响到他们的职业义务。"这里没有提到那些只是"可能"影响到你的判断的东西。[⑧]

那么，作为一名普通的临床工程师，你该怎么做？当然，你应该遵循可能的最高标准。但是，如果其他工程师没有这么做，为何要自找麻烦地做对你的雇主没有任何好处的事呢？如果你能恰当地处理此类事情，为何不能赚一点额外的钱呢？

分 析 问 题

当然，问题在于，这里什么才是真正恰当的。通常，不管买了什么股票，你都不需要向你的雇主通报。你的投资是你自己的私事，你甚至有理由对你的雇主保密，因为你想避免你的职业权威遭到不公正的破坏。根据全国职业工程师协会的规定，持有 Hi‐Tec 股票只要不影响你的职业判断，你(作为一个工程师)可以适当地保持信息的机密性。但是，根据电气与电子工程师学会、美国机械工程师协会以及美国工程师学会联合会的规定，如果你持有 Hi‐Tec 股票，你就有职业义务向你的雇主报告。那么，你会怎么做？

你可能会召集当地的其他临床工程师，并且询问他们怎么做。处于同一个专业领域的工程师有时会在某些伦理问题上形成共识,如对于某些仪器的可靠性的共识。如果这个问题得到充分讨论,那么你可能会得到一个比较清晰的答案。但是,如果这个问题讨论得不够充分,那么你很可能得到的是一系列模棱两可的意见,让你不知何去何从。让我们假设你没有获得共识。然后,该怎么办呢?

[111]　针对我所提出的问题,你作为一名临床工程师最好的解决办法就是蒙混过关。由于临床工程师没有这方面的标准,因而存在道德上的多种选择。这样的选择是个人的,而不是职业的。(至少在你决定你是否是一名需要遵守全国职业工程师协会规范的职业工程师、是否是一名需要遵守美国机械工程师学会规范的机械工程师以及是否需要遵守电气与电子工程师学会规范而成为它的成员之前是这样。)你不知道作为一名临床工程师应该怎么做。

虽然这个问题真实地摆在实践工程师面前,但我得承认,即使几代哲学家都注意到了这些问题,他们的"哲学兴趣"仍不在此。然而,这个问题以更简陋的方式引起了哲学的兴趣。它并不是一个很难的问题,而是任何现行的职业伦理理论都能轻易解决的问题。作为一个考察的案例,它能引起哲学的兴趣,展示了规范的某些重要方面和大部分职业伦理所忽略的一些内容。

我希望,作为临床工程师,如果你发现"蒙混过关"不是一种令人满意的解决问题的方式,你至少也有理由要求临床工程有自身的伦理规范。一种规范能把道德上不确定的问题变成有确定答案的职业伦理问题。伦理规范,即所有职业成员都应遵守的约定。如果普遍的约定能给所有临床工程师带来他们想要的——不论是赚外快的自由、雇主的更多信任,还是两者都有或其他好处,那么每一个临床工程师将有理由要求所有其他的临床工程师都遵守约定,即使意味着他(她)自己也必须这样做。如果其他人确实遵守了约定,即在实际中做到了,那么每一个临床工程师将被责成在道德上同样要这样做。宣称成为一名临床工程师应是一个自愿的行为。如果没有尽自己的一份努力去维护这一工程实践所带来的利益,那么就没有一名工程师能公平地从这一职业实践中获得相应的利益。一种被道德所允许的职业伦理规范本身就意味着,在可能促进规范产生利益方面,每个成员都应付出同样的努力。⑨

正因为如此,伦理规范不只是好的忠告或愿望的陈述,它还是一种行为的标准,如果在一种职业中能普遍实现,那么它将对每一个职业成员在其相应的行为上施加道德义务。职业伦理规范必须设立一个标准,以确保每一个职业成员都能遵守这一标准。一份文件,不论怎么称呼,只要它不是意在达到这样的效果,就不能称为严格意义上的伦理规范。⑩

当且仅当标准的建立通常是在职业实践中实现的,那么无论标准有多高,伦理规范都将设立最低的标准。因此,一种职业不应设立非常高的标准。例如,如果一个规范设立的标准高到很少有人希望靠这个职业谋生,或者差不多所有人(除了少数圣徒)都会避免这个职业,或者这个职业的大部分从业人员都会忽视这个标准,那么,它要么是在定义一个快要消失(或已经消失)的职业,要么只是作为对另一种意义上的职业的某种希望的阐述。起作用的伦理规范总是在理想与现实之间的一种妥协。

所以,临床工程师也需要一种属于他们自身的伦理规范,因为这样可以使他们适应在医院这种特殊环境下的职业义务。这可能意味着要为他们设立高于或者低于其他工程师的标准(或只是设立不同的标准),但是这个标准必须高于他们雇主的标准。如果在道德上——包括在雇佣合同中所包含的道德上允许的承诺——只有一种选择,那么规范在这里是无意义的。在这方面,"公共服务"必定是以职业规范为生的,也就是说,通过向所服务的公众提供多于他们有权从规范中获得的东西而使公众获益。

[112]

有效的规范

采取某种现实的规范是使一种工作成为独特职业的一部分,但也只是一部分。现在让我简短地描述一些职业化的其他方面,以弄清规范对于职业形成的核心作用。

伦理规范只有在被了解的情况下，才能在实际上指导行为。因为规范必须建立在高于普通道德的标准之上，因此，在不知道什么是规范所特别要求的情况下，即使是一个遵守道德的人也不太可能做到规范所要求的。必须像学习其他的工程标准一样学习规范。它能作为职业基础课程或其后续教育的一部分而得到教授。[①]它还可以通过不是很正式的方式得到教授，例如，在专业期刊上发表关于特定伦理问题的文章。

教育可能是某一职业把其规范付诸实施的最主要手段，但每一种职业还需要更多可以获得强化的方式。最低限度的非正式强化来自于一个职业成员对另一成员的提醒："但这是不道德的。"这样的指责只不过是有别于教育。而超过这种最低限度的方式是组织压力、同行审查、职业声誉、各种鉴定、有权谴责、中止或开除职业成员的纪律委员会、有权禁止雇用的国家许可。

在公众看来，教育和强化行为几乎定义了职业。没有它们，一种博学的职业仅仅是一个研究和尝试的领域、一个学科，而不是一种（严格意义上的）职业。这种教育和强化行为都预示着某种伦理规范，也就是说，普遍适用于所有职业成员的最低标准使某些本来适当的行为变得不适当了。规范不一定是书面的，但越是书面的规范越是容易得到教授，尤其对一种尚未成熟的职业而言。所以，虽然临床工程不再是一个新兴学科，但它仍然只是一种有别于工程的潜在职业。它所缺少的是其自身的职业伦理。

回 应 批 评

下面，我们来看反对意见。约翰·拉德（John Ladd）对我的观点提出了批评。对他而言，对"伦理规范"的讨论还停留在对道德和法律的混淆上：

[113]　　伦理有时被称为"批判的道德"，它在逻辑上先于所有那些社会控制的体系和结构（像法律或某些组织的"价值体系"）……伦理（或道德）的原则是不能被任意

创造、改变或废除的……它们是被"发现"的而不是被授权创造的。它们是通过辩论和劝说来建立的,而不是在外部的社会权威强迫下建立的。⑫

不过,在我看来,"职业伦理规范"中的"伦理"的确涉及"集体的价值体系",即职业本身。它是一种社会控制机制,一种协调日常职业行为的方法。与道德不同,职业伦理规范在逻辑上并不先于所有社会控制制度。职业伦理规范本身就是一种社会控制制度,只是它有别于法律(及其他的外部权威)。职业伦理规范不是外部权威的结果。要成为职业伦理规范,它必须是(道德上允许的)行为标准,每一个职业成员都希望其他成员遵守这样的标准,尽管这意味着他自己也要同样做到。因此,职业伦理类似于有"内在"维度的道德(成为每一个人所需要的)。要使规范作为有生命力的实践得以发展和保持,论证和说服是必不可少的。⑬职业伦理是"社会的",因为它包含了协调某一集体(职业)的行为。但它又不由外部权威来"控制",而(至少部分地)是通过自愿承认职业身份的成员的信念来控制。职业伦理规定了其成员的行动方式。按规定的方式行动,总的来说,可使这一职业的所有成员获益;当他不能按规定行动时,就没有任何理由要求获得成员资格。

虽然伦理在这种内在维度上类似于道德,但它不只是普通的道德,道德是或应该是对于所有理性的人———一个社会中所有理性的人,甚至特定职业中所有理性的人———来说,都是共同的。像临床工程师这样的团体实际上"创造"了他们自己的伦理,而不是简单地在更大的社会中"发现"了这些伦理。或者说,至少他们是通过类似于立法者"发现"法律的方式,在更大的社会中发现了它们。

我们必须作一区分,这是拉德没有作过的。法律可以像伦理那样被发现,但我们不能任意制定法律,(在通常情况下)这是不合理的。我们总在寻找理由,试图作出一个明智的选择。法律是什么,这在一定程度上取决于我们实际作出的判断。法律不能从任何(引起人们兴趣的)一般原则(甚至与环境描述相结合)中推出。所以,例如,没有什么原则可以解决日本法律要求交通工具在 2101 年驶在路的哪一边的问题,或解决我明年该交多少税的问题,甚或解决明天有多少二氧化硫会被密歇根州的印第安纳湖岸的钢铁厂排放到空气中的问题。立法者必须制定法律来对这些问题做出处理。他们制定的规定将会成为法律,即使他们事实上并没有作出明智的选择(只要符合程序要求、实质性的宪法约束以及最低的普通道德要求)。

[114]　　一种职业的成员以相同的方式制定职业伦理。临床工程师需要关于利益冲突的普遍原则。他们能不断地使自身领域内的实践遵守普通的道德标准,这些标准或由他们的雇主所设立,或由他们各自的职业所决定。他们可以自由"立法"或者不"立法",这由他们自己选择。然而,他们的确有理由"立法"。如果他们希望临床工程师以特定的方式处理利益冲突,那么他们就必需确定什么是特有的方式。如果他们希望临床工程师处理利益冲突问题的方式受到人们的尊重,那么他们将不得不制定一个比现行标准更高的标准。当然,这样的理由并没有给临床工程师建立任何标准的自由。但是,他们的确可以从许多标准中选择的自由。每个临床工程师都不得不在通过遵守这样或那样的标准而获得的便利与公共标准给每个人都带来的利益之间进行权衡。公道者可能会对平衡点设在哪里持有不同意见。例如,在美国工程师学会联合会和美国机械工程师协会各自处理利益冲突的方法中进行选择,这既不是一个关于对与错的选择,也不是一个毫无区别的选择。临床工程师无法"发现"他们的职业伦理是什么,但他们又不得不决定他们的职业伦理是什么。

　　到现在为止,可以明显发现,起草一份伦理规范就像启动另一个工程项目一样:[正如卡罗琳·惠特贝克(Caroline Whitbeck)所言]它也具有一种设计问题的结构。⑱普通道德、法律许可、临床工程师的利益以及诸如此类,与工程师通常在项目开始时的项目书相似。项目书可以限定结果,但却很少能决定结果。工程师自由地发明新的选择,从当前或从前的实践中剔除旧的选择。发展一系列的选择,然后试着选择一个最好的。通常不存在一个标准的决策程序,从而可以得出一个唯一的答案。意见可能会相互对立。不同的工程师最初可能会有不同的选择。于是,牵涉到的工程师将讨论这些问题,直到达成一致的意见(也许会作额外的测验或吸收相关的信息资源）。[15]最后的选择也许和任何人的当初选择都不一样，但每个人都得到了他认为比僵局更好的选择。

这是一种为临床工程撰写伦理规范的方法，正如为其他领域的工程撰写伦理章程一样。另外还有一种方法。我们知道，在一定程度上，工程的历史是标准化的历史，是构造表格、公式或程序的历史，而正是这些表格、公式或程序定义了良好实践中的安全、可靠性、便利和其他内容。这些标准涵盖了从用于高层建筑的梁的强度到一个螺丝钉中螺纹的距离等一切标准。第七章中描述的锅炉规范就是其中的一个例子。每一个这样的标准奠定了工程师的行为规则。工程师需要发扬这些标准，因为所有的工程师都按这种良好的标准化方式行事，要比个体工程师选择他自认为的最好方式行事更好。在这种情况下就需要进行行为的协调。

然而，这样定义的标准总不可能像纯粹约定的那样稳定。大部分随着时间而变化的经验会产生一些新的选择或者改变支持这个或那个旧有选择的证据的权重。但改换的理由不能仅仅是新标准将在"公平竞争"中击败旧标准这一个事实。"理想中的最好"、"起点最好"，或在其他永恒方式中的最好，并不是足够的好。拟议中的标准必须明显优于现行的标准，以使改换新标准后所获得的利益至少会超过改换的代价。工程师必须对历史负责。

[115]

事实上，历史与保持一致的工程标准、道德以及技术相关。个体工程师可能会对哪个标准最好——例如，打字机或者电脑上的按键的最好布局（也许任何一个标准都比现有的好）——怀有强烈的意见。然而，就大多数标准而言，不论其有什么缺陷，人们还是会一致认为有这些标准总比没有好；而且，对哪个标准更好，人们也是没有共识的。只有标准化才是重要的，这就足以说明，在新的共识产生以前，应该遵守现行的标准。和世界上的其他工作一样，工程师的工作也不能等到尽善尽美时才开展。

当然，工程的具体标准不必是由工程师或他们的团体来决定。它们应是公开的事实，一般是语言、数字或书面的符号。在某种程度上，它们总是含糊不清或不完整的。它们需要"解释"（或如工程师可能会说的"修改"）。在这方面，伦理规范与其他的工程标准是相同的。[16]正如美国机械工程师协会有一个解释其锅炉规范的委员会,全国职业工程师协会有一个解释其伦理规范的委员会。每种职业内部都持续着讨论,这是它本质上具有政治性的表现,如古老的雅典正是据此来辨识什么是靠说服的政府和什么是暴政。从某种意义上说,加入一种职业就是进入了这样一种讨论,通过放弃作为纯粹个人(雅典称之为"白痴")的权利而获得对公共事业的某些控制。要声称自己是一名工程师,不能只是声称知道工程师所知道的,而是要按照工程师所做的去做。例如,声称自己是一名机械工程师,这就要求你根据特定的职业行为标准去行事,这些行为标准涵盖从 ASME 锅炉规范这样的技术规范,到 ASME 的伦理指南。任何希望成为机械工程师而并没有按照这些标准去行为的人就得给出一定的解释,尤其是向他的雇主以及一些可能依赖于他的工程判断的人作出解释。

　　的确,到目前为止,"伦理标准"和"技术标准"的区别意味着技术标准与伦理是无关的,但这种区分是一种误解。对于任何行业,部分伦理行为是能满足技术标准的。我们在这里所说的"伦理规范"同样可以被认为是最普遍的技术标准,这样的框架使得更为具体的标准可以从中被挑选出来。所以,临床工程只是某一领域的工程,这个领域中的工程师并没有像机械或电气工程师那样被"标准化"。他们属于形成中的职业,其中部分原因是因为他们已经发展出一些技术标准。但是,在拥有自身的伦理规范之前,他们还不能获得作为一种独立职业的完全地位。当然,也没有什么要求他们这么做,所以他们可能会(适当地)选择继续充当工程职业的一部分。

[116]

注　释

[215]　　本章初稿是提交给 1990 年 8 月 31 日在加州拉霍亚举行的第一届世界生物力学大会的会议论文;后经大幅扩充,以"伦理规范、职业与利益冲突:关于一种新兴职业——临床工程的案例研究"("Codes of Ethics, Professions, and Conflict of Interest: A Case Study of an Emerging Profession, Clinical Engineering")为题发表在《职业伦理》(Journal I, Spring/Summer

1992,pp. 179 – 195)上。我要感谢出席拉霍亚会议的人,尤其是我所在的讨论小组里的卡罗琳·惠特贝克女士,感谢她提出了正确的问题。我还要感谢《职业伦理》的三位评审人对第二稿的广泛评论。当然,对于自那以后我所作的诸多修改,他们无需负责。

① 更多关于临床工程的研究,参见迈克尔·J. 谢弗(Michael J. Shaffer)和迈克尔·D. 谢弗(Michael D. Shaffer),《临床工程师的职业化》("The Professionalization of Clinical Engineering"),《生物医学仪器和技术》(*Biomedical Instrumentation and Technology*),1989 年 9 月/10 月,第 370—374 页;帕梅拉·萨哈(Pamela Saha)和苏布若塔·萨哈(Subrata Saha),《临床工程师的道德责任》("Ethical Responsibilities of the Clinical Engineer"),《临床工程师》(*Clinical Engineering*)第 11 期,1986 年 1 月/2 月,第 17—25 页。

② 比较约翰·卡特根(John Kultgen),《伦理与职业》(*Ethics and Professions*, Philadelphia:University of Pennsylvania Press,1988),第 216 页。虽然我同意卡特根的经验主义("在遵守规范的同时,每一个规范都必须作为一种假设得到检验和调整"),但我强烈反对他的笛卡儿主义("合理的规范将包含个人自身可以达到的结果,只要他们在经验的适当基础上进行足够长时间的客观推理")。正如我试图在下文所要表明的,职业伦理规范必然包含特定的公共约定(正如安全或可靠性标准所表现的那样)。最重要的问题是,情境中的职业成员可以采用同样的规范(而不是采用许多道德上允许的标准)。这并不是说,约定的选择不重要,而是说再怎么多的"客观推理"也代替不了协商的决定。职业标准不需要表达原始的共识,实际上它可能创造共识(正如妥协可以产生以前不存在的共识一样)。职业伦理规范是一种协调问题的解决方案,这种实际问题不是一个个人可以单独解决的。

③ 更多有关利益冲突的内容,请参见第七章。

④ 当然,这种"保证"仅仅是一个心理上的事实。它是否符合现实,一个人是否可以像他自己所认为的那样能控制自己的判断,这都不容易确定。决心不能由工程师自己的判断来确定,因为这样会出现问题。(古希腊人有一句相关的谚语:"神要毁灭谁,必先令其发疯。")像 Big Bill 的其他工程师或雇员这样的旁观者很可能会怀疑这位工程师控制其判断的能力。的确,在很大程度上,工程师合理的判断所依赖的证据是可行的——他无法增加足以改变他原有判断的证据。

⑤ 这一规定是否合理? 任何人都能"肯定"不被影响? 当然会受影响,除非要做出的

决定与判断无关(例如,由于只有一种规定的药物、设备或器械)。在不影响判断的情况下,经济利益也就不可能产生利益冲突。

⑥ 我在这里指的是新的电气与电子工程协会的准则(1990 年 8 月开始采用)。

⑦ 在什么意义上这个标准是更高的标准而不仅仅是不同的标准呢? 至少在两种意义上是更高的标准:首先,更高是指"更严格的要求",在实现更高标准的过程中实际上也满足了较低标准,而且会做的更多。其次,更高是指"道德上更好",人们达到这一更高的标准值得赞扬,但他们不会因达到较低的标准而受赞扬。这两方面的意义尽管相关,但并不相同。至少,我们在第一种意义("痛苦的新高度")上设想的更高的标准,和第二种意义上的更高的标准是不一样的。

⑧ 当然,NSPE 的伦理章程不是它在伦理(或者其他)问题上的最后声音。正如在第七章中所解释的,NSPE 有一个伦理评价委员会,它会定期对一些像这里提到的问题发表意见。事实上,它已经处理了许多类似的问题。例如,参见 BER69－13 和 BER71－6,这似乎可用来解释为什么 NSPE 规范设置了低于其他工程学会的标准。《伦理评价委员会的意见》(*Opinions of the Board of Ethics Review*,Washington,D. C.：National Society of Professional Engineers),到目前为止已出版六卷。

⑨ 为了能更充分说明这一点(仅限于律师界),参见我的《职业化意味职业优先》("Professionalism Means Putting Your Profession First"),《乔治敦法律伦理》第 2 期,1988 年夏,第 341—357 页。

⑩ 如果这种说法需要更多的辩护,请重新参见第三章的论点。

⑪ 更多有关对这一规则的使用,参见海因茨·C. 卢埃根比尔(Heinz C. Luegenbiehl),《伦理准则与工程师的道德教育》("Code of Ethics and the Moral Education of Engineers"),《商业和职业伦理》第 2 期,1983 年夏,第 41—61 页。但请注意,我不同意卢埃根比尔关于职业道德准则仅仅作为"指导方针"的观点,参见我的《谁能教授车间伦理》("Who Can Teach Workplace Ethics?"),《教育哲学》(*Teaching Philosophy*) 第 13 期,1990 年 3 月,第 21—36 页。

⑫ 约翰·拉德,《集体与个人在工程道德责任中的若干问题》("Collective and Individual Moral Responsibility in Engineering：Some Questions"),薇薇安·韦尔编的《超越揭

发：工程师责任的定义》(*Beyond Whistle blowing：Defining Engineers' Responsibilities*, Chicago：Center for the Study of Ethics in the Professions, Illinois Institute of Technology, 1983), 第102—103页。

⑬ 像普通意义上的道德，职业伦理确实也有一个外在的维度。大多数职业是有伦理的，部分原因是他们不想承受由非职业行为所引发的（合理的）批评、谨慎或者抵制。将伦理和普通的道德从（纯粹）法律中区分开来的不仅仅是这种外部的"制约"，还有内部的"制约"，而且大多数时候这种内部的制约足以维系服从。

⑭ 卡罗琳·惠特贝克,《向科学家和工程师教授伦理》("Teaching Ethics to Scientists and Engineers"),《科学和工程伦理》(*Science and Engineering Ethics*)第1期,1995年7月,第299—308页。

⑮ 工程似乎需要通过共识起作用，在这一点上甚至超过医学（参见第九章）。然而，与医学不同，那些工程著作很少注意到这一趋势（至少在书面上），并且从未考虑它可能对理解工程有什么影响。一些为医学（也可能为工程）而提出的，依靠共识解决问题的观点，可参见1991年8月发行的《医学和哲学》(*Medicine and Philosophy*)杂志。

⑯ 伦理规范有时因使用"模糊的语言""掩盖"区别而备受批评（如职业伦理杂志的评论者所作的批评）。我有四个反对这种批评的理由：第一，这种批评假设了语言可以（绝对的）精确。这当然是一个错误的假设。仅在模糊的程度上，语言表达彼此不同（或者，具有不同程度的准确性）。第二，这种批评好像忽略了模糊语言外的另外一种选择。假定区别被"掩盖"，模糊语言之外的一种选择好像根本就不是语言了，它比实际可能的要更不准确。因此，用替代来掩盖区别将是"夸大"区别。这几乎是不可取的。第三，这种批判好像假设，当在任何事情上没有达成明确的共识时，使用一种带有某种确定性的语言是有问题的。这好像也是错误的。在现有可能是什么的情况下，追求准确性，代价是很昂贵的。所获可能没有代价大。鉴于每部伦理章程的实践目的，我觉得，谨慎的方法似乎是陈述现在可以陈述的方法。这样的陈述不会掩盖异议。异议没有被取消，还是原样保留。每个职业成员可以自由地理解对他来说似乎是正确的东西，按照它行事，为他已经做的行为作出辩护，由此贡献出共同的经验，而更加准确的描述可以从这些共同的经验中及时产生。第四，这种批判似乎低估了语言的必要角色。每个人都明白，或者至少应该明白，任何一份文件——不

管是伦理规范,还是公差表,甚至是私人信件——不可能只表达作者思想的唯一状态。这些文件表达了它们所要表达的,不管它的作者实际上是怎么想的。如果作者傻、不小心或者倒霉,那么这些文件所表达的可能更多、更少,或者跟他所想的完全不一样。像其他行为,语言行为也会出错。理解并不是一件读出作者意图的事,而是一种根据某种或多或少确定的程序和文本共同作用的机制。文本不仅仅是一个传递作者意图的好的或坏的管道。理解始于作者停笔之处。

第四部分　经验研究

本书前三部分的叙述是不规整的,但通常都是从历史的视角来考察工程的。尽管这一部分也将以历史开端,包括之前已经熟悉的"挑战者号"的案例,但它的关注点将是社会科学。其中第九章是一份经验研究的报告,揭示了工程师的日常工作,他们在企业中所处的位置,以及他们与管理者的关系等情况。同第五章一样,第九章也试图用我们所学的关于工程师的知识,来保护工程师免于陷入伦理困境。

第十章则试图将一种抽象的观点——作为雇员,工程师缺乏自治,所以大多数工程师都不可能成为职业人员——转变成一组能为经验所证实的具体论点,不过这检验的工作得留给社会科学家。进而表明,对职业感兴趣的哲学家和社会科学家进行有效的合作是可能的。

最后一章,即本书的跋,是用来抛砖引玉的,以期望社会科学(和历史学)为工程伦理作出更多的贡献。这一章提出了关于工程的四个问题,回答这些问题对于我们研究工程伦理是颇有裨益的。这四个问题适合从社会科学的角度来回答。跋还特别强调本书的首要特征是,作为一个整体,它试图开启一个研究领域,提出假说和研究路径,甚至为持不同观点的人提供一个靶子。

第九章
普通的技术决策：一种经验研究

对加拿大的工程师来说，戴上一枚指环是获得职业身份的一部分。最开始这
种指环是用普通的铁制成的，现在则普遍采用钢。这是为了纪念1907年横跨圣劳
伦斯河（St. Lawrence）大铁桥（位于魁北克省）的倒塌。[①] 当时因为一位工程师的过
错，70多名工人失去了生命。以这样的方式记住那场灾难，应该有助于今天的工
程师避免再犯类似的错误。据我所知，虽然其他工程社团没有类似的物质纪念物，
但却都具有工程行业的某些特征。工程师不会掩盖错误，他们会记录错误、研究错
误，会在实践中吸取教训。工程手册，以及耐力标准表、安全因素、标准方法等，在
某种程度上和加拿大工程师手上的铁指环是具有同等效力的，都体现了工程师们
试图从失败中吸取教训的努力。

这一章也试图从工程事故中吸取教训，不同之处在于它关注其中涉及的伦理
问题而非技术失误。我将以这样的假设为起点，即一旦工程师面临了伦理问题，就

说明其中某些地方一定是出错了。至少可以从三个角度来解释是什么地方出错了：（1）个人的——某人（工程师或其他人）不恰当的行为；（2）组织的——组织缺乏阻止问题产生的令人满意的政策或程序，或者至少没有预料到该问题；（3）技术的——缺乏一些可以阻止问题产生的设备（如可以消除仅仅依靠"工程判断"来决策的不确定性的检测设备）。

以上三种视角并不相互排斥。事实上，每一种视角都给人启发。所谓对问题的"解释"，相对于可以帮助我们思考问题是如何产生的，它们更有利于我们想出解决问题的最佳方法。当我们认为最好由个人来解决问题时，我们就强调个人行[120]为的作用。当我们认为最好通过改变组织来解决问题时，我们就强调实践或者政策的作用。当我们认为引进新的机器、改变建筑的物理布局，或重新安排事物最有利于解决问题时，我们就强调技术的作用（在技术的选择中通常不涉及伦理的维度）。同时，如果没有一种方式是适合的，那么我们可能会说问题是"复杂的"。

这一章将主要论述工程伦理中组织层面上的问题。我们可以通过改善工程师和管理者之间的沟通，明确一些政策或实践标准，从而避免工程师把一些组织层面的伦理问题当作个体层面的问题来处理。这是"预防伦理学"的一项工作。

问　　题

工程师的行为很重要。飞机设计上的一个缺陷，化学品制造过程中出现质量问题，甚至发电厂的某个操作失误，都可能毁掉一个公司，削弱政府的公信力，或者导致数以百计的无辜民众丧生。我们的舒适、繁荣和安全，依赖于工程师的水平；同时，由于工程的规模和复杂性的差异，也就必然依赖于管理者的水平。工程师与管理者的关系出现任何问题都有可能威胁到他们工作的完整性，也可能威胁到我们共同的幸福。管理者和工程师之间技术沟通的失败便是这样一种威胁。挑战者号的灾难从两个方面说明了这种威胁的严重性——同时也揭示了本章的潜在意义。

作为调查挑战者号灾难的总统委员会成员,理查德·费曼(Richard Feynman)——一位诺贝尔物理学奖获得者,访谈了该项目中的管理者和工程师。他很快就发现管理者与工程师有显著的不同,这甚至表现在那些似乎明显可确定的事实上。[②]例如,费曼询问了一名负责航天飞机发动机的中层管理者和他手下的三名工程师:"对于一次飞行而言,因发动机的故障而导致飞行失败的概率是多少?"工程师都认为大约是两百分之一。而管理者的回答却好得令人难以置信:

> (管理者)说:"100%。"工程师愕然。我也愕然。我看着他,每个人都看着他。
>
> 他又补充说:"嗯……嗯,减去 ε?"
>
> "好吧。现在剩下的问题是 ε 是多少?"
>
> 他说:"十万分之一。"
>
> 然后,我就(向他)说出了工程师的答案,并告诉他:"在这里,我发现工程师和管理者在对信息和知识的理解方面存在差异。"[③]

费曼这里所揭示的工程师与管理者之间的分歧与挑战者号灾难并没有直接关系。导致此次灾难的是火箭推进器的○型环故障,而不是航天飞机发动机的故障。在航天飞机发射后的最初几分钟内,火箭推进器本应与航天飞机分离,负责火箭推进器的莫顿·瑟奥科尔公司与航天飞机本身无关。无论是航天飞机的工程师,还是他们的管理者,都不是瑟奥科尔公司的雇员。

[121]

这种分歧还是相对的。在发现管理者和从事火箭推进器工作的工程师对推进器故障概率的评估存在如此大的分歧之后,费曼才向他们提出了上述问题。这种分歧大得令人吃惊。要知道,这种概率是很容易计算的(或者,至少每个人在如何计算上能达成一致)。一旦意识到了这种分歧的存在,费曼就很想知道它们在多大范围内存在。

于是,费曼开始了他的调查。管理者向他信誓旦旦地表示不存在任何分歧,因为他自己也受过像工程师那样的训练。[④]

　　费曼没有问管理者的是,为什么和工程师接受过同样的训练就能保证与他们达成共识。毫无疑问,管理者作了这样的假设,由于能够理解技术信息,因此足以保证他的思维方式与受过同样技术训练的人相同。这种设想在某种程度上似乎是合理的。那么,怎么解释那些分歧呢? 费曼暗示管理者的误解是由工作环境造成的,他说:"正如固体火箭推进器的情形那样,这是一场降低标准并接受越来越多缺陷(本不该在设备中出现)的游戏。"⑤费曼没有解释这个过程是如何导致管理者在这么简单的事实上出错的,或者为什么普通工程师没有受到相同的影响。事实上,费曼的暗示与其说回答了一个难题,还不如说又提出了一个难题。回想一下对"发射"这个灾难性的决定起关键性作用的那个重要事件(第四章已有描述),我们就会对这种困难有深刻的理解。⑥

　　在挑战者号爆炸的前一天晚上,一位管理者建议另一位管理者"摆脱(他的)工程师身份,并以管理者的身份"处理问题。此建议明显地导致了这位管理者——瑟奥科尔的一位副总裁,改变了他对○型环故障风险的评估,并同意发射(他知道,没有他的同意,不可能发射)。这位管理者自身也是一名工程师。那天的早些时候,在收到他的工程团队一致的建议后,他决定反对发射。但由于来自国家航空航天局的压力,以及没有来自关于风险的任何新信息,使他的态度在那晚发生了逆转。"以管理者的身份"似乎改变了他之前思考数据的方式。在这里,工程师和管理者的分歧似乎也存在于一位工程师出身的管理者身上。

　　费曼发现,并非在航天飞机工程项目的所有部门中,工程师和管理者之间都存在这种隔阂。例如,在电子设备设计部门,"一切都很好,工程师和管理者之间的沟通非常顺畅"。⑦因此,隔阂并不是工程师和管理者的关系中所固有的,它必定是作为特定实践活动的结果而出现的。隔阂一旦出现,管理者(如费曼提到的NASA的管理者)就可能在没有获知充足信息的情况下作出决定。充分的信息往往能使决策更加到位(因为能考虑到几乎所有合理的评判依据),因此,管理部门减少了作出良好决策的机会。

　　当然,在不能掌握充分信息的情况下,优秀的管理者将会避免作出决定。以上这份研究报告就是为了强调这个结论。而我们的研究将从四个相互关联的问题开始：

1. 在雇用工程师和管理者的其他组织中,是否也存在费曼发现的那种沟通障碍?

2. 是否存在一种在灾难发生之前就能辨识沟通障碍的易用程序?

3. 在一个组织中,管理者和工程师如何避免这种沟通障碍的出现,或者一旦出现,如何消除这种障碍?

4. 培养未来工程师的学院和大学又该如何有助于防止这种沟通障碍的出现,或者一旦出现,如何才能有助于它的消除?

相关的文献

描述大型组织中管理者生活的文献很常见,其中有很多触及了管理者可能面临的伦理问题,但更进一步的研究文献则很少。罗伯特·杰卡尔的《道德迷宫》是一个重要的例外,它特别揭示了团体生活的残酷现实。他笔下的管理者几乎在道德无涉的环境下工作,技术知识在很大程度上似乎也无关紧要,使老板满意是成功的唯一标准。杰卡尔仅仅谈到了与举报有关的工程师问题,并且完全没有论及工程师与管理者或其他雇员间的任何重要差异。[⑧]而且,如果杰卡尔所描述的管理者与那些同工程师一起工作的管理者基本类似,那么管理者与工程师之间的沟通障碍仍将普遍存在且难以消除。

工程是一种职业。具体讨论管理者和职业人员关系的文献必须提供哪些内容呢? 这类文献数量少得惊人。大部分这类文献似乎是专为人事部门而准备的(或者是为某个一般的 MBA 项目而作的)。艾伯特·夏皮洛(Albert Shapero)的《管理职业人员》(*Managing Professional People*)就是一个典型。它的大部分篇幅都在谈论怎样招募具有创造性的职业人员,怎样保持他们的创造性以及如何评价他们。夏皮洛特别擅长于这类人事问题,如是否应该让薪水保密和怎样中止一个新的合约。他甚至提供了一些促进职业人员之间沟通的有效建议。但是,对于职业人员提供的信息、设计以及建议等应该怎样对待,他实质上并未提及。例如,对于职业人员和管理者之间可能存在像挑战者号案例中那样的意见分歧,夏皮洛并没有给出任何暗示。⑨

在论及如何管理职业人员的文献中,很多针对人事部门而作,不过我发现约瑟夫·雷林(Joseph Raelin)的著作是一个重要的例外,尤其是《文化冲突:管理者和职业人员》(*The Clash of Cultures*: *Managers and Professionals*)。该题目本身已经表明了雷林的著作与其他论及职业人员和管理者关系的著作之间具有很大的不同。对于雷林而言,在管理者和职业人员之间的确存在"冲突"。雷林指出这种冲突来自于管理者和职业人员在文化上的差异。职业人员都应遵守设定了行为标准的伦理章程,而不论雇主怎么想。这样做的职业人员常常超越了他们对雇主的忠诚。另一方面,管理者则不存在这种有所区别的忠诚,他们更容易受组织压力的影响。[123] 因此,在涉及重要伦理问题的决定时,雷林敦促管理者应该依靠职业人员的建议。⑩

然而,甚至雷林的著作对我们认识管理者和工程师之间的隔阂也没有什么帮助。雷林关于挑战者号灾难的讨论忽视了所有与挑战者号灾难有关的管理者都是工程师的事实。⑪他对伦理的强调似乎也发生了错位。在航天飞机爆炸前的那个晚上,管理者和工程师之间的分歧并不是明确的伦理问题。费曼所揭示的问题远远超出了像故障概率这样容易计算的事实。

本书第五章采取过不同的方针,一个更接近于费曼的方针。⑫它强调了我们的所为与我们思维方式的紧密联系。既然工程师的工作不同于管理者的工作,因此可以预料到工程师的思维方式会有所不同。不过,具体的差异得视特定的工作环境而定。第五章说明了瑟奥科尔公司的工作环境(费曼的"游戏")导致了特定"管窥"的形成,"管窥"构成了管理者对风险的常规思维方式的一部分。像管理者那样而不是像工程师那样思考意味着,对于工程的重视并没有达到外人认为应当达到的那种程度。事实上,管理者已经闭目塞听。

第五章(和雷林的著作一样)对于相关的文献库也是一种贡献,因为它论述了组织结构与伦理之间的关系。在这个领域,詹姆士·沃特斯(James Waters)作出了另一种有益的贡献。虽然沃特斯的主要例子——20世纪50年代通用电气公司的价格操控,并不涉及技术沟通的障碍,但其中的确存在沟通的障碍。沃特斯认为,组织上看似没有问题的工作方式,实际上阻碍了人们反对(他们认为)不合法的、不道德的或不明智的行为的正常倾向。⑬

技术沟通似乎是远离伦理的,那么,又是什么把我们引到这些伦理文献中来的? 答案就是,技术沟通常常是使伦理走向实践的工具。

请思考在讲授商业伦理时常用到的案例,其中相当多的案例都涉及管理者和工程师之间沟通的障碍。这些正是我们这里所关心的,比如"福特斑马车的汽缸爆炸"、"DC-10飞机的货舱门"、"三里岛核反应堆事件"和"加州旧金山湾区快速地铁"等。虽然沃特斯1978的论文关注的是通用电气公司的价格操控问题,但他也简要地论述了商业伦理中的另一个重要问题——"刹车门"丑闻(古特里奇公司为美国空军A-7D项目制造刹车的过程中出现的丑闻)。沃特斯注意到的问题也正是其他丑闻的共同特征:高级管理者和直接涉及的工程师在看待关键问题上存在显著分歧;中层管理者在传递重要信息方面存在明显失误;以及原则上可以避免的失误但却发生了,而且它的发生绝非是程序或组织中没能预见到的偶然现象。⑭在工程师看来明显存在严重问题的地方,对于管理部门尤其是上层管理部门而言,却并不重要。

我们试图解决与工程伦理相关的上述问题。上面提到的大多数丑闻也会出现在工程伦理的课程中(经常是这样)。我们不仅仅关心商业和工程的问题,有证据表明,政府部门的管理者和工程师之间也存在类似的隔阂。⑮即使在不包含工程师的领域中,似乎也存在类似的沟通障碍,如军官与技术人员以及航空机械师与管理者。⑯

[124]

我们论述的问题与商业伦理的联系,无疑是重要的。与职业伦理的文献不同,在商业伦理中,探讨预防或消除我们所关注的沟通障碍的文献相对来说多得多。例如,沃特斯提出了五个建议:

1. 消除有关组织优先权的含糊不清的表述(比如可以通过一部共同的伦理章程来实现);

2. 在说明允许什么和禁止什么的指示时,应该包含具体的例子;

3. 为内部举报者(如调查员)提供具体的步骤;

4. 建立一种恰当的组织词汇表(比如通过组织广泛的伦理培训,包括讨论可能在组织中发生的那些特殊事例);

5. 建立类似于年度审计的定期伦理调查制度。[17]

沃特斯还指出,他关注的问题很可能出现在层级化程度相对较高的组织中,也就是部门划分相当细密的组织中,这样的组织有严格的信息输送链,使得信息很难"水平地"(从一个部门到另一个部门)或"垂直地"(围绕一个特定的管理者)流动。

雷林的建议与沃特斯的很相似,仅有的重要补充是:

6. 良好的师徒关系有助于新工程师更好地融入职业社会;

7. 奖励那些带来坏消息的人(如同通常奖励那些带来好消息的人一样),这对组织更有利。[18]

类似的建议不胜枚举。[19]但是,这些文献都缺少了一块内容,那就是建议组织应明确鼓励职业人员遵守职业的伦理章程,提供有关职业章程的内部培训或鼓励职业人员忠诚于他们的职业。[20]甚至关于工作场所内职业的多样性研究也是寥寥无几。[21]

现在，我们该提一提另外两类相关的文献了。一类是关于管理创新的文献，尤其是伯恩斯（Burns）和斯托克（Stalker）所做的经典研究。[22]这类文献从另外的角度进一步证实了已经被揭示的良好的伦理与出色的管理之间的联系。

另一类文献，从一开始就应该是显而易见的。挑战者号爆炸是一场人为的灾难。然而，当我们发现巴里·特纳（Barry Turner）关于人为灾难的经典著作时，已经为时太晚了。他的分析大部分聚焦于沟通障碍，其中有一些相当微妙，但不幸的是，他对如何预防却很少论及。[23]

假　说

我们以这样的假设开始我们的研究，即企业和政府倾向于把工程理解为"参谋功能"（staff function），而把管理看做"指挥功能"（line function）。这种假设似乎无可非议。自 19 世纪中期美国第一个大企业——铁路公司按照美国军队的模式被组织起来并成为美国的第一个大型组织开始，参谋—指挥的区分一直是美国企业的一个相对稳定的特征。[24]　[125]

就纯粹形式而言，参谋和指挥工作的区别在于：工程师（和其他职业人员）被认为是拥有专业知识并能够完成特定工作（起草、设计、检查、评估安全等）的人。他们对管理者负责。但是无论他们在组织中的地位有多高，没有人（除了很少的几个助理）直接对他们负责。工程师并不是"命令链条"中的一环。而从另一方面来说，无论管理者是否拥有技术知识，他们都要为决定做什么和怎样做负特定的责任。管理者对"上级"负责，同时又命令"下属"。工程师作为特定管理者的参谋为其提供信息、建议和技术帮助。[25]工程师关心的是事实；而管理者只关心决策。最近，一位技术史学家对这种"军队模式"的工程师—管理者关系作了相当精辟的概括（假定它是关于现今工程师—管理者关系的准确描述）："当今工程行业的组织结构并不鼓励从业者关注狭窄的技术领域之外的问题——更不用说提反对意见了。"[26]

　　我们虽然承认实践很少是纯粹的,但是假定参谋—指挥的区分仍会产生劳动的分工,即工程师以一种方式思考问题,而管理者以另一种方式思考问题。特别是,我们预见了工程师总是服从于管理者,为管理者提供各种选择,并让管理者作决定。我们也假定了工程师和管理者会用多少有些不同的标准来评价他们的工作。例如,工程师会遵循成功的职业标准,因为他们想要"把事情做对",即使额外的耗费相当大或所需的时间相当长。而管理者则会遵循成功的公司标准,因为他们只想及时地且在预算内地"完成任务",即使是走捷径或者冒很大的风险。由此可以预见,管理者与工程师之间很难达成有效的沟通。

　　最后一点假设是,当前的文献在增进管理者和工程师之间的沟通方面所起的作用可能是不够的。航天飞机项目有一个复杂的咨询系统,它确保了在作出决定的每一个步骤上都有工程"输入"。该系统已包含文献中所建议的大量内容。信息(或至少是印在纸上的信息)向上流动相对自由,没人能够阻挡它。然而,工程师和管理者之间的沟通仍然在很大程度上存在障碍,结果将是我们谁都不希望看到的灾难。因为航天飞机项目同其他需要聘用大量工程师的事业并没有什么根本的不同,所以我们认为同样的事情也可能会发生在类似的大事业中。显然,除了NASA 复杂咨询系统,我们需要更多东西。

[126]　　通过以上这些假设自然可以推导出下面的假说:

　　1. 在大多数组织中工程师和管理者之间的界限是相对清晰的,因此,工程师可以知道自己是否已成为一名管理者。

　　2. 工程师主要关注的是安全和质量,而管理者主要关注的是成本和顾客的满意度。

　　3. 工程师倾向于服从管理者的判断,因为管理者对决定负有最终的责任(因此,为改善管理者和工程师之间的沟通,应找到一些可以激励工程师以更加坚定而自信的态度来与管理者交往的方法)。

　　4. 组织内部层级越多,管理者和工程师之间的沟通就会越发困难,沟通的障碍就容易形成。

5. 如果工程师和管理者之间有沟通障碍,我们可以通过制定一定的程序来辨别这种障碍。

6. 我们可以通过增加程序存量来防止沟通障碍的出现,或一旦它出现,促使障碍消除。

方　　法

一开始我们就认识到,对于我们的任务来说,经验文献不够充分,这可以从三个方面来说:

第一,很少有专门讨论工程师的文献。即使有,也太抽象,从中很难了解到管理者和工程师日常是怎样交往的。

第二,可以通过丑闻发生后的国会听证、法院诉讼和调查报告,对上述问题有所了解。我们假定工程师可能会在质量和安全问题上犯错。这样的错误可能会损害公司利益甚至毁掉一个公司,但是不会产生众所周知的丑闻。相反,管理者可能会在利润和满足客户方面犯错,这些错误可能会威胁到安全或质量,它们就可能会变成公众有兴趣知道的灾难。当前有关丑闻的文献,似乎都一边倒地曲解了管理者。

第三,工程师很少陷入亲手造成公众关注的灾难的局面,而管理者肯定会被牵涉到这样的灾难里。一旦管理者被牵涉进去,不论他们的决定是否依赖了工程师,他们都要承担责任。这是他们的决定,即使他们是被建议的,即使这个建议再差。所以往往是,人们对工程师的建议总是视而不见。只有一个例外,即当灾难的发生是由于管理者没有采纳工程师的建议时,工程师的建议才会突然受到重视。于是人们会问,为什么管理者不采纳那些建议呢? 可以说,最引人注目的丑闻就是那些因管理者与工程师之间的沟通障碍而引发的丑闻。这其实不足为奇。如果管理者正确地否决了工程师的错误建议,那就一点新闻价值也没有了。

因此,要理解管理者和工程师日常是如何合作的,我们就不能仅仅依赖有关丑闻的文献。我们还需要直接考察工程师和管理者在较正常的情况下(即在没有灾难给予选择性的后见之明的情况下)是怎样一起工作的。

为此,分别针对工程师和管理者,我们各设计了一份调查问卷(参见附录一和附录二)。然后,我们在一家公司做了问卷测试并作了小小的修改,使得措辞更清晰明了。例如,很明显,我们感兴趣的是"技术的"而不是"个人事务的"分歧。之后,我们又采访了另外三家公司。然后,我们又添加了打星号的题目,为方便参考,保留了原来的编号。

[127]

这些问卷有四个作用:(1)告诉我们工程师或管理者的工作,他们的日常事务以及在组织工作中的地位;(2)告诉我们工程师和管理者之间互相是什么关系;(3)帮助我们识别有利于有效沟通的实践;(4)帮助我们识别是否属于费曼在航天飞机项目中发现的那种沟通障碍。调查是没有明确答案的、开放的,持续时间约为90分钟。

设计完调查问卷后,我们联系了聘用工程师的公司。最小的公司仅聘用了四名工程师(其中两名没有学位),最大的超过了10,000人。除了一家是建筑公司外,其他的都从事制造业。范围从应用相对不太危险的技术(如电子类)的公司到应用相对危险的技术(石油化工产品制造)的公司;从主营零部件供应的公司到生产终端市场产品为主的公司;从只是位于一个地方的小公司到一些大的跨国公司(其中一个公司为集权制)。

我们选择这些公司并非偶然。我们最初的预算限制了只能在芝加哥大区内进行采访,即使在预算提高后允许采访距芝加哥一小时车程之外的两个地方,我们也还是有选择性的。我们推测很少有公司愿意在工作时间让人采访他们的雇员。因此,我们只接触那些允许我们团队中的一个人"进入"的公司。㉒这种选择模式的结果可能会使我们偏向那些"好公司"。

可能由于这个原因,我们预计的一种偏见并没有发生。我们希望能够自己选择(即使我们承诺只有当为了感谢它的帮助,或者是为了推荐它的一个程序时,我们的报告才会提到公司的名字)。同意参加意味着该公司必须认为我们所做的事足够重要,值得让我们占用管理者和工程师的工作时间。公司也必须自如地面对外人对公司日常运作的调查。在同意我们调查前,我们邀请的每个公司都想知道我们打算做什么。管理层看过我们的项目建议书和两种问卷。我们无意掩盖对伦理的关注。我们认为没有社会责任感或没有良心的公司肯定会拒绝我们的要求。然而,令我们意外的是,在我们接触的 10 家公司中,没有一家拒绝的,没有一家坚持要控制我们所发表的内容的,甚至没有公司要求我们在出版之前发表评论。不过,所有公司都要求有一份最后报告的副本。(实际上,我们给予了每个公司评论初稿的机会,以了解我们对技术决定的理解是否与他们的一致。)

[128]

一旦公司同意合作,我们(研究团队)会指出,我们对采访特定的管理者或工程师并不感兴趣,我们感兴趣的是"管理职能和工程职能的交叉融合"。我们需要调查与管理者打交道的工程师、与工程师打交道的管理者。我们把选择权留给公司,让他们去选择接受采访的管理者和工程师。他们的选择似乎主要是根据那些恰当的人选,看谁在我们采访的那天正好有时间。一般情况下,我们采访一位管理者和一位或多位与他一起工作的工程师,而不是两个不相关的人。在相当多的情况下,由于一些突发事件(例如,远处一个工厂出现紧急情况,或会议日期发生变更),最后时刻进行了换人。通常看来,公司只是在恰当的人选中邀请志愿者。我们从来没有从"一堆人"中去选择采访对象的感觉。

小公司要理解我们所谓的"管理者"和"工程师"并不困难。不过,出乎我们最初的预料,拥有大量工程师的公司对这个问题的理解却有困难。在这些公司中,不存在工程职能与管理职能的单独交流。在被视为"专职工程师"的雇员和被视为"专职管理者"的雇员之间可能存在着两个、三个甚至四个组织层次。在这样的公司中,我们希望采访来自各个层次的人,从"基层工程师"到最高层次的"专职管理者"。因此,相对于小公司,我们在大公司中进行的采访更多。

所有的采访都在公司中并且在工作时间内进行,通常在工程师或管理者工作地点附近,要么在会议室,要么在私人办公室。在采访期间,只有采访人和被采访人在场。我们不使用录音机。一般我们有两位采访者——一个问问题,另一个做记录。[20]记录者偶尔也会提一些需要澄清的问题。采访者首先做一下自我介绍,说明采访目的,保证不透露受访者姓名,并承诺只在感谢它的合作、或者是推荐别人可以效仿的程序时,才会提到公司的名字。

　　然后,采访者提问:"你是管理者还是工程师?"这个问题常常引出一些简短的讨论,有助于理解组织是如何看待工程的。我们遵守个人的决定。这种方法会导致一些令人困惑的结果。例如,在同一个公司,一些"小组负责人"(那些管理四到六个基层工程师的人)被当做工程师,而另一些负有同样责任的人则有可能被当做管理者。这个麻烦其实不算什么。毕竟,我们关心的是如何通过受访者的视角来理解他们的工作。不过,我们还是采取了一些措施以防止这种方法可能引起的偏见。无论何时,当我们引证一位小组负责人的话时,都会从管理者的角度和工程师的角度进行对比,我们都会指出这个人不仅仅是一位工程师或者管理者,而且是一个小组负责人。

　　一旦受访者被确认为是一位管理者或是一位工程师,采访者就会找出合适的问卷开始工作(不时增加一个即兴的问题)。尽管我们尽量在采访前的一周内给[129]每位受访者一份调查问卷,但是,还是有大约一半的受访者并没提前看到调查问卷。那些事先拿到问卷的人表示他们已阅读过,并且进行过一些思考。少数人甚至还做了笔记。我们的印象是那些事先拿到调查问卷的人给出的答案更全面。而对于另一些问题,事先拿到问卷的人与那些没有事先拿到问卷的人给出的答案则没有什么不同。没有受访者表现出他曾与上司讨论过答案的迹象。

　　我们总共采访了60位工程师和管理者,其中仅有一位是女性(我们认为,这说明了这些公司在工程工作中很少雇用妇女)。这60人代表了所有主要的工程领域:机械、电子、化工、土木工程、冶金。工程师中涉及有设计、测试和操作(在制造业和建筑业)等领域。并不是所有人都在美国接受过培训。其中每一个人至少在以下一个国家接受过培训:加拿大、荷兰、(当时的)联邦德国、(当时的)民主德国、波兰、印度和日本，大部分在国外接受过培训的受访者在到美国之前已经是工程师了。在大公司中，被采访的高级管理者处于公司的中层；而在小公司中，他们则接近于公司的最高层了。

起初，我们期望工程师有工程学学位而管理者有管理学学位。在大多数公司中，大部分工程师都有实际的"学位"，不过偶尔也会遇到一位"从车间提拔上来的"年纪较大的"工程师"。当然，在一家公司里，从底层晋升上去依然是很常见的。其中有一家公司，我们采访了三位管理者，他们既没有接受过工程师那样的培训，也没有像工程师那样工作过。我们找到这家公司后才意识到，我们最初的管理者样本完全是由以前的工程师（大部分人都有工程学学士学位，不管他们是否持有 MBA 或者其他管理学学位）组成的。因为普遍认为："商业学校，而不是工程学校，（现在）是受管理部门青睐的资源。"[29]让我们惊讶的是，要找到一个拥有大量不是工程师出身的管理者的公司，竟有那么难。现在我们要质疑以上这种普遍的看法了，至少对于工程师的管理来说。

我们的采访不能提供一幅管理者和工程师如何合作的完整图景，但可以提供不同于丑闻或者现存的管理文献所给出的部分图景。我们是对正常条件下（或者，至少没有灾难带给我们的后见之明的启示下）的技术决策进行研究。

从某种意义上来说，这幅图景比我们选择公司的方法更全面，也比这些公司的绝对数量所显示出来的信息更全面。恰好超过三分之一的受访者（10 名管理者和 11 名工程师）先前至少为另一位雇主工作过。其他一些人也为企业集团的其他分支机构（在德国的、日本的或印度的）工作过。我们鼓励这些受访者对比他们现在的雇主与他们先前的雇主，或者对比他们的雇主在这里的做法与在国外的异同。这使我们能够洞察公司非官方场合所呈现的一面。

一些受访者已经为他们现在的雇主工作了几十年，时间长到足以看到管理者和工程师关系的重要变化。我们鼓励这些受访者对比过去和现在。这些对比给予我们一种时光飞逝的历史感。[30] [130]

证　据

我们关于证据的讨论分为五部分。第一部分,对比了工程师与管理者的视角。第二部分,根据在工程决定中强调的不同标准,区分出三种类型的公司。第三部分,描述这三类公司在通常情况下是如何作出工程决定的,注意它们的不同与公司类型有怎样的联系。第四部分,讨论一种开放政策、一部伦理章程以及其他策略(其中一些是文献中没有的)对工程决定过程的影响。第五部分,描述了在正常决定过程中的沟通障碍,这在我们的问卷中已有体现,它也是导致挑战者号灾难的非戏剧性的原因。

工程师和管理者：一些不同之处

在管理者问卷上的第 11 个问题("工程师是潜在的好管理者吗?")和在工程师问卷上的第 12 个问题是一样的。设计这一问题的目的是鼓励受访者比较和对照管理者与工程师的处事方式。我们也期待对两种问卷相同的第 5 个问题("公司的管理者接受过培训吗,或者他们精通公司的技术吗?")、管理者问卷上的第 12 * 个问题("工程师为了得到想要的信息,该向你提出什么问题?")和工程师问卷上的第 13 * 个问题("管理者为了得到想要的信息,该向你提出什么问题?")的回答,这些回答将有助于了解工程师与管理者之间的差异。

我们发现,被调查的工程师和管理者在区分管理者视角与工程师视角的方式上,实质上是一致的。工程师和管理者都同意一些工程师能成为优秀的管理者,但是他们也认为工程师必须学会改变(那些改变不了的工程师不能成为优秀的管理者)。这些改变(除了学会如何做预算、撰写个人报告,以及诸如此类之外)包括以下三类。

第一,要成为一名优秀的管理者,工程师必须较少地关注工程。一位管理者说

道：“对于我来说，最难以做到的是从日常工程工作中收手。”（另一公司的）另一位
管理者表达了同样的观点：“当一名工程师成为一位管理者后，他必须以不同的角
度来考察事物，并使自己从工作的细节中抽身出来。”（同一公司的）一位工程师也
表达了相同的观点：“不能脱离工程的工程师是一名差劲的管理者……你必须学
会让工程师自己去处理工程事务。”否定工程师可转变为优秀管理者的评价来自
（另一公司的）一名工程师：“不，工程师不是潜在的优秀管理者——除非给予他专
门的培训。工程师很难放弃对所有细节的控制。”

　　第二，工程师不仅必须放弃对工程细节的控制，像一位管理者所说的，而且必
须“拓宽视野，从宏观的角度看待问题”。另一公司的一位管理者认为，拓宽视野 [131]
包括学会“向前看、考虑其他人、站在人类资源的高度思考”。另有一位管理者将
第一种改变和第二种改变联系起来后表达道：“我们必须从自己得出结论转变为
引导他人得出结论。”

　　工程师对此表示完全赞同。有人建议：“工程师要转变为管理者，就需要欣赏
那些促进项目实现的因素……，要考虑成本并且……定期跟踪项目的执行情况。”
另一公司的一个人表达了同样的观点：“他必须学会责任管理，以及通过他的团队
去完成任务。他不能全部包揽。”

　　第三，也是最根本的，管理者不仅需要拓宽他的视野，而且必须改变他的行事
风格。一名工程师指出：“工程师喜欢与事物打交道，（但是）管理更多的是与人
而不是与事物打交道。”或如另一名工程师所表达的：“社交能力强的工程师能成
为优秀的管理者，而其他人应该远离管理。”管理者也持有同样的观点。有人回忆
道：“我必须让更多的人变得敏感。”另一个人补充道：“你必须与你的团队建立起
良好的工作关系。”

　　可惜的是，我们并没有询问，工程师转变为管理者时哪些是不应该改变的。但
是，我们依然收到了一些相关的回应，其中大多数来自管理者。在这个问题上，工
程师与管理者似乎再一次达成了一致。“管理者不应该放弃他对技术的接触，”一
位管理者说道。另一公司的一位管理者也认为，如果他放弃了对技术的接触，那么

他将变得"太肤浅"并且"没有工程师会向这种管理者寻求帮助。"一名工程师说道："无论何时,懂技术都是至关重要的。我们需要(在懂技术与保持对工程的热爱之间)找到良好的平衡点。不过,通常都很难找到这种平衡点。"

　　虽然我们调查的大多数公司都为工程师出身的管理者提供了一些正规培训、内部培训或更多的是付费的外部培训,但是一般认为这种培训并没有多大帮助(除了在处理人事和技术事务上)。无论管理者还是工程师在回答(管理者)问卷的第 11a 个问题或(工程师)问卷的第 12a 个问题上有着惊人的一致,即回答"没有"或"的确没有"的人的数量极多。而在同一公司(通常在同一部门)的其他人却说有这样的培训。一名工程师的回答或许能解释这种表面上的不统一。"对丰富我的知识没有帮助,"他补充道,"虽然我们有这样的管理培训项目,但它相当空洞,因此我没有参加。"同一公司的一位管理者给出的回答则表明,虽然公司在培训方面作出了巨大努力,但是收效甚微。"不存在专门的转岗培训,"他继续说道,"我们有一些管理人拓展课程,另外还有 MBA 项目,如角色模拟。但仅此而已,并没有为工程师转岗而准备的真正培训。"或许另一公司的一名工程师的观点能很好地表达这种潜在的困难："虽然工程师了解他们的产品,但是管理却有它自己的特点。"

　　对于我们所调查的大多数管理者来说,对管理最有帮助的预备是早期处于管理边缘的经验。例如,小组负责人能获得一定的非正规训练。大多数管理者似乎都是"在实践中"得到锻炼的。一位管理者称那些不能或者不想改变的工程师为"学究型"的管理者,其实他们从来没有超越过小组负责人的角色。而其他人则得到越来越多的管理职责(而且花在工程上的时间越来越少),直到成为羽翼丰满的管理者。

　　从工程师向管理者的转变,主要不是人们所认为的对于相关(工程师也不懂)的技术知识的积累。㉛管理者确实了解一些工程师所不了解的事,因为管理者注意到了这些事,而工程师却没有(就如同工程师所关注的一些事,而管理者并不关注一样)。但重要的是,管理者的知识原则上对工程师来说是容易的,正如让管理者

（通过技术培训）理解工程师的知识也是容易的。优秀的工程管理者与基层工程师的不同之处主要在于，他们能够通过其他工程师来完成工程。因此，根据这种对管理的一般理解，一名工程师和一位工程师出身的管理者在交流各自关注的（技术）问题时，不会比他们与他们的同行进行交流有更多的困难。

　　这种普遍的认识或许能解释为什么非工程师出身的管理者会这么少，以及为什么这些极少的人又多集中在生产部门。在受访者看来，作为工程的一部分，生产主要由经验而非技术训练来决定。即使是这样，我们也注意到工程师和非工程师出身的管理者之间的非正常性冲突。在一些公司里，确实存在非工程师出身的管理者管理着工程师的现象。一名受过正规大学训练的工程师告诉我们："我不得不用'婴儿式的谈话方式'向我的管理者解释，因为他不是工程师出身。这很令人沮丧。当他向他的上司复述我的建议时，我非常恼火，因为他的表述是错误的。"一位受过正规学校训练的非工程师出身的管理者（从管理者的角度）证实了这种描述："有时工程师会一点点地给我解释，然后我会要求他们加快速度。否则他们将偏离主题——你知道，比如，他们会谈论苹果和水桶；然后，我告诉他们应该谈论引擎。工程师常常不知道怎样去和非工程师出身的管理者交谈。"

　　关于工程师与非工程师出身的管理者之间的关系，我们从调查中得到的更多印象是一种沟通不畅，而不是沟通障碍。许多重要的信息"在翻译中丢失了"。我们在一家公司发现了类似的情况，即许多管理者是外国人，他们正想方设法提高自己的英语水平。对此，一名美国工程师（在他明确认为他的管理者是一名优秀的工程师之后）给出了这样一个例子："假如我们发现设计需要在局部范围内作一些修改，那么我会亲自进行修改并在付诸实践之后才告诉我的管理者，这只是一种更简单的处理方法。如果我的上司是一位美国管理者，那么向他解释细节是很容易的，而且还可以让他也参与修改。"畅通的技术沟通渠道出奇得脆弱。

三 类 公 司

　　我们调查的公司似乎可以分为两种类型："以工程师为中心"的公司和"以客户为中心"的公司。除了这两种类型还必须增加第三种类型,即"以金融为中心"的公司。虽然在我们采访的公司中没有一家是以金融为中心的,但是当许多被调查者在比较现在的雇主与以前的雇主,或比较他们雇主现在的行事方式和以前的行事方式时,我们从他们那里得知以金融为中心的公司。以金融为中心的公司与前两种类型的差别很大,而且这种差别是不同的。[32]

　　以工程师为中心的公司的显著特征是,它们普遍强调质量是首要的考量(或是仅次于安全的首要考量)。因此,在这样的公司中,工程师自愿付出,"追求完美是公司的信念"。同一公司的管理者有相同的定义:"我们设计产品时是超安全标准的,即使损失金钱,也不愿损失名誉。"

　　虽然这样的公司也并不忽视成本,但是正如一名工程师所指出的,"仅在质量标准被满足之后才考虑成本"。虽然他们也不忽视客户,但是他们可能以对客户经常说"不"而感到自豪。因此,正如一公司的一位管理者告诉我们的,"即使客户想冒险,我们也不会跟着冒险"。同一公司的一名工程师告诉我们:"我们确实会对客户说'不'……如果客户的要求超出我们的范围,我们将拒绝,即使这些要求通常会促成大笔的订单,因而造成严重的经济损失。我们将会与客户协商,直至符合我们的项目规格。我们的这种态度很少会动摇。"

　　虽然这样的公司至少在短期内不可能得到最大的投资回报,但是它可能会在其他方面取得成功。在四个我们确定为以工程师为中心的公司中,每个公司(据他们所言)都有巨大而又持续增长的市场份额。其中两个是集权制的公司,三个(其中包括一个集权制公司)是大型跨国公司。

　　我们不会因为事实上是由工程师来运营的公司就称它是以工程师为中心的公司。我们调查的所有公司包括莫顿·瑟奥科尔,拥有各层次的工程师(或曾经是工程师)直到(有时包括)行政官员。在一定程度上,我们称一些公司是以工程师为中心的,是因为他们的行事方式满足了工程师的标准,即首要关注的是安全和质量(与工程师不同,管理者更关注的是客户满意度和金融)。因此,在以工程师为中心的公司中,工程师会有家的感觉。令人感到意外的是,这些公司的管理者似乎也有类似的感觉。

同时,即使在这样的公司里,"放下你的工程师身份并正视你的管理者身份"的话也不是毫无意义的(即使忽略个人事务)。工程师可能会认为管理者"更多地关注成本"。另一方面,管理者也可能会将工程师"太关注细节"的倾向与自己的"浅显——只是想作出'可以或不可以'的决定"的倾向作比较。

相反,以客户为中心的公司则有相当多的不同。对于以客户为中心的公司来说,客户的满意度是首要的考量(或者,是仅次于安全的主要考量)。正如这种公司的一名工程师所说的:"主要的目标是满足客户的需求。"同一公司的一位管理者给了这样的例子:"如果有一批产品不符合规格,那么我们会打电话给客户,告诉他我们有什么规格的产品并问他是否应该装船。"在以客户为中心的公司中,质量是内在标准,到了这里则被客户的需要和接受意愿的外在标准所取代。 [134]

在这样的公司里,工程师对质量的关注通常与管理者对客户满意度的关注存在冲突。例如,考虑以下这个问题:如果产品比生产它的机器的寿命更长,那么我们是否应该用廉价的材料来代替昂贵的材料,以使其耐用性降到很低? 以工程师为中心的公司和以客户为中心的公司都必须回答此类问题。在一家以工程师为中心的公司,很可能将这个问题理解为工程问题,也即理解为怎样定义质量的问题。然而,在一家以客户为中心的公司,它很可能被理解为在工程标准与管理标准之间作出选择的问题,即在质量("降低的标准")与满足客户需要(针对他的问题可以用"成本—效益解决办法")之间作出选择。因此,即使最终的决定是相同的,决定的机制(至少在这个方面)也是不同的。

以金融为中心的公司与以工程师为中心的公司相似之处在于,它也具有一个成功的内在标准;而与以客户为中心的公司相似之处在于,就目前来说这一标准还不是质量的标准。对于一个以金融为中心的公司来说,特定的商业数据(如毛利润或投资收益)是首要的考量。只在有助于使这些数据最大化时才会考虑客户满意度与质量。一个以金融为中心的公司的前雇员指出:"(那里的)态度是'我们以客户察觉不到的方式通过(客户的验收)'。"

以金融为中心的公司倾向于以生产的吨位、产品销售数量或其他数据指标来衡量成功,而不明确要求质量或客户满意度的指标。虽然我们认为工程师喜欢质量或客户满意度这样的硬标准,但是以金融为中心的公司的所有参数对此都是否定的或者至多是中性的。一位管理者回忆道:"(那里的)生产过程是由'销售数量'这一精神力量所驱动的,这常常有损于质量和效益。"另一位管理者带着明显痛苦的表情回忆道,他被要求在测试结果上做出小的调整(也就是说,在他看来是伪造数据),以便可以说产品满足了客户的要求并可被装船运走。与以客户为中心的公司的成功标准相比,以金融为中心的公司的成功标准,对于工程师而言似乎就更陌生了。

当然,三类公司的区别也并不像男人和女人的区别那样永久不变。我们调查的一个以客户为中心的公司,似乎正有意识地朝以工程师为中心的方向转变(工程师用"终于"来形容这种努力;而管理者则坦言要调整到质量的新标准存在着困难)。我们也调查了几个在最近10年中从以金融为中心的公司转变为以客户为中心的公司。我们甚至还调查过两个一开始我们认为应将它们归为以工程师为中心的公司,但经过充分商榷后,我们还是将它们归入以客户为中心的公司。使得这种划分异常困难的原因在于,它们中一个最大的客户给了很高的质量标准,使得它们自己都很难确定,质量到底是满足主要客户要求的唯一指标呢,还是它本身就是好东西。

[135]

因此,这种划分最好还是被看做是一种粗糙的拓扑学,因为它仅仅对组织现存的数据有用;或者被看做是一种确定的"理想模型",因为现实中的公司或许兼具有三类公司的性质,只是在程度上有所不同而已(有时,在同一公司中,或许不同的部门或分支也会属于不同类型)。虽然这种区分与另一理想的模型——"技术驱动型公司"没有明显的联系,但是我们调查的大多数公司都有资格被冠以"技术驱动型公司"。

日 常 决 策

管理者问卷的第 3、4、7 个问题和工程师问卷的第 3、4、6 个问题是用来告诉我们谁在作决定以及如何作出决定。管理者问卷的第 8 个问题和工程师问卷的第 10 个问题是用来告诉我们受访者是否赞同现有的实践。事实上,第 8 和第 10 个问题(关于应该如何作出决定)常常使受访者对第 3、4、6 个问题的回答进行修正。有时,管理者问卷第 12 和第 12* 个问题以及工程师问卷第 13 和第 13* 个问题也会带来同样的修正。

以工程师为中心的公司

起初,一些被调查者对有关管理者和工程师关系的描述听起来就像是现代版的参谋—指挥的区分。例如,一位管理者告诉我们,"管理者几乎总是作决定";另一位管理者说,"管理者拥有最大的权重"。一名工程师也指出:"(工程师)尽量给出最好建议,但赚钱却是管理者的事。"另一名工程师告诉我们,假如发生分歧,"老板一般总会赢"。

然而,随着受访者继续陈述他们公司作出决定的过程,这种评论在很大程度上发生了矛盾。例如,告诉我们应该由管理者作决定的那位管理者也告诉我们:"如果工程师有充分的证据,而管理者没有,那么管理者的决定可能就会被否决。但是,管理者仍会考虑一些本质上并不完全是工程的因素,诸如成本、客户偏好或者公司日常运转的策略。曾告诉我们"最终老板总会赢"的工程师也以同样的口气补充道:"我还没有碰到过老板赢的境况。"

事实上,从我们的调查中浮现出来的是一个"协商"(一位管理者这样称呼)的过程,它让人联想到学术部门,而不是军营。要从决定中分解出工程师的"建

议"通常是很难的。一般来说,只有当非工程因素(如成本或进度)的权重超过了
工程的权重时,管理者才会"否决"工程师的建议。通常情况下,管理者让工程师
决定工程。即使当他们由于非工程原因而"否决"工程师的建议时,他们也并不是
直截了当地否决。相反,他们会向工程师陈述另外的理由并寻求工程师的赞同,要
么通过提供新的信息赢得工程师的合作,要么寻求一些折中的方案。共识似乎是
一个好决定的标志;彻底的否决是无论如何都应被避免的。

[136]

　　寻求共识(一个比"协商"更好的术语)的过程似乎依赖三个假设:(1)在一
些工程或与之相关的管理问题上存在的分歧最终是真实的;(2)当经过相同技术
训练并拥有相同信息的理性人不能在一个事实问题上达成一致时,依赖这些信息
不足以作出好的决定;(3)除非在紧急情况下,推迟作决定比作出糟糕的决定更
好,直到有充分的信息(或者对现有信息有了更进一步的认识)。我们的受访者认
为,这些假设为工程师(以及工程师出身的管理者)所普遍接受,无论他处于什么
类型的公司。不过,这些假设在以工程师为中心的公司中似乎更有效。在以工程
师为中心的公司里,质量的优先地位给予工程考量某种力量,这种力量是其他注重
客户满意度或注重"数字"胜过注重质量的公司所不具有的。

　　对质量或客户满意度的考量是否完全真实,这是一个可能被我们忽视的哲学
问题。我们将这些考量视为真实存在的,其意涵很简单,那就是想表达,经验已经
告诉我们,通过进一步的测验,获得其他的新信息或者重新思考已有的信息,这正
是有望解决在这一问题上的分歧的方法。对于我们的目的而言,重要的是工程师
和管理者确实应该在安全、质量、客户满意度和成本的问题上达成共识,即使无法
期望在其他任何问题上达成共识。

　　这些假设的力量能够在下面的评论中得到体现。当询问一位管理者和他的工
程师是否总是意见一致时,他回答"不是",并继续解释道:"每一个问题都有不同
的解决方式。年轻工程师常常没有经验,他们需要从错误中吸取教训。其实工程
师和管理者并没有真正的分歧,因为在安全和质量问题上是很明显的,没有真正的
不同。"当被问到工程师的建议有多大分量时,他的回答是100%,并且补充道:"我

总是与我的工程师达成一致。"另一位管理者告诉我们："如果管理者和工程师在主要的技术决定上存在分歧，那么就应该一起到老板那里……然后由老板决定。不过，到目前为止，我们还没有出现过在主要问题上存在分歧的情况。"

　　工程师描绘了相似的情景。当被问到他的公司是如何作出工程决定时，一名工程师回答道："我递交一个设计并询问，'我们该怎样制造它？'然后，我先提出建议。我的老板，一位监理工程师，说可以或不可以。如果他说不可以，那么他得给出理由。如果他给的理由无法说服我，那么我是绝不会妥协的。于是，我们只有再次进行交流并重新测验。"在作决定的过程中，老板的权重似乎并不比工程师的大。最终的裁决就是再一次地"检验"。另一名说他能够给出最好建议的工程师说过，"赚钱是管理者的事"；同时，他也表示他和管理者"最后总是能取得一致"。事实上，他的意见从来没有被否决过。

　　达成共识的过程似乎预设了工程师和管理者拥有同样的信息。因为在技术和相关的商业问题上公开信息对于达成共识是至关重要的，因此受访的工程师和管理者谈到的涉及如何进行技术沟通的内容就显得非常重要了。（管理者问卷）的第 9 和第 10 个问题以及（工程师问卷）的第 8 个问题是用来告诉我们技术信息的沟通有多大的开放度。 　[137]

　　在以工程师为中心的公司里，管理者一致表示，他们从来没有对自己的工程师隐瞒过技术信息。虽然有一半的管理者认为工程师会对他们隐瞒技术信息，但他们并不认为工程师这样的行为有什么问题。一位管理者或许道出了其中的原因。他认为他的工程师有时为了"掩饰错误"会隐瞒信息，他进一步补充道："有时我需要问一些问题以确定是谁犯了错误。"另一位管理者更加含蓄地表达了这种观点："我相信工程师从来不会故意隐瞒信息，（但每一个）人都试图给人以尽可能好的印象。"在一个以工程师为中心的公司里，虽然工程师隐瞒令人窘迫的信息是一种自然倾向，但对一位有经验的管理者来说，这并非很大障碍，只要通过少数几个试探性的问题就可克服，不会对信息的自由流动造成重要影响。

　　对于是否会隐瞒信息的问题，工程师的看法有点不同。他们普遍同意管理者对他们是坦诚的,其中只有一人认为"有时老板拥有一些信息而没有告诉我们——但这从来不是故意的"。另一方面,没有人谈到故意隐瞒信息的例子——值得注意的是,除了外国管理者和美国工程师共事的公司。一名工程师表示,问题以"另一种方式"呈现着:"通常……我给了上司太多细节,我不得不学会简化。但是太多和太少之间的界线太细微了。我信任开放的沟通,并且由于这个原因,我从不隐瞒。"另一名工程师虽然表示不曾隐瞒信息,但是也坦承"很多东西在转译中丢失了"。

在任何组织中,对开放性的最终检验依赖于负面消息。在一个以工程师为中心的公司里,我们的受访者提供了一个怎样处理负面消息的事例。这个事例使我们认识到,在面临来自市场更加关注客户的持续压力之下,公司为坚持以工程师为中心,背后付出了多大的努力。

一家制造游船发动机的厂商要求一家公司为这个发动机制造一个配件。在正常的操作条件下,这个配件需要比发动机具有更长的寿命。但是,如果发动机一直以全速马力运转,那么它将很快被磨损。而能适应全速马力运转的配件要贵好多。公司的策略是只要制造一种比发动机寿命更长的配件,而不管它是怎样使用的。首席工程师提出了反对意见。在争论了数个回合后,工程师的上司决定推进该计划,他这样解释自己的决定:"即使发动机出现故障,也不会有安全问题。同时,也不存在真正的质量问题。游船绝不会一直处于全速运转状态以致此配件失灵。因此,制造这一配件是有成本效益的。但在这里,我也承认,如果发动机被误用,至少存在要承担法律责任的可能性。因此,我们必须以书面形式用谨慎的措辞提醒我们的客户,注意我们的关切,并要求他为此部件承担全部的法律责任。"

几年以后,客户不仅将发动机出售给了制造游船的厂商,而且还出售给了制造拖船的厂商。发动机的新主人很快将它安装在了拖船上,拖船在仅仅运作了几百个小时后,此配件便失灵了。在法律上,该公司是清白的。但是,因为配件上刻着该公司的名字,所以它受到了一些抱怨。

我们从管理者和工程师那里都听说了这个故事。我们不仅在相关的部门而且在其他部门也听说了这个故事。每一个讲述这一故事的人都把它作为一种警示。这家公司冒了它不应该冒的风险。没有人关心交易所获得的利润是否值得冒这个险，也没有人认为满足了最初的客户可以成为冒险的借口。底线是这个决定损害了公司的声誉。还有比这更糟的吗？这个故事给我们提供了学习的经验。正如一名工程师带着明显自豪的口吻说道："我们可能不会再做类似的事情了。"

以客户为中心的公司

在以客户为中心的公司里，决策的制定类似于以工程师为中心的公司。在调查中，我们再一次听到了有关参谋—指挥划分的回应，不过它最后揭示了一个非常不同的过程。例如，一位管理者起先告诉我们"工程师列出选项、管理者作出选择"，随后又立即纠正自己："哦，应该是，当决定涉及风险或资源时，由管理者选择。而其他有关纯粹技术性的决定，则由工程师作出。"类似地，曾经告诉我们"由管理者作决定"的工程师后来又告诉我们："如果我不喜欢一个决定，那么我会去找老板。虽然我也可以找老板的老板，但是没有必要……技术问题可以公开谈论。"

寻求共识再一次成为决策的中心。一家小公司的一名工程师非常简略地描述了决策的过程："我们根据共识来运作。"一家大公司的一位管理者则更加细致地描述了这个过程："在技术问题上，工程师有很高的权重。问题是如何将技术建议与公司的利益、成本、市场战略、技术变革等整合在一起。关键是工程师的建议要超越班组的视野。当工程师看到他的决定是如何地不适应于大的范围时，他很可能会重新思考。"

尽管两种类型的公司在决策过程上基本类似，但我们还是注意到了四个重要的不同之处。在以客户为中心的公司里：（1）工程师作为"倡议者"，角色更加重要；（2）在决策过程中，对非工程的因素给予更多的关注；（3）更加显著地关注安全（即使技术看起来并没有风险）；（4）在保持开放沟通上，存在更多的困难。下面让我们依次思考这几点：

　　1. 在我们调查的大多数以客户为中心的公司里,工程师个体和管理者的关系似乎与以工程师为中心的公司一样好。但是,管理者再三强调工程师"斟酌"自己建议的必要性。一家小公司的一位管理者认为"如果工程师强烈地感到质量被忽视,那么他应该乐意去斗争"。一家大公司的一位管理者认为:"工程师永远都不愿意看到他的职业判断被取代。如果管理者的决定有充足的理由,那么工程师应该会同意。如果工程师不同意,那必定是哪里出了问题。每一个人互相之间都应该保持沟通。"

[139]

　　管理者明确地将工程师看做某种观点的倡议者,尽管这些观点与他们的不同,甚至可能取代他们的观点——或者是两者观点的整合。有不同的观点,这是很寻常的事。根据一位管理者的论述,"(满足)客户的需要(包括)三个要素:质量(属于技术问题)、进度(事关销售)、规格/成本"。工程师总是替"技术"讲话的。另一公司的一位管理者则表示:"必须确定规格的界线。例如,事情必须达到怎样'完美'的程度? 有时我必需解释:'嘿,朋友! 它不必绝对完美。'……客户的需求是最基本的考量。"同一公司的另一位管理者以人们所熟知的来自挑战者号灾难的常用词语作了同样的描述:"影响公司决定的最重要因素是商业问题:客户想要什么? 他期望什么? 如何在给定的时间和质量要求的条件下进行优化生产? 通常,时间与质量是对立的。然后,你不得不决定你该以哪种身份——工程师的还是管理者的。"

　　2. 在大多数以客户为中心的公司里,工程师似乎接受——或者至少屈从于——技术与商业考量之间的冲突。正如一名工程师所指出的,"成本问题是我能理解的一个限制条件。"但是,也有一家公司的工程师们没有表现出这种屈从。这家以客户为中心的公司似乎正尝试向以工程师为中心的方向转变。在这里,一名工程师告诉我们:"为了按时完工,技术问题常被暂时忽略。我对管理者说:'我们能做得更好。'但管理者却说:'没有时间了。'"另一名工程师带着明显厌恶的口气说:"为了将货物交付出去,他们会忽视质量问题。"他还补充道:"为什么不在一开始就将系统做好,也不至于后来再花更多时间去修修补补?"

3. 在以工程师为中心的公司里，当每次提到"安全"时，"质量"总会同时被提及。然而，在以客户为中心的公司里却不是这样。在以客户为中心的公司里，虽然安全如在以工程师为中心的公司中那样具有同样的绝对优先权，但它被提及的次数更多。例如，说过为了尽快出货而忽视质量问题的工程师强调，他"从来没有感到安全被忽视了"。许多工程师告诉我们，在安全问题上他们应有"最终的话语权"（尽管在其他问题上，他们没有最后宣称的话语权）。管理者认为，"在商业问题上，可以否决工程师的建议。但是，在安全问题上，如危险原料的泄露等，工程师应该有最终的话语权"。

4. 在以客户为中心的公司里，既然达成共识也被认为是重要的，那么开放的沟通与交流也应该同样受到重视。事实上，与以工程师为中心的公司的管理者相比，以客户为中心的公司的管理者普遍更加强调与工程师的开放沟通与交流。因此，一位管理者（在回答第 9 个问题时）表示："我从来不隐瞒技术信息。这是愚蠢的行为。"（另一公司的）一位管理者同样答道："从来不。这是危险的。"还有一位管理者则说道："没必要……在信息的使用上，我们有严格的规定。" 　[140]

不过，在以客户为中心的公司里，还是有一些管理者表示他们会隐瞒与技术决定相关的信息。例如，一位管理者承认："我掌握了信息的所有权，例如，与准备冒险有关的信息，这可能意味着将使用不同的技术。"虽然其他人否认曾经隐瞒信息，但是却揭露他们的上司对他们隐瞒信息。"我应该作些补充，"一名工程师说道，"工程师常常处于信息的未知状态，并且往往会在最后一刻大吃一惊。去年，我们部门主要生产老产品，这是我们所熟悉的。我们没有被告知任何新的可能性或者任何有关新产品的挑战。我们只得到一些模糊的线索。我不知道为什么。"

与以工程师为中心的公司的管理者相比，以客户为中心的公司的管理者似乎更加担忧工程师对他们隐瞒信息。因此，一位管理者说道："事实上，仅仅为了继续得到我的支持，工程师往往会给我描绘一幅比事实更加美妙的画面。我尽力通过非正式的渠道拨开迷雾，这比正式的考察要有效得多。"同一公司的另一位管理者强调了隐瞒信息的消极一面："消极影响确实存在，但是，它仅仅发生在他们因信息不足而无法给予清晰报告的时候。例如，不时会有家伙遇到麻烦但却自认为可以解决问题，结果是当我发现时已经太晚了，帮不上忙了——同时，我自己也被卷入了。在我的职业生涯中，这种事发生过好几次。"另一公司的一位管理者更加简明地表达了这个意思："他们对我隐瞒信息吗？当他们给我出难题时，的确会这样做。"

　　不过，这些公司的其他管理者却否认工程师曾经对他们隐瞒技术信息。一位管理者非常谨慎地说道："这是问卷上最难回答的一个问题。面对工程师呈送的报告，有时我会觉得应该还有更多的信息。"

　　在沟通问题上，工程师的回答也是多样的。例如，一名工程师告诉我们"最近的调查"显示"人们认为上级管理部门对公司隐瞒了信息"。他又补充道："我现在的上司没有对我隐瞒信息。"另一公司的一名工程师承认他"感觉"上司正在隐瞒技术信息。不过，大多数工程师并不认为他们的管理者对他们隐瞒了技术信息。

　　有趣的是，与以工程师为中心的公司不同，在以客户为中心的公司里，工程师承认对管理者隐瞒了信息。一名工程师谈到："我确实隐瞒过信息，但我并不确定它是否是必要的。我隐瞒过某种理论或是某个设计灵感（头脑风暴），直到它被证实是有积极作用的。我会延迟报告坏消息，为的是重新做测试。"在另一公司里，一个小组负责人承认："有时候，如果我对一个决定已经非常满意了，那么我不会把它告诉管理者。"

　　与以工程师为中心的公司相比，以客户为中心的公司里的技术沟通似乎开放性不足。考虑到这两类公司具有如此多的不同之处，相信造成这种状态的原因可能是复杂的。不过，其中有两个因素是明显与之相关的。首先，在以客户为中心的公司的决定中，相对来说，商业信息具有更加重要的作用，因此，隐瞒此类信息往往会有本质的影响。即使在两类公司里被隐瞒的信息量一样多，但它更有可能威胁到以客户为中心的公司里共识的形成（它将是公司宏伟蓝图的重要组成部分）。其次，在以客户为中心的公司里，更多强调工程师的倡议者角色，从而促使工程师采取律师式的策略。但是，无论什么原因，与以工程师为中心的公司相比，如果一个以客户为中心的公司想在达成共识的基础上作出决定，那么它就必须更加注重

[141]

保持信息的通畅。

也许这里需要指出的是,在工程师与管理者的关系上,我们很难发现有类似杰卡尔所说的那种残酷的帮派文化。为什么? 至少有两个因素有助于解释我们的调查结果与杰卡尔的调查结果存在的明显不同。一个是,如果杰卡尔的描述是正确的,那么说明我们在选择方法上存在偏差,我们选择受访者的方法可能偏向于选出"好公司",而杰卡尔的方法可能不存在这个问题。另一个是,杰卡尔所调查的部门超越于我们所调查的那些工程部门。有趣的是,我们发现有一位管理者支持这种解释(但没有任何经验的事例加以佐证)。一个小组负责人是这样回答第12*个问题的(部分):"高层管理者经常卷入公司的政治纷争,不管怎样,这都有可能危害工程的价值。在我看来,(这里的)管理者升迁得越高,他们的工程价值观就越陈腐。我无法列举任何准确的事例,我在这方面仍是一片空白。但是,管理者会变得自私。因为他们想要升迁,所以会通过关注那些看起来良好的形象工程来增加这种机会。"

以金融为中心的公司

我们还没有充分的调查结果来概括以金融为中心的公司的正常决策过程。但是,我们足以提出四种相关的假说:

1. 因为与金融相关的信息会以某种方式集中,而与客户相关的信息则不会,因此,与以客户为中心的公司相比,在以金融为中心的公司里,工程师通常能得到的影响公司决定的关键信息往往更少。

2. 因为工程师得到的关键信息更少,所以在以金融为中心的公司里,工程师建议的分量更轻。

3. 因为工程师建议的分量更轻,所以以金融为中心的公司可能更不会尽力去与工程师达成共识。

4. 因为公司更不会尽力去与工程师达成共识,所以它们更有可能会发生决策或信息的分离,并将工程师看做为参谋。一位管理者回忆道:"(在以金融为中心的老雇主那里),没有经过一位管理者的同意,一份报告不可能传递出去……工程师的作用被管理之手重重掩盖了……管理部门对工程师所施加的压力有时会导致低质量。"

各种不同策略的效果

[142]   在上文综述相关文献时,我们提出了很多改善组织内部沟通、减少组织犯错机率的建议和策略。关于这些策略,我们的调查访问能得出哪些结论呢? 我们没有发现类似于沃特斯的"伦理审查"或者雷林的"奖励带来负面消息的人"的情况。虽然一家公司有雷林所建议的那种有关良好师徒关系的指导性方案,但是,没有一个受访者提及它。不过,我们的受访者提到了以下策略:伦理章程、伦理培训、开放性的政策、调查员和减少决策或信息的分离(包括技术晋升步骤与管理晋升步骤的同步)。除了减少决策或信息的分离外,这些策略分别只在少数几个公司中常见。有些仅仅在一个公司中起作用。一般来说,大公司比小公司可能采纳更多的策略;与以工程师为中心的公司相比,以客户为中心的公司更有可能这样做。下面我将从章程、申诉和减少决策或信息的分离这三个方面来分别论述与这些策略有关的证据。我们的结论是,除了减少决策或信息的分离外,这些策略对技术决策的制定没有多大影响。我们还偶然遇到了一个非正式程序——"让其他人参与"和一个正式程序——"独立的技术评论",这些是文献中都没有提到的,我也会在下文中有所讨论。

章 程

对于两份问卷都有的问题——"4.b 你们公司有伦理章程吗?"在我们所调查的六个以客户为中心的公司中,其中四个公司的一些受访者作了肯定的回答。这样回答的人绝大多数是管理者。他们的回答常常具有说服力。同时,他们经常在重要的细节上出现分歧。例如，来自同一公司的两位管理者有不同的回答。一位说，"我们有一部商业伦理章程，如不收礼等"；"但我们没有针对工程师的'伦理章程'，所以，如果有人命令工程师修改测试结果，就没有什么能给工程师提供指导了"。不过，另一位却不这样认为："哦，有这样一些政策……比如在接待方面。但是，没有正式章程——除了（首席执行官的）信函。例如，有关一份技术报告如何在客户的工厂中被贯彻执行，并没有成文的规定。"另一公司的一位管理者告诉我们："是的，我们有一部伦理章程。我们明天就有一场由法律部门安排的关于这部章程的讲座。但它对工程工作并没有太大的作用。起作用的是'规格说明书'。"然而，该公司的另一位管理者（一个小组负责人）却回答说："我认为我们有一部章程，但我并不确定。我依稀记得在我被聘用时，我得到一个小册子，上面说的都是这方面的内容。"

如果这些就是管理者对本公司伦理章程的看法，那么工程师的看法呢？大多数人要么告诉我们他们的公司没有章程，要么这样回答："没有真正的公司章程，只有个人标准。或许这样的伦理章程正藏在什么地方……但是，我不知道。"

因为公司章程明显地对工程决定没有什么发言权，所以这些章程下的任何培训都不可能对那些决定有什么影响。由此，我们也就无从判断，适当的伦理培训是 [143] 否会对工程师和管理者的技术决策产生影响。到目前为止，我们只能说，所有被调查的公司都没有适合于工程师的伦理章程。

在我们调查的所有公司中，没有人提到有一部可对工程决定起指导作用的职业章程。到目前为止，我们只能说，在所有被调查的公司中，没有一个执行了或者认可了任何职业协会的章程。就调查结果而言，我们还不能对此作出解释，不过可以排除一种解释。有人可能会认为，工程师没有提到职业章程是因为他们没有将自己看做职业人员，但我们访谈的一些工程师都是明确将自己看做职业人员的。例如，一名工程师（一家以客户为中心的公司的小组负责人）在回答第 12 个问题时这样说道："管理者应该提供支持，而不是控制工程师。工程师做自己的工作，他们热爱自己的工作，他们是职业人员。看看这儿的工程师吧，他们每周工作 45

小时,虽然仅仅获得了 40 小时的薪水,但是,为了出色完成任务,他们奉献着。他们工作的场所狭窄、拥挤、黑暗。"

有些事情似乎仍然令人困惑。如果公司的伦理章程对工程师的技术决定没有什么发言权,并且几乎很少有工程师意识到他们的职业伦理章程,那么为什么工程师会如此一致地成为安全和质量的维护者呢? 社会学的传统答案是(在职业学校里或在工作中)"社会化了"。我们的调查可以证实这个答案。例如,一家以工程师为中心的公司的一名工程师这样解释他对于质量和安全的忠诚:"在职业培训的过程中,我形成了那种态度。"然后,他又补充道:"但是……这也是(公司的)态度。"事实上,大多数受访者在解释他们之所以重视质量和安全时,都提到了他们只是遵从公司已形成的规章、产品规格说明书以及其他具体的工程标准。甚至对于那些明确表示要对付通常想把客户满意度置于质量前的管理者的工程师来说,也是如此。

在我们的印象里,大多数工程师对安全和质量的关注是根深蒂固的,他们并不在意这种关注的来源。他们所认识到的是,在他们工作的公司里这种关注的普及和深入程度。这并不意味着管理者对其他事情的关注度不高,而是表示甚至管理者也会将安全和质量作为他们关注的核心。公司为显示这种关注,更多地是通过较为严格地遵守数以千计的细微的技术要求,而不是通过一般的声明。

申　诉

在小公司里做事,往往更喜欢通过非正式的方式,所以,直接求助于"顶层"似乎是司空见惯的事。正如一名在以工程师为中心的公司里工作的工程师所指出的,"这样一种政策(开放性政策)意味着什么呢? 我每天都会走进总裁和副总裁的办公室。"但是,即使是这名工程师也不得不承认先向直接负责人报告问题是重要的:"管理者不喜欢从外面得知坏消息。因此,我首先告诉他,以得到忠告。"不过,即使在小公司,我们的受访者也无法告知在实际工作中有直接向顶层反映技术问题的情景。

　　既然非正式性在小公司是司空见惯的，那么在小公司里似乎没有文献所讨论的那种正式的申诉程序，也就不足为奇了。这种非正式性已足够解决问题了。正式的申诉程序仅仅在大公司里才有（而且也不总是都有）。最常见的一种正式申诉程序是"开放性政策"。一位不满意上司决定的下属可以将问题反映到更高一层的上司那里。这位更高一层的上司将听取他的反映，然后可能会做一些细微的调查。在综合考虑各种因素后，如果他认为合理，那么甚至可能改变他直接上司的决定。

　　虽然这一程序理论上适用于任何问题，但实际上它更可能被用于解决"人事"问题，而不是"工程"问题。在以客户为中心的公司里，一位管理者这样描述他所在公司的开放性政策："工程师有时可能会去老板那里抱怨，但主要是关于人事问题的，从来没有关于工程问题的。"在另一家以客户为中心的公司里，一名工程师作了极为相似的描述："你可以去上司那里。不过，我仅仅去过一两次，但更多的是关于人事问题而不是关于技术问题。"

　　仅仅一家公司有类似于正式调查员的制度。一个小组负责人在解释这个程序时说："它是一种用于解决……这样的事例的正式途径，是一种表达你不同意见的强有力的方式。在我的记忆中，它并不经常被使用。我只知道有一名工程师使用过这种方式。这是一个关于正在检测的产品的案例。工程师认为问题的原因在于一颗始终与地面接触的螺丝钉没有被拧紧。他认为我没有及时答复他的建议。因此，他使用（这个程序），然后我必须回应。"这个程序包括填写一份表格并把它放到专用箱子中，这个箱子每天都有人查看。表格被直接送到总经理办公室的相关人员手中，受到投诉的人会得到通知并有几天时间为回应做准备。

　　在这家公司里，几乎没有工程师或者管理者提到以这种程序作为申诉工程决定的途径；同样，很少有工程师或管理者会经常使用其他任何正式的申诉程序。为什么？害怕遭到报复似乎是最有可能的解释。正如一位管理者指出的，"大多数管理者并不介意，但周围也有一些人会报复越级报告者"。不过，这个解释也是值得怀疑的：首先，即使至少看起来他们很可能会遭致报复，个人申诉也并未变得更加少见;其次,在接受我们访谈的工程师中,几乎没有人表达对报复的恐惧。同一公司的一个小组负责人解释道:"是的,这确实会使人发怒,但是,肆意报复的管理者并不能维持很久。"

对于申诉相对稀少的情况,或许有一种更好的解释是,工程师和管理者努力工作的目的是为了在工程问题而不是人事问题上达成共识。正如先前解释的那样,工程问题通常是某种"事实",而人事问题则不是。就像一位以工程师为中心的公司的管理者,在解释为什么他的公司不需要正式的技术申诉程序时指出的,"这里没有申诉过程,我不能想象工程师和管理者不能一同找到解决问题的办法"。考虑到这种期望,越过管理者反映问题可能暗示着对管理者技术判断的批评。与在人事问题上的分歧相比,这更可能会使工程师出身的管理者发怒。

[145]

对于这种解释,还有其他的证据。一些受访者揭示了一种很容易被误以为是开放性政策的非正式程序。这种程序没有正式的名称(或许事实上,不过是减少决策或信息分离时的自然产物)。一名以工程师为中心的公司里的工程师这样描述道:"策略是与你的老板讨论(技术)问题。如果你不赞同,那么你可以向更高一层领导申诉,或者让更多知道此问题的人参与进来。据我所知,还没有书面的程序。我们就是这么做的。"我们发现,在以客户为中心的公司里,也存在着这种"让更多的人参与"的程序。例如,一名在以客户为中心的公司工作的工程师告诉我们:"如果我的(技术的)困惑无法得到圆满的解决,那么我将向老板递交一份书面声明,以重申我的困惑——并且将此声明的复本交给其他人,包括其他部门的与老板上司平级的人。递交这样的声明是十分平常的。"

"让其他人参与"的程序至少与开放性政策有三个重要的不同点。第一,它似乎并不是我们所调查的任何公司中的一种正式策略。没有人知道它的来源。正如一名工程师说的,"我们就是这么做的"。第二,没有一个受访者认为"让其他人参与"会激怒某些人(虽然有些受访者认为"开放性政策"会触怒某些人)。似乎没有人怀疑其他方法的益处。第三,也许是最有趣的一点,"让其他人参与"甚至是管理者也能使用的程序。例如,当他们的论证不能使工程师改变一个大家都不喜欢的建议时,这一程序就能用上了。当被问到工程师何时才能具有最终决定权时,一位管理者(小组负责人)回答道:"最终的决定权？你的意见总是第二位的。"

减少(决策或信息的)分离

至少一个世纪以来,工程的一个特征是,任何重要的项目都有大量的工程师参与。一个工程项目的传统处理方式是先由高级工程师、项目经理将工程划分为一个个小的部分,然后将每一部分分配给一名专业的工程师(或者一个工程小组),并把他们分派出去,最后再收集他们所得到的结果。他们并不鼓励工程师们在工作中相互协调,因为协调是管理者的任务。工程师甚至可能不知道还有哪些人在为同一项目工作。事实上,他们可能也不清楚他们的子项目与整个项目的关系。尤其是在大公司里,工程师之间几乎没有直接的信息交流。只有项目经理才知道更多细节的东西。工程师除了服从管理者的判断外,别无选择。

伯恩斯和斯托克把组织工作的这种形式称为"机械的"。他们发现20世纪50年代晚期到60年代早期,英国的许多公司都存在这样的情况。工程管理工作的高度细分在美国也很常见。一名受访的工程师回忆起(十多年前)在前任雇主那里工作的经历:"在那儿,我常常接受一名我从来没见过的职业工程师(P.E.)分派的工作,我只给他寄书面报告。有时会有附着书面评论的报告反馈回来。通常情况下,我对发生了什么一无所知。"虽然这种管理工程的方式可能在美国还继续存在,但是在我们的调查中没有发现这类证据。 ［146］

我们或许能区分两种类型的(决策或信息的)分离:垂直的和水平的。垂直分离产生一种严格的层级制,每一位管理者拥有一定数量的下属,每个下属仅仅对这位管理者负责。没有管理者的同意,下属不能越级报告。水平分离是指,在同一层级的个人、组织和部门之间设置了障碍。例如,一个部门的工程师若要与另一部门的工程师谈论某一技术问题,可能事先必须得到他的管理者的许可;或者他可能完全没有办法知道还有谁正在做他应该知道的工作。

正如我们在申诉讨论中所反映的,垂直分离几乎不存在。然而,我们确实发现,在主要职能部门之间存在严重的水平分离,尤其是在大公司里,比如销售部门与设计部门之间、研发部门与生产部门之间。因此,例如,生产部门的工程师会抱怨研发部门的工程师,总是"隔着墙扔东西给我们"——意思是说,在研发产品时没有事先咨询生产部门的人,该产品的制造过程会是怎样的。有时技术上可行的方案在生产过程中会引起麻烦。

虽然我们发现了严重的水平分离,但是我们也发现我们调查的每一家公司都试图减少这种分离。(管理者问卷的)第12*个问题和(工程师问卷的)第13*个问题的答案表明,与工程师相比,管理者为此做出努力的现象更加普遍。例如,一位管理者抱怨:"我想要我的工程师明白他们的工作包含着比技术更多的东西。工厂之间有怎样的相互关系?我们正在做的,应该在哪些方面有利于(公司)未来的发展?他们需要提更多综合性的问题——比如'谁应该向谁报告'或者'谁能给他们施加压力'。"另一公司的一位管理者以同样的口吻列举了一系列不同的问题:"工程师应该问但没有问的问题有哪些?成本?质量?时间?周期?产品的设计?一看到规格说明书,他们就着手做起来了。"

相反,工程师倾向于认为,他们的管理者没有站在工程师的立场上看待问题。例如,一名工程师希望管理者能向他询问下列问题:"你是怎样彻底地分析这个问题的?你找到问题的关键了吗?你收集的数据和事实证据充分吗?它是可重复的吗?如果你有更多的时间,会有哪些不同的做法?如果你是错误的,那么错在哪里?你的候选答案是什么?"另一公司的一名工程师列举了一系列相似的问题:"管理者会问的是,你怎样做出这个决定的?你使用了哪些信息?你考虑了所有情况吗?请给出证明。管理者不太可能问的问题是,数据真实可靠吗?通常,管理者会给我设定完成任务的时间,而不是问我何时能完成。通常时间是不够的,但似乎没有人关心时间够不够——直到最后期限临近。"

总体而言,我们发现的是一个高度流畅的决定过程,它极大地依赖于会议以及跨越部门界限的那些非正式的信息交流。管理者似乎很少控制那些传递给工程师的信息类别。事实上,他们更渴望工程师自己去努力得到有用的信息。他们只是抱怨信息分离的存在，尤其是自己的工程师狭隘的观念。

虽然我们听到了许多针对分离存在的抱怨，但是我们也听到了一些正在出现的对减少分离的尝试。例如，一名以工程师为中心的公司的工程师在回答第13个问题（"如果你在你们公司里已完全掌控了工程事务，那么你还希望能做些什么？"）时答道："在有关工厂具体实践的小型会议上，当工程师的人数远远多于客户数量时，我不会使用这种影响力。"这种人数上的占优，通常是与该项目相关的部门都派出了一名工程师的结果。对于这种状况，最常见的抱怨就是，"会议太多了"。

独立的评价

我们调查的许多公司里都存在"技术评价"委员会。项目组、分部或部门必须就提出的建议向委员会辩护，委员会成员由来自公司其他部门的有经验的工程师（和管理者）组成。这种评价似乎在形式上（以及在其他方面）有相当大的差异。我们发现叙述最为详细的是阿莫科化工公司（Amoco Chemical）的"风险与可行性"（HAZOP, hazard and operability）研究。作为为特殊的、不可逆的技术而设计的HAZOP，它可能太过于细致了，以至于对大多数工程来说并不适用。即便如此，它至少也提供了一个与其他公司技术评价程序不一样的标准。

阿莫科公司用HAZOP去评价那些拟议中的设施和现存的设施。这两种设施有显著差别，我将分别加以讨论，先从拟议中的设施开始。对于一个拟议中的设施，某部门提供了完整的规划（对于阿莫科公司来说，按照惯例应该包括对操作性、耐用性和安装等方面的评价，对于建造该设施起最后决定作用的人来说，必须尽可能地仔细工作，而HAZOP研究不起最后的决定作用）。

一旦某部门完成了前期的所有工作，包括经过常规程序而获得批准（和资金），一个有关HAZOP的评价小组就成立了，其中包括一位领导和一位秘书。这个小组还应该包括若干有足够经验的工程师，能"从书面的文件中了解隐含的（如设施怎样运转）信息"。（一位管理者对工程师的工作经验设定了相当高的标准，要求在"20—30 年"之间，但一名受访的工程师尽管只有八年的工作经验，却已经成为 HAZOP 评价小组的领导者。)参与该设施最初设计的人不能加入 HAZOP 小组。遵循一个"正式的程序"，评估小组将从各个方面去审核提案，以识别设计中可能存在的缺陷，并提出更适合的建议。秘书将记录下所有的建议，最后给那些研发该设施的人寄送复本，并将文件归入"市中心（上级部门）"（就是在阿莫科的总部办公室）的档案中。这个过程通常要花"一到四个月"。

　　一旦 HAZOP 评价小组完成了它的工作，一个答复小组将随之组成，其中包括一位（也仅有一位）HAZOP 评价小组的成员。显然，至少对于一些项目来说，答复小组成员可能完全是由管理者构成的，他们需要回应 HAZOP 评价小组的每一个建议（可能有几百个）。同时，这些回应也会被归档。通常，所有的（或几乎所有的）

[148] HAZOP 评价小组的建议将被整合到原初的计划中）。任何否决必须作出书面的辩护。一旦评价完成，这个项目就得以开展。（如果这些建议使得项目超出了预算，那么将会发生什么，我们没有获得任何说明。）

　　以上是对拟议中设施的 HAZOP 评价程序。HAZOP 也能用来评价现存的设施。主要的不同是，工程师在必须完成的日常工作之外，这样一个评价结论只会被堆积在他们的办公桌上。这似乎是 HAZOP 评价的致命弱点（Achilles heel）。多位管理者告诉我们，自从联合碳化物（Union Carbide）公司使用了 HAZOP 评价程序去设计它在博帕尔（Bhopal）的工厂，"博帕尔"现在已成为家喻户晓的词语。他们所做的可能是正确的。但是，仅仅在博帕尔工厂建立之后，HAZOP 评价才开始付诸实施。HAZOP 研究可能只是提出了一系列被大家所认同的建议，但直到灾难来临之时，这些建议可能仍然躺在那名正忙于"灭火"的工程师的办公桌上。

　　但是，无论如何，我们仍然推荐类似于 HAZOP 的评价体系，即便是针对现有公司的运作。虽然，并不能保证每一个建议都付诸实施，但是，它至少可能唤起工程师对现有设施中存在的重大缺陷的重视。它可以被提上议事日程。对于大多数公司来说，或许，以这样一种建设性的方式识别出严重问题，至少有了可以及时解决问题的一半保证。

正式沟通的断裂

B公司(我暂且这样称呼它)是一家大型的以客户为中心的制造公司。像我们调查的其他公司一样,在B公司里工作的工程师和管理者能够通过达成共识来合作。B公司没有开放性政策、调查员或者其他正式的申诉程序。虽然越级报告一般都被认为是不好的,但公司还是经常举行"评论会议",其间可以发表不同的技术观点。这些似乎为"让其他人参与"(策略)提供了一个重要的讨论场所。让其他人参与也能以非正式的方式实现。像我们调查的其他大公司一样,B公司也竭力改善工程部门之间的沟通,特别是研发部门和生产部门之间的沟通。并且,与其他的以客户为中心的公司一样,B公司有一部与工程没多大关系的伦理章程。总之,B公司和我们所调查的其他公司似乎没有什么根本的不同。

然而,B公司又确实有它明显的不同之处,它似乎存在沟通问题,非常类似于费曼关于NASA报道的沟通问题。这一观点的证据可以分为四类:(1)管理者和工程师对彼此的感受方式;(2)管理者隐瞒的信息数量;(3)"自上而下的工程"非常突出;(4)针对鼓励重点发展项目,管理部门所选择的方式。

管理者 VS 工程师

与大多数受访者不同,B公司的人对于自己是工程师还是管理者是非常清楚 [149]
的。一位管理者告诉我们,"直到几周以前,我还是一名工程师。(后来)我被提升为总工程师"。虽然他以前是监理工程师,也参加了大量的管理工作,但他当时并不认为自己是一位管理者。另一位受访者,以同样确定的口吻告诉我们,即使降级也根本不会改变他的工作性质:"在最近一次机构缩编重组前,我是一位管理者。现在,我不是管理者,虽然在改组前和改组后我都是一位小组负责人——我的责任仍和以前一样。

为什么B公司的受访者比其他受访者更加清楚他们是工程师还是管理者呢?

答案就在于 B 公司对两者进行了明显而重要的区分。正如一名工程师所解释的那样,"与工程师相比,(B 公司)给了管理者更多的好处"。另一位工程师也提出了同样的观点,同时指出这种区分的弊端也是明显的:"这里的许多事情,包括附加福利和办公空间,工程师和管理者的待遇都是不一样的。工程师和管理者之间的不同被强化了。他们处于各自独立的阵营中。"这名工程师还将已转变为管理者的工程师称为"以前的同事"。在其他公司里,我们没有听到有类似的情况。

隐瞒信息

在 B 公司里,工程师和管理者似乎一致认为,工程师根本没有隐瞒技术信息,或认为他们这样做只是为了有足够的时间对它进行仔细的检查。除了没有提到工程师会尽量掩盖错误,他们的答案与其他公司的类似。B 公司的管理者也和其他公司的管理者一样,认为他们没有对工程师隐瞒技术信息。B 公司真正不同于其他公司之处在于,工程师对管理者是否隐瞒了信息这一问题所给出的回答。

事实上,工程师在报告中一致认为,他们的管理者的确对他们隐瞒了技术信息。例如,一名工程师告诉我们,他"经常感到他们并没有告诉我们全部信息"。当我们问:"什么时候?"他回答道:"无论何时,当我基于同样的事实,而不能形成与他们一样的结论时。"另一名工程师列举了一些管理者有可能隐瞒的技术信息:"关于成本的,还有专利所有权的信息。也就是说,要么是与我所必须完成的事情并不直接相关的信息,要么是太敏感而不能冒泄露风险的信息。"有一名工程师给我们补充了一个具体的例子:"虽然我们相当确信(对于我们正在研究的新技术),有一位潜在的海外大买主,但是,没人告诉我们实情。我们被蒙在鼓里,我们不喜欢这样。"还有一名工程师描述了另一种形式的隐瞒:"他们有时又会让我们知道部分实情,可能是为了避免使我们抱有偏见或者他们认为我们并不需要知道问题有多么的严重——例如,以前我们有过同样的抱怨,并且认为我们能够处理它。通常,这种隐瞒不是故意的。他们只是不了解信息的关联性,例如,他们把一个问题分成几个部分,分得太细了。"

[150]

如何解释工程师和管理者在回答管理者是否隐瞒了信息的问题上存在的差异呢？值得一提的是，在我们采访的其他公司中，管理者强调，工程师在作工程决定时要能同时考虑商业利益是多么的重要。在 B 公司里，管理者从来没有强调过这一点。相反，工程师却注意到了这一点。事实上，B 公司的工程师似乎接受了那种宽泛的工程概念，而这是其他公司的管理者所提倡的。不过，B 公司的管理者似乎并没有这个概念，他们隐瞒了其他公司的管理者不会隐瞒的信息。他们之所以隐瞒，只是因为他们认为这与工程技术决定无关，而且他们似乎没有意识到，对于工程师需要知道什么样的问题，他们和工程师的理解并不一致。

自上而下的工程

"自上而下的工程"并不意味着典型的管理职能，如制定总体的发展战略、质量标准，甚至某一特定项目的进度表。我们指的是一些更具体的事，即对于工程细节的管理。在我们调查的其他公司中，工程师和管理者都认为管理者应该把工程留给工程师。我们听到 B 公司也表达了这样的理念，但有所不同的是，其批评的对象主要不是那些（像在其他公司一样的）忠于旧管理方式的低层管理者，而是一般意义上的管理层，特别是高层管理。

B 公司明显具有"自上而下管理工程"的传统。一名受雇于 B 公司近 10 年的工程师回忆道："通常工程师负责的并不多。管理者制定规则或否决规则，这在过去很常见。我们会被告知，'数据肯定是错误的'。管理部门的一些家伙不愿听取别人的意见，不过现在这种事情发生的机率已经很小了。工程师正受到更多的鼓舞。我们变得更加积极。我们已经得到了更多的授权，这很好。"

当那名工程师强调事情曾经是多么糟糕的时候，其他人则强调现在仍然是那么糟糕。一名工程师告诉我们："如果我的建议正是他想要的，那么将会得到赞许。如果不是，那么我必须进行艰难的论证……有关密封条的例子就是如此……我的管理者说，'如果你仔细研究一下，这个密封条就应该起作用'。但它并没有起作用。不久，管理者改变了主意，从对密封条是否起作用的关注转变为对使用密封条后泄漏多少才说得过去的追问。虽然这会增加成本和风险,但是无论如何我们还是要继续推进。"另一名工程师讲述了一个相似的故事:"(最近)我们检查了往汽缸里喷注燃料的两个喷嘴。我们可以用一种不增加成本的方法做出 10% 的改进,或者用另一种方法可以改进 20% ,但在重新设计上要耗费相当大的成本并且不能保证它会起效(我建议那个 10% 的改进)。管理者(不是我的老板,而是更

[151]

高层的人)决定采用那个改进 20% 的方法。"

B 公司的工程师几乎一致认为,"我们的管理者仍然试图插手更多的工程事务"。我们听两位新晋升的管理者谈到了同一件事情。其中一人这样描述公司的决策:"一般而言,管理者提供适当的人力和物力,与工程师一起工作——除了有时需要作出管理决策。而且,管理者会进入工程内部。那很糟糕。"另一位新管理者这样描述申诉过程:"没有正规的程序。毕竟,技术上的分歧很难引人注意。如果我不满意,那么我会一直努力去改变老板的主意,直到让他感到厌倦。(不过)有时热情来自顶层。我们被告知,'考虑一下这个设计。仔细检查一下。请把你的想法详细告诉我们'。然后,反馈信息再往上层走。这种自上而下的管理给我们带来了很多的麻烦。"

如果管理者全面掌控了工程,那么他会有什么不同做法吗?上面那位新管理者说的"麻烦"其实已明确表达其中含义:"有太多的项目是由顶层管理者启动的,自副总裁开始往下。我希望这种状况能有所改观。因为这种由上而下的引入模式会造成下层的紧张。我们被要求做这做那,并被告知这才是我们需要做的事。这会令人有负面情绪,并将毁灭创造性。这些自上而下的行为可能是非常专业和细节化的。他们会确定设计的形式和实现设计的勾画。对于设计,他们会说,'这正是我们想要的'。在我看来,这一切都失控了。"

对于这种自上而下的工程,新晋升的管理者和工程师一样,有很多抱怨,不过,更有经验的管理者会有所不同。他们对问卷中第 3 个问题(关于怎样作决策)的回答(并暗示管理者站在工程师这边),以某种方式证实了工程师已告诉我们的内容。"决定是自上而下作出的,"一位管理者说道,"(但是)我们宁愿让组织来作决

定。"另一位管理者表达了同样的观点："（工程师）应该在我们认为他能处理的事情上起到重要作用。这说起来容易，但做起来难。我试图尽量让下层去作决定，但你不能只授权而不与他们接触。我希望工程决定或者建议能够由项目经理、小组负责人或基层工程师等不同层级上的人作出。"

非故意的、有损士气的坏消息

B公司承担了一个可能影响到公司未来的重大技术项目。这并不只是一个研究和开发的项目，同时还需要做好装配线的准备。因为这个项目涉及技术的改进，许多部分对项目能否成功起着关键性的作用。如果任何一部分被证明不能研发出来，或者不能及时地或经济地研发出来，那么B公司的巨大投资将没有市场回报。

我们采访的工程师和管理者都参与到了这项新技术的某一部分中（他们还参加了其他更直接相关的项目）。工程师（和新晋升的管理者）经常提到与这个新技术有关的工作，特别是当被问到B公司是否承担了巨大的风险时更是如此。有经验的管理者从未提到新技术。甚至有人否认B公司承担过风险，即使在我们重述包括金融风险的问题之后仍然如此。我们似乎发现B公司里存在类似于费曼在 [152] NASA报告中提到的那种管理者和工程师之间的差异。工程师意识到（经验丰富的）管理者没有意识到的风险。

当然，这种类似不是绝对的。B公司的风险涉及它的金融安全，而不是任何人的生命或健康。工程师与管理者的不同，似乎更多的是在一个商业问题上而不是在一个工程问题上。而且，不像NASA的工程师，B公司的工程师仍有可能被证明是错误的。

不过，这些差别目前是不相关的。即使工程师是错误的，B公司仍然存在沟通的问题。正如一名工程师指出的："周围（有）太多的谣言……我希望这儿的管理者承认我们面临的（新技术项目的）问题，并且告诉我们他们希望如何应对。"显然，管理部门的消息并没有被传送出去。

至少有两个理由可以认为工程师是正确的。第一个理由很明显。一项新技术是否有用,这本身是一个技术问题,对此工程师应该得到更多的信息。或者,像 B 公司的一位小组负责人所说的,"在我这一层级的同事知道所有的问题。不过,往上就有一个过滤的过程。很多事情我们不会主动说,除非被问到"。就公司承担的金融风险而言,它本身与技术风险有关,因此,工程师甚至可能更了解这些商业风险。第二个理由是,管理部门采取了强有力的行动来推动项目的完成。可惜的是,管理部门的行动似乎起了反作用。这种行动也暗示了工程师和高级管理部门之间存在巨大的隔阂。

B 公司找来一个管理顾问,我们称之为"感觉良好博士"(Doctor Feel-Good,简称"DFG")。DFG 试图通过一个激励计划来激发管理者与高级工程师的创造力。告诉我们 DFG 方案的工程师,将该计划描述得像一系列赛前动员会。事实上,无论什么计划,工程师都会认为它是愚蠢的——或者认为那不过是承认管理部门的绝望。DFG 明显挫伤了工程师的士气(这与管理部门的意愿背道而驰)。不过,更严重的可能是 DFG 似乎也破坏了工程师和管理者之间的沟通,而这种沟通是任何技术突破所依赖的。"(DFG 的)实际效果是,"一名工程师说,"使得工程师在发现有些地方不对劲时感到无所适从。"

坏消息向上传递的速度至少已经被减缓。高级管理部门可能到最后才知道事情是多么糟糕;直到无法补救时,他们可能才弄清楚是怎么回事。也许我们的访谈已经表明了过滤程序在起作用。尽管工程师会公开谈论技术瓶颈、人员短缺和商业风险,但有经验的管理者并不会这样。他们都会积极地对待他们正在从事的工作。如果他们向工程师和管理同事公开的信息并不比向我们公开的更多,那么就很容易理解他们如何在无意间营造了一种氛围,使得甚至连工程师也会感到报告坏消息的压力。随着时间的推移,这些管理者和更高层的管理者,将对普通工程师所知道的东西感到越来越陌生。

[153]

这与费曼的"游戏"有所不同。灾难可能会降临,也可能永远不会发生。公司可能会交"好运"。不过,即使灾难降临,也不会引起公众非议,仅仅是会产生许多赤字,或者,最坏的情况就是,一家好公司的破产。③

结　　论

我们的第一个假说是，在大多数公司中，工程师和管理者之间的界限是相对清晰的。因为组织中存在的参谋—指挥模式使得这种区分清晰。事实上，我们几乎没有发现参谋—指挥区分的迹象。我们所发现的情况更类似于在大学里教员和行政管理人员之间的区分。

在大多数大学里，高级的行政管理人员（校长、副校长和院长）掌握着教员的任命。许多人同时从事一些教学工作。另一方面，普通教员却完成大量的行政管理工作，比如系主任，要在各个部门之间、学院之间或学校委员会中做协调工作。教员与高级行政管理人员只是在（管理工作的）程度上有所区别。（虽然"行政管理人员"更像工程师所称呼的"技术员"）一些普通教员的薪酬可能比所有行政管理人员，甚至大学校长的都要高。

在我们所调查的大多数公司中，工程师和管理者的区别也可以说只是在程度上有所不同。基层工程师是将他的大部分时间都耗费在基本工作上的工程师（如同一位"普通教员"），而纯粹的管理者则是不再亲自从事任何工程活动的工程师。尤其是在大公司中，工程师出身的管理者可能还分为几个等级。一般而言，工程师和管理者的区分似乎并不能决定工资、利益的多少以及在技术决定中的权重。

一家在工程师和管理者之间有严格区分的公司，似乎并不比我们采访的其他公司具有更多参谋—指挥的组织程序。然而，尽管只是为了说明的目的，这种严格的区分似乎也已经损害了工程师和管理者之间的关系，使得工程师感到他们和管理者似乎分别属于两个"独立的阵营"。这种不良的感觉可能有助于解释我们所发现的有关难以沟通的局面。

我们的第二个假说是工程师首要关注安全和质量，而管理者首要关注成本和客户的满意度。这个假说以一种特别的方式得到了基本证实，即工程师和管理者所关注的重叠性要比通常认为的多。在大多数公司中,与工程师最初的关注相比,管理者对工程师建议的最初回应通常是考虑成本和客户满意度。然而,在我们调查的所有公司中,决定一般都是在达成共识的基础上作出的,而不是管理部门的独断。在共识的基础上作决定,需要管理者告知工程师可能忽视的成本和客户满意度。这样做的结果无疑将是,我们采访的大多数工程师比我们预期的要更加重视这些商业问题。考虑到我们调查的大多数管理者都接受过工程师那样的培训的事实,因此在共识基础上作决定,似乎对管理者也有相应的效果。管理者似乎比我们预期的要更加重视工程的技术层面。在共识基础上作决定本身就是一种维持工程师和管理者之间良好沟通的重要方式。

[154]

　　我们的第三个假说是工程师倾向于服从管理者的判断,因为管理者对决定负有最终责任。这个假说源自我们假定工程师起着参谋的作用(对决定不负有责任),而管理者起着指挥的作用。然而,第三个假说事实上是独立于这样的假定的。即使(结果是)工程师扮演着指挥的角色,这个假说也可以得到证实。工程师仍然会按部就班地服从于管理者。

　　因此,对于行使他们各自的权利,我们的这个观点是重要的。服从管理者并不是人们对工程师的期望。可能恰恰相反,在涉及他们认为重要的任何安全或质量问题上,人们希望工程师"坚持斗争"。即使管理者明确表示要保留否决工程师建议的权利,但他们仍然强调工程师"斟酌"这些建议的必要性。工程师自己也表示,在安全问题上,不会服从管理者。他们期望自己的建议是"最终的"。仅仅在涉及质量、客户满意度或成本时,他们愿意让管理者有最终话语权——即便如此,他们仍会事先给管理者提供充分的建议。这里再一次可以看到,与军队的决策过程(我们通常认为的长官"命令",期待"下属"去"服从")相比,工程决策过程更加类似于大学里的决策过程(教员提出建议,并期望管理者采纳)。

　　我们的第四个假说是,与内部层级较少的组织相比,内部层级越多,管理者和工程师之间的沟通越可能遭遇障碍。同前一个假说一样,这个假说也源自这样的假定,即我们所调查的公司都有一种传统的(准军事的)层级制度。虽然他们的组织结构图看起来像我们假定的那种层级制度，但我们所调查的公司实际上没有一家是以那样的方式组织起来的。由于小公司太私人化，以致它们无所谓正式的层级。即使在大公司里，由于对共识的强调以及让其他人参与，意味着管理者个人不可能隐瞒信息或者不可能像传统层级组织那样控制信息（而且管理者一般也不想这样做）。甚至我们在 B 公司中发现的沟通障碍也与组织的层级制无关，而是其他多种因素共同作用的结果，包括对工程考量的理解过于狭隘、顶层管理者对工程细节过多的干预、未能直接与最有可能知道实情的人进行商议，以及发展激励技术的措施可能抑制了报告坏消息的可能性。有没有一部伦理章程或正式的申诉程序，对管理者和工程师之间的技术沟通似乎没有什么影响。

我们的第五个假说是，如果工程师和管理者之间存在障碍，那么我们可以通过制定一定的程序来辨别并确定这种障碍。现在我们已有一些支持这个假说的证据。我们的开放性调查问卷已经辨识出一个公司（如 B 公司）存在着严重的沟通障碍。问卷调查同时还给我们带来了许多关于工程师和管理者通常是怎样合作的有价值的信息。

[155]

我们的第六个假说是，我们可以增设防止沟通障碍的程序，或者至少可以增设在沟通障碍产生后有助于消除这种障碍的程序。我们偶然发现了两个这样的程序——非正式的"让其他人参与"程序和正式的技术评价程序。

建　议

我们相信我们的研究能够合理地得出下面的建议：

1. 公司应尽可能弱化工程师与管理者的区分。太过严格的区分（正如 B 公司那样）可能会影响正常的沟通。为基层工程师提供一种类似于管理者的升迁程序或许有助于弱化管理者在工程师"之上"的感觉。特别地，当管理人员不同意工程师的意见时，他们似乎很乐意让一名高级工程师（与"管理者"平级的"技术人员"）参与进来。公司还应该以其他方式将工程师和管理者都作为职业雇员对待，两者的不同仅仅体现在具体的工作和责任上（例如，避免基于"管理者"和"工程师"的划分而产生利益上的差别）。

2. 应该鼓励工程师报告坏信息。当程序或者工作环境的其他因素不鼓励工程师报告坏消息（如设计问题）时，工程师和管理者之间的沟通最有可能出现障碍。虽然自上而下的工程有时可能是合理的，但它也会伴随着管理者对基层工程师的现场监督（非正式的管理）。高层管理者要牢记，许多坏消息经过层层的管理部门后已被过滤掉了。高层管理者还应提防那些发展激励技术的措施，可能会抑制坏消息被报道出来；如若不然，则会制约双方的妥协，而相互妥协是在达成共识的基础上作决定的先决条件。

现场监督、尤其是非正式的突然造访，可能会削弱中层管理者的权威，当然这也并非是必然结果。通过公开讨论现场调查的合理性，强调管理者的辅助（而不是控制）角色，以及（当发现某个问题时）关注问题的解决而不是追究某人的责任，则可以避免这种权威被削弱。

3. 公司应经常检查管理者和工程师的关系中是否有出现问题的迹象。在公司内部，这些问题即使对工程师是显而易见的，但对管理者也可能是不明显的。与上司要求的相比，有多少下属会告诉他更多的坏消息呢？对高层管理者而言，一种发现问题的方法是非正式地与基层工程师小组会面并且询问；另一种方法是让局外人以我们调查的方式去访谈工程师和管理者。

[156]

4. 公司应该鼓励工程师和管理者通过非正式地邀请其他专家参与，来解决技术分歧。公司也应该考虑采取开放性的政策、调查员或者其他正式的申诉程序。虽然这种正式的程序很少被用于解决管理者和工程师之间的技术分歧，但它们似乎有助于营造一种使得技术信息流动更加顺畅的环境。

5. 公司应寻求正式的程序，可使坏消息及时暴露出来，否则坏消息将被疏漏。我们偶然遇到的最有效的此类程序是阿莫科化工公司的 HAZOP 研究。虽然对于大多数公司（即技术危险性相对较低的公司）来说，这种程序可能太复杂，但它可以提供一种有用的思想，使其他公司能反思自身的技术评价过程。我们认为它的特殊价值体现在：（1）评价的主体完全由工程师组成，虽然这些工程师有合适的经验，但他们没有参与他们所评价计划（或程序）的研发（因此，这中间不存在利益冲突）；（2）计划本身是站得住脚的（起草者不必为它们作辩护）；（3）所有的建议都是书面的，否决一个建议需要有书面的理由，并且这些建议和否决都会归档（因此保证了以后追溯责任的归属）。这样一种独立的评价机制给每一位直接参加项目的人以相当大的鼓励，如果没有这种鼓励，那么他们在项目的早期阶段是不愿公布坏消息的。然而，我们认为最低的要求是，公司应该鼓励工程师以书面的形式陈述他的疑问，并将这份书面材料呈现给所有与之相关的人。

6. 公司不必期望一部普通的伦理章程会对工程决定有多大的影响。任何希望将安全和质量置于工程决定中更加核心地位的公司，可能都必须通过具体的技术规范来实现此目的。有时我们也会发现，对工程师进行有关职业章程的培训是有帮助的，因为职业章程比一般的商业章程会更具体地涉及工程师所面临的问题。这种培训或许也能促使工程师们更加坚信他们的雇主希望他们成为工程标准的积极推动者。

7. 公司应努力改进他们对待坏消息的方式。如果公司不记住错误，那么就不能从错误中吸取教训。公司尤其应该思考工程师使用的技术手册中（或者数据库里）的信息有多少已经失效，或者至少要经常将工程师集中起来，讨论失败以及如何从失败中吸取教训。

8. 工程技术课程应该包含更多关于工程成本、生产能力以及其他的商业考量。实际上，一位管理者告诉我们，除了合作培养的毕业生，刚毕业的工程师还没有做好全面思考的准备，要做好一项工程，常规需要考虑哪些内容，他们并不清楚。大家似乎普遍认为，现在的工程教育面太过狭窄了。

9. 应该训练工程师，使他们的建议起到作用。以口头或书面的形式清晰地呈现数据的能力、基于数据充分地论证的能力，是达成共识的基础，进而也是有效参与决定的基础。到目前为止，工程师们似乎不得不从工作中学习这些技能。不过，这些是任何工程学校都能够教授的技能。

注　释

[217]　本章最早是作为美国日立基金会批准的资助项目,该项目在一个小组指导下得以实施。这个小组由七人组成,他们是来自芝加哥地区的学者和企业家(即本章中的"我们")。具体包括托马斯·卡莱罗(Thomas Calero,伊利诺斯理工学院商学院)、迈克尔·戴维斯(伊利诺斯理工学院职业伦理研究中心)、罗伯特·格罗维尼(Robert Growney,摩托罗拉公司副总裁)、大卫·克罗格(David Krueger,伦理与企业政策中心主任)、伊利奥特·莱尔曼(Elliot Lehman,Fel-Pro 有限公司主席)和劳伦斯·拉文哥德(Lawrence Lavengood,西北大学商学院)。小组由薇薇安·韦尔(伊利诺斯理工学院职业伦理学研究中心)主持。卡莱罗、戴维斯和克罗格在以下公司进行了访谈:Fel-Pro 有限公司、奥姆尼电路、博世企业、W. E. O'Neil 建筑公司、摩托罗拉公司、内陆钢铁公司、纳威司达国际、阿莫科化工公司(两个生产点)、日立汽车产品(美国)和康明斯动力。对于这些公司在设立访谈项目并且为确保访谈顺利进行所提供的帮助,我们表示衷心的感谢。我们还要感谢以下这些为报告的初稿提供过评论的人:黛安娜·斯托克(Diana Stork,哈特福德大学商学院)、戴博伦·约翰逊(伦斯勒综合理工学院科学技术研究系)、皮特·惠利(Peter Whalley,芝加哥罗耀拉大学历史系)和史蒂文·肖特尔(Steven Shortell,西北大学商学院)。我还曾以不同的形式在以下三次会议中提交过本章的初稿:1992 年 1 月 21 日在南加利福尼亚州的查尔斯顿举行的全国职业工程师协会年会(工业实践分会),1992 年 2 月 1 日在盖恩斯维尔的佛罗里达大学举行的全国伦理与职业会议,以及 1992 年 3 月 12 日在由德克萨斯农工大学机械工程系发起的一个研讨会。以下提供的讨论证实了我们的研究成果,深表欣慰。本章的缩减版《技术决策:该是反思工程师责任的时候了?》("Technical Decisions: Time to Rethink the Engineer's Responsibilities?"),发表于《商业和职业伦理》第 11 期,1992 年春/夏,第 41—45 页。另一个较长的版本《普通的技术决定:一种经验研究》("Ordinary Technical Decision-Making: An Empirical Investigation"),收录在由詹姆斯·A.贾斯卡和迈克尔·普里查德编辑的《负责任的沟通:在商业、工业和职业中的伦理问题》(*Responsible Communications: Ethical Issues in Business, Industry, and the Professions*, Cresskill, N. J.: Hampton Press, 1996, pp. 75—106)一书中。最完整的版本是本人的《在工程师和管理者之间的更好沟通:一些防止伦理困境的选

择方法》("Better Communication Between Engineers and Managers: Some Ways to Prevent Many Ethically Hard Choices"),《科学和工程伦理》第 3 期,1997 年 4 月,第 171—212 页。本章的重新发表已获得授权。

① 亨利·彼得罗斯基(Henry Petroski),《铁指环》("The Iron Ring"),《美国科学家》(*American Scientist*)第 83 期,1995 年 5—6 月,第 229—232 页。

② 注意这句话中的关键词"似乎"。这儿提到的概率问题比费曼(或他访谈的那些人)揭示得更加复杂。想要获得更多资料,可参见威廉姆·H. 斯塔巴克(William H. Starbuck)和弗朗西斯·J. 米利肯(Frances J. Milliken),《挑战者号：微调的可能性》("Challenger: Fine-Tuning the Odds Until Something Breaks"),《管理研究》第 25 期,1988 年 7 月,第 319—340 页。

③ 理查德·费曼,《一个调查挑战者号的局外人的内幕》("An Outsider's Inside View of the Challenger Inquiry"),《今日物理学》(*Physics Today*),1988 年 2 月,第 26—37 页,特别是其中第 34 页。

④ 同上。

⑤ 同上。

⑥ 对于费曼提到的"游戏",有一种较好的技术描述,可参见特鲁迪·E. 贝尔(Trudy E. Bell),《飞机 51 - L 航班的致命缺陷》("The fatal flaw in Flight 51 - L"),《电气与电子工程师协会系列》,1987 年 2 月,第 36—51 页。比较大卫·A. 贝拉(David A. Bella),《组织和信息的整体扭曲》("Organizations and Systematic Distortion of Information"),《工程职业问题》(*Professional Issues in Engineering*)第 113 期,1987 年 10 月,第 360—370 页。

⑦ 费曼,第 34 页。

⑧ 罗伯特·杰卡尔：《道德迷宫》,第 112—119 页。

⑨ 艾伯特·夏皮洛,《管理职业人员》。

⑩ 约瑟夫·A. 雷林,《文化冲突：管理者和职业者》(*The Clash of Cultures: Managers and Professionals*, Cambridge, MA: Harvard Business School Press, 1986);《作为行政主管伦理助手的职员》("The Professional as the Executive's Ethical Aide-de-Camp"),《管理执行学刊》(*Academy of Management Executive*)第 1 期,1987 年 8 月,第 171—182 页。

⑪ 雷林,1987 年。

⑫ 本书第五章。

⑬ 詹姆士·A. 沃特斯,《理解 20.5: 作为组织现象的公司道德》,第 3—19 页。

⑭ 同上,第 11 页。

⑮ 哈罗德·亨德森(Harold Henderson),《麦格雷戈诉美国全国咨询中心: 为什么原子能管理委员会解雇其最强硬的工厂检查员?》("McGregor v. the NRC: Why did the Nuclear Regulatory Commission fire one of its toughest plant inspectors?"),《读者》(*Reader*, Chicago),1988 年 7 月 22 日,星期五,第 1 页起。

⑯ 布莱恩·厄克特(Brian Urquhart),《最后的战争灾难》("The Last Disaster of the War"),《纽约书评》(*New York Review of Books*),1987 年 9 月 24 日,第 27—30 页;托马斯·佩特齐格(Thomas Petzinger)和汉加·安杰(Hangar Anger),《机械工的悲哀表明,安全是怎样成为美国东部地区的一个大问题的》("Mechanic's Woes Show How Safety Became a Big Issue for Eastern"),《华尔街日报》,1988 年 6 月 9 日,第 1 页起。

⑰ 沃特斯,1978 年;沃特斯,《正直的管理: 在工作场所学习和实施伦理原则》("Integrity Management: Learning and Implementing Ethical Principles in the Workplace"),摘自由苏雷休·斯里瓦斯塔瓦(Suresh Srivastva)等编的《正直的执行》(*Executive Integrity*, San Fransciso: Jossey-Bass,1988)。

⑱ 雷林,《文化的冲突》,第 246—263 页。

⑲ 例如,参见克里斯·阿吉里斯(Chris Argyris)和唐纳德·舍恩(Donald Sch? n),《互惠的正直: 创造鼓励个人和组织正直的条件》("Reciprocal Integrity: Creating Conditions That Encourage Personal and Organizational Integrity"),摘自《正直的执行》,第 197—222 页;杰拉尔德·E. 奥特森(Gerald E. Ottoson),《一个团体伦理氛围的本质》("Essentials of an Ethical Corporate Climate"),摘自由唐纳德·G. 琼斯(Donald G. Jones)编的《在商业中践行伦理》(*Doing Ethics in Business*, Cambridge, MA: Gunn and Hain,1982),第 155—163 页。

⑳ 我们发现的唯一一例外,参见布鲁斯·F. 戈登(Bruce F. Gordon)和伊恩·C. 罗斯(Ian C. Ross),《职业者与公司》("Professionals and the Corporation"),《管理研究》第 5 期,1962 年 11 月,第 493—505 页。

㉑ 可能最值得注意的例外是由巴特·维克托（Bart Victor）和约翰·B.卡伦（John B. Cullen）所作的试探性研究，参见他们的《工作伦理氛围的组织基础》（"The Organizational Bases of Ethics Work Climates"），《行政管理科学季刊》（*Administrative Science Quarterly*）第33期，1988年3月，第101—125页；阿兰·L.威尔金斯（Alan L. Wilkins）和威廉姆·G.乌奇（William G. Ouchi），《高效文化：探索文化和组织行为的关系》（"Efficient Cultures: Exploring the Relationship Between Culture and Organizational Performance"），《行政管理科学季刊》第28期，1983年9月，第461—481页。

㉒ 汤姆·伯恩斯（Tom Burns）和斯托克（G. M. Stalker）：《创新管理》（*The Management of Innovation*，London ：Tavistock Publications，1966）。我应该感谢皮特·沃尔利（Peter Whalley）挑选出这本书。

㉓ 巴里·A.图纳（Barry A. Turner），《人造灾难》（*Man-Made Disasters*，London：Wykeham Publications，Ltd.，1978），特别是第17—30、57—67、120—125、189—199页。

㉔ 梅里特·R.史密斯（Merrit R. Smith），《军工企业和技术变革》（*Military Enterprise and Technological Change*，Cambridge，MA.：MIT Press，1985），特别是第11—14、87—116页。

㉕ 当然，这不是在商业中使用专业术语"参谋"和"指挥"的唯一方式。可能现在这些术语会更加频繁地被用来区分历史上最古老的商业单位（生产和销售）和较现代的商业单位（人事管理、法规制定、账目清算）。就区分的说明而言，工程要么是"参谋功能"要么是"指挥功能"（这取决于公司的历史）。"参谋—指挥职能"的区别往往是用来对比那些（或多或少）对基层生产线（"利润中心"）有直接贡献的职能与对基层生产线只有间接贡献（"服务职能"）的职能。按这种观点，一些工程职能（如操作，可能还有研究）就属于指挥功能，而另外一些工程职能（如质量控制或者安全）则属于参谋功能。这种参谋功能与指挥功能区分的多样性如今已经发出了这样的信号，即原来的区分方式已不再适合大多数美国企业。

㉖ 罗莎琳德·威廉姆斯（Rosalind Williams），《工程的形象问题》（"Engineering's Image Problem"），《科学技术中的问题》（*Issues in Science and Technology*）第6期，1990年春，第84—86页。

㉗ 这些被选择的公司与我们小组的成员，或与我们的两个伦理中心，或与我们的赞助

者(甚或与这三者)有商业联系。

㉘ 在这三次采访中,我们只有一个受访者。一次是一整天都没有安排其他的采访,其他两次是在下午的时间,因为一个受访者必须提前离开。

㉙ 威廉姆斯,第84页。

㉚ 更多关于那些受访者特征的信息,参见附录三。

㉛ 可能值得一提的是,没有一个人提到学院派批评的一个共同之处,即工程师转变为管理者的要求是学会承认模棱两可。用什么去解释我们的受访者在这一点上表示沉默呢?有一个可能性是,作为从业者,他们已经习惯于模棱两可了。另一个可能性是,关键的转变不是在工程和技术的管理部门之间,而是在技术的和非技术的管理部门之间。这个问题有待于进一步的研究。

㉜ 并非我们工作组的所有成员都完全满意我们对这三类公司的命名。对此,我唯一要辩护的是,毕竟有太多的争论,我们不可能做得更好了。

㉝ 用一个明显类似的案例来结束本章,即通用公司5亿美元的销账,可参见托马斯·F. 奥博伊尔(Thomas F. O'Boyle),《令人恐惧的故事:通用公司电冰箱部总裁沃斯阐明危害,在一个压缩机产品上,公司方案改变得太快,未进行充分测试》("Chilling Tale:GE Refrigerator Woes Illustrate the Hazards in Changing a Product-Firm Pushed Development of Compressor Too Fast,Failed to Test Adequately"),《华尔街日报》,1990年5月7日,星期一,第1页起。

第十章
职业自治——经验研究纲要

有时,受雇的工程师们声称,他们身为雇员的地位,与他们作为"真正的职业 [157] 人员"所需的自治是相悖的。在重要的学术著作中也有这样的主张。例如,在《工程师的反叛》一书中,埃德温·莱顿(Edwin Layton)说道:"即便是在原则上,雇主也不愿意把自治权授予他们的雇员。他们认为工程师就像所有其他雇员一样应该接受指令……[但]特定行业的职业精神本质并不在于从雇主那里接受指令。"①我们该如何理解职业精神与作为一名雇员的不一致性(或者,至少与从雇主那里接受指令的行为不一致)? 这是一种概念性的事实(从定义推导出来),还是一种经验性的事实? 该如何证明它或反驳它?

本章的目的就是通过构建职业自治的概念来回答上述问题。虽然我们在其他方面提出了一些主张,但我们还没有职业自治的概念。我们知道的只是应用在工作场合的个人(或者道德)自治的概念。个人(或者道德)自治这些概念,既不能帮助我们了解职业限制对个人自治的具体影响,也不能让我们理解合作组织和职业责任间可能存在的一致的方式。

有关自治方面的文献有三类:(1)关于"个人"自治的普通哲学文献;(2)与"职业自治"明确相关的哲学文献;(3)和在工作场合自治有关的社会学文献。虽然原则上这三类文献都是相关的,但实际上,这三类文献似乎拥有彼此独立的发展进程。我们将依次考察这三类文献,并在它们的基础上,建构我们自己的职业自治概念。

个 人 自 治

[158]　在过去的 30 年中,哲学家们就"个人自治"发表了大量著述。究其原因,至少在某种程度上是因为,对于像洗脑、催眠术的暗示、广告和其他致幻技术可能会对主体的道德权威产生影响,人们有所担忧,而有关自由的种种传统概念似乎又无法给予公正的评判。例如,"洗脑"可使我们为所欲为,但它却是通过歪曲我们的欲望,从而以剥夺我们原本所具有的作出最后决定的能力的方式而实现的。

这类著述大多属于政治哲学(公民自治预设了政府对教育、信息和民意的控制)、医学伦理(患者自治)和商业伦理(遭受广告影响的顾客自治)范畴。它们将"个人自治"与两个更老的主题相区别:一是与政府或国家自治有关的"政治自治",一是与道德责任(或者道德善)的条款有关的"道德自治"。个人自治与政治自治的区别是不言自明的,因为个人既不是国家,也不是民族。个人自治与道德自治的区别则是需要说明的。

在道德责任的许多概念中(事实上是绝大多数),道德自治(例如,合理性)的必要条件,同时也是个人自治的必要条件。我认为,个人自治这一术语,不能被看成是和道德自治不同的,而是应该被视为对同一主题的不同侧重。关于个人自治,基本上可以理解为与保护主体(无论在政治哲学、医学伦理或者商业道德上)免受不良影响相关,或者与为什么尊重个人决定的理由相关,而与对他们的行为进行道德评价并无关。另一方面,那些涉及道德自治的内容,可以被理解为对这些评价的关注,而不是与保护道德主体免受不良影响相关。对我们而言,这样的区分并不重要。因此,对于这两个概念,我一般都使用个人自治。

将一种行为的自治视为依赖于主体的某些特征时,个人自治的概念是类似的。它们的区别仅在于这些特征是什么。对于一些概念来讲,只有当主体是自治时(即在行动的那个时刻),他的行动才是自主的。我们可以把它们称为是以主体为中心的(agent-centered)概念。对于其他概念而言,只有当导致行动的欲望是自主的时候,一个行动才是自治的。我们把它们称为是以欲望为中心的(desire-centered)概念。

以主体为中心的概念也许很少(的确没有)提及"自主的动机"。例如,杰拉尔德·德沃金(Gerald Dworkin)指出:一个人是自治的,只要(仅当)他拥有一定的能力("这能力……反映在(他)第一阶层的偏好、欲望、愿望等,以及试图根据更高级别的偏好和价值来接受或改变它们")。[②]这样的欲望,既不是自治的,也不是非自治的。自治是一种功能,将在一个人作决策时发挥作用。一个行动(或者选择)是自主的,仅当它源自主体能力的实施。[③]

相反,以欲望为中心的概念认为,一个人是自治的(或者拥有个人自治的权力),只有(或者仅当)他的行动(或者其他的选择)是自主的;认为他的行动是自治的,只有(或者仅当)这些行动是以适当方式源自于那些本身是自治的欲望、动机或者类似的。自治,首先是欲望的特征,是个人或行动的衍生性特征。因此,在这一概念下,仅当一个人的欲望是自主的,这个人才是自治的。 [159]

我认为,现有所有的以欲望为中心的自治的概念,要么是历史性的、假设性的,要么是结构性的。在历史性概念看来,如果一个欲望是某一个过程的结果或者不是某些过程的结果,那么这个欲望才是自治的。例如,我当下的欲望是要吃巧克力曲奇饼。如果这一欲望实际上源于一个适当地反射性过程,而不是源于催眠暗示或者源于早先已经社会化为"嗜巧克力"的家庭,那么这一欲望就是自治的。[④]

自治的假设性概念与历史性概念的区别在于,前者关注可能的未来而不是实际的过去。例如,还是以我上面讨论的例子为例,我要吃巧克力曲奇饼的欲望是自主的,如果它能经受各种相关事实的考验——诸如我的体重可能增加以及最终我将因不得不在调整食谱和心脏病发作之间进行选择。如果欲望经不起这些可能事实的考验,那么它就不是自主的。[5]

对于结构性概念而言,如果某种欲望处在这个人当前所能考虑到的其他欲望的关系中(不管这一欲望的实际由来或者实现的可能性),那么该欲望就是自治的。例如,根据哈里·法兰克福(Harry Frankfurt)的说明,人的第一阶层的欲望是自主的,如果这一欲望的确是这个人经过比较才确定下来的——以某种方式与他的其他欲望作比较。[6]这与欲望的由来相关,仅当它(欲望的由来)影响个人确定其欲望的意愿时。根据另一种结构性的概念,欲望是自治的,当且仅当它符合这个人实际的生活计划。[7]

虽然以主体为中心的概念和以欲望为中心的概念,在很多方面是彼此不同的,但是,它们共同拥有一个与本文相关的醒目特征,即从这两者都不会得出雇主与雇员之间的关系必然会与自治不一致的结论。根据以主体为中心的概念,关键的问题是:雇主是否允许雇员运用相关的能力,对他的欲望进行反思,并根据高一层的欲望来接受或改变他原有的欲望? 尽管在一些有明显等级分层的组织中,对于雇员的管理很专制,以至于雇员不可能有独立的想法,但这毕竟是少数的,对于大多数雇用工程师的组织而言,事实并非如此。当然,对于我们在第九章中讨论到的组织,这也并非事实。在以欲望为中心的概念下,关键的问题是:雇主是否用不适当的方式逐渐把欲望灌输给了雇员,或者逐渐给雇员灌输了那些经受不住事实考验的欲望,又或者灌输了雇员不能认同的欲望? 尽管有些雇主的答案可能是肯定的,但对于大多数雇主而言,答案似乎应该是否定的。似乎很少有组织希望将它们的雇员变成机器人。

如果某一组织中的雇员不是机器人,那么在工作场所中,他们就应该能够像他们在外面一样自主地行动。他们服从指令(的行为)并不意味着他们没有自主地行动。例如,如果他们按照吩咐去做事,那么可以说明他们经过一番思考后相信他们的雇主知道他们在做什么(或者,雇员之间的协调一致比取得一个决策权来得

[160]

重要）。在这里,在任何个人自治概念下,他们既适当地自主,又谨慎地服从。

可能导致这一结论的事实,可以用来解释为什么关注职业自治的人普遍忽略了在个人自治方面的著述。那些著述看似澄清了职业自治应该阐明的问题。然而,这些澄清并没有解释为什么那些关注职业自治的人要用"自治"这一术语,很少有人为这个术语的使用作过辩护。为什么是"自治"而不是"自由"、"控制",甚至"责任"? 要回答这个问题,我们必须考察关于职业自治的著述。

职 业 自 治

关于职业自治的著述似乎从两个层面上区分了职业自治。与个人自治概念相比,这两个层面上的职业自治更强调行动。一个是组织层面上的职业自治,它一般由职业自身来调节。另一个是个人层面上的职业自治,它主要是指个人自己掌控自己的工作,而不受客户、患者、雇主或者其他人的控制。⑧

组织自治是一种职业作为一个整体的根本特性。当一种职业控制着它自己的伦理规范、入行的职业标准(包括执照或者资质证明)和纪律程序时,它是自治的。"实际上,当某种职业的领导掌握着成员的招募和资质,并通过设定恰当的实践标准来定义或者调控职业服务的性质时,这个行业的自治也就形成了。"⑨组织自治近似于政治自治。

从这个意义上讲,在美国没有一个职业是完全自治的。例如,律师由国家机关(通常是国家最高法院)发放执照,至少最后的标准掌握在该机构手中。虽然美国律师协会的确准备了职业伦理的"范本"规范,但国家机构并没采纳,即使那些采纳了的人也能自由对它们做出修改——有时就是这样的。当然,很大程度上,律师行业涉及了政府对律师的调节,但这种调节是建立在政府意愿基础上的,而非职业意愿基础上。

在这一方面,美国的工程师与律师不同。在国家权限内,国家并没有为工程实践设置取得执照的前提条件。通常,国家仅对那些像传统律师那样的工程师要求执照,这些工程师需要为普通的公众提供技术咨询,或者为公共事务准备文件。那些为制造商或其他有鉴定资质的组织工作的工程师不需要执照,因为他们并不直接为公众提供服务,而是向雇主提供他们的服务。律师和工程师之间的这一区别,似乎无关乎职业自治的意义。我们的问题依然存在,即使美国给所有的工程师发放执照——就像加拿大和墨西哥做的那样,⑩一名拥有执照的工程师可以是雇员,同时,作为雇员,他也像没有执照的工程师一样,存在着自治的困惑。

[161]

现在,我们来看看另一层面的职业自治——个体职业自治。在文献中,我们至少可以区分出三种个体职业自治。

第一种明显地和个人自治相关。例如,K. R. 帕夫洛维克(K. R. Pavlovic)把工程师的个体自治定义为:"[当]行为者是行为发起者而不是简单地(作为)中介[时],对行动相对缺乏制约……[并且]缺乏一定的约束。"⑪这个定义有三个不受欢迎的特点。首先,它是非常消极的("一个缺乏"),而职业自治似乎是积极的(某类行动的能力)。其次,因为自由经常被视为缺乏对行动的制约,帕夫洛维克的定义似乎混淆了自由和自治。第三,如果"发起者"的要求增加了对自由的限制,那么这种附加是无法解释的。因而,这一定义似乎设想了对职业自治的分析而不是提供了定义。

第二种类型的分析与组织自治有关。例如,对于保罗·卡梅尼(Paul Camensich),个人职业自治就意味着,"[最终的]评估仅由职业同行做出,不是由外行做出,即使后者是职业人员的雇主"。⑫虽然这一分析听起来像是真的,但它也是空洞的。一切依赖于我们怎样理解"最终的评估"。我们已经看见,至少根据一种对"最终的评估"的理解,就没有一种职业存在个体自治(或者,至少,没有一种职业是经国家许可的)。

卡梅尼没有明确地谈论工程师的"最终评估"。他也许已经明白了这样做的(后果)。无论职业注册的真相是什么,像工程这样的无执照的行业似乎缺乏明确的方式来理解"最终的评估"。当然,像律师或者医生一样,没有客户或者雇主,工程师就不可能实践他的职业。于是,很清楚,就像律师或者医生一样,是市场给工程师提供了"最终评估"（的机会）。如果一名工程师不能找到客户或雇主，那么他就不能实践他的职业。

然而，其中还有另一层清楚的含义，最终的评估并不属于雇主，而是归于其他的工程师。一名工程师可以受雇于一位雇主，但他仍然可能无法实践他的职业。即便他拥有工程学位，拥有"工程师"头衔，但他也许仍然只是某个大楼的管理员。要实践工程，他必须实际上从事比工程这一名称更具（意义）的工作。无论怎样非正式，工程师都要最终作出决定（正如我在第三章中讨论的），而不是由那些对工程了解很少或者无知的人来作决定。这里，工程师必须作出最终的评估，像在法律和医学领域呈现出来的，最终评估可能会被国家许可制度的形式所掩盖。

法院还可以提供最终评估的另一种来源。无论工程师说什么，法院都能够认定工程师的操作达不到合理关照的标准，造成了巨大的损失，因此强迫工程师离开该领域。甚至，法院可以将合理关照的标准强加给整个职业，决定什么是工程该做的，什么是不该做的。工程职业、工程师的雇主和客户没有权力解除法官或者陪审员的裁决。法院对工程师不适当行为的认定似乎是对工程师工作的最终评估。当然，法律和医学领域也要承受这类最终评估。 [162]

因此，需要慎重地理解最终评估，对于工程师来说，这种理解是可辩护的，也是与工程师相关的，的确，也与大多数事实上实践着（最终评估）的行业相关。我的直觉是，这一努力没有任何价值。在我们没有理解个体（职业）自治之前，我们不能理解，（如果有的话）是什么使得某一评估成为"最终的"。一旦我们理解了个体自治，我们就无需牵挂某个评估是否是"最终"的了。

第三种类型的分析反映了下面要讨论的社会学文献。肯尼斯·凯普尼斯（Kenneth Kipnis）指出，职业自治是"对工作条件或者内容的控制"。[13]这是一个对职业自治过分苛求的概念。在这一意义上，职业自治似乎既与雇主的正当职权不一致，也与在大型组织工作中必要的合作和分工不一致。然而，仅有一位学者——迈克·马汀，注意到了这样的分析是如何的苛刻。也仅有三位学者——阿迪纳·施瓦茨（Adina Schwartz）、海因茨·卢埃根比尔和马汀，找到并提供了一个与职业控制相吻合的管理控制（和组织合作）的概念——这一概念允许职业保持对工作条件或工作内容的足够控制，从而来保持职业的自治。⑭虽然马汀的论述是暗示性的，甚至没有直接涉及"职业"自治（虽然他使用了这个词）这一主题。马汀主张，实际上，普通道德，而不是任何明显的职业（道德），决定着在不威胁自治的情况下雇主能够要求什么。实质上，这也是施瓦茨和卢埃根比尔的主张。因此，他们提供了以下问题的答案："雇主的权威如何能够和工程师的个人自治相一致？"（但是）他们从未触及我们的问题："雇主的权威如何能够和工程师的职业自治相一致？"他们甚至没有明白，这也许是一个不同的问题。

社会学文献

1939 年，第二次世界大战期间，MIT 的工程师、即将成为美国科学天才的领头人的万尼瓦尔·布什（Vannevar Bush）说道："作为受控的雇员，我们可以将自己融入组织，丧失我们的独立性。我们也可以断定，我们仅仅是众多群体中的一员……在这个方向上遭受压力，在文明的共同体的伟大文化和除了提供指令下的服务外没有更高的理想之间产生冲突。"⑮这个悲观的建议基于三个有争议的假设。

第一，存在一个假设：在大型组织中的工作，对工程师（布什的"我们"）来讲是全新的。而事实是，正如我们已经看见的，多数工程师总是在大型组织中工作，从军事开始，然后是铁路，接下来进入制造业。多数工程师总是"受控的雇员。"⑯正如军人、僧侣和教授，在这一意义上，工程师从未独立过。⑰现在，布什的陈述似乎更适合于今天的医生或者律师，而不适用于历史上任何时期的工程师：医生和[163]律师，作为"自由行业"，在差不多两个世纪之后，现在正成为大型组织中的主要雇员，有一些是由来自他们自己行业的成员领导着，也有一些不是。⑱

第二，布什假设，"失去独立性"是某种工程师必须"让渡"的，这一让渡是"恶"的。我们早就知道，极少数工程师（特别是那些拥有学士学位的工程师）会认为，免于监督是很重要的。⑲一般来讲，工程师将接受监督看做是成为工程师的一部分(或者,至少参与重要工作的工程师)。问题似乎是要找到正确的监管方式。[20]

当然,操控工程师所做的工作,这是一个独特的问题。但是,当和律师或者医生这样"真正的职业者"相比较的时候,工程师通常被认为是处于劣势的。有人说,工程师的雇主决定是否采纳工程师的建议,而律师或医生可以直接去做。与律师和医生可以完全掌控自己的工作的假设相比,这一假设似乎更错。像工程师一样,律师和医生(的工作)主要是顾问。在通常情况下,他们可以说他们所偏爱的,并且坚持下去。但是,如果客户或者雇主说不,他们什么也做不了。意愿仅仅是一个想法,直到客户认为它足够好了才能付诸实施。迫使有行为能力的患者接受治疗是有罪的。无论职业自治是什么,它不可能是对客户或者雇主的控制。

第三,布什假设,成为"受控的雇员"意味着,"我们"不可能有"更高的理想,只是提供指令下的服务"——换句话说,雇员的状态与职业化不一致。当然,这一假设是本章所要评估的。经验著作没有研究这一问题。相反,它提及的自治可以理解为这样一种状况,即"执行者,而不是其他什么人,决定了工作安排,包括工作的任务顺序、一个雇员何时必须转换到另一项任务上去"。[21]在某种程度上,虽然这类控制是职业自治的前提条件,但很显然,它与我们谈的职业自治不是一码事。每个行业必须时常调整日程表。当婴儿就快出生时,医师就必须放下一切到达医院。没有人会设想,这样的紧急状态会威胁他的职业自治,即使一天中他经历数次这样的紧急状态。[22]因此,关于工程师自治的多数经验著作并不直接涉及个人的职业自治。

有一个近似的例外,似乎是第九章中报告的内容。我和我的同事采访了10家公司中的60位工程师和管理者。我们发现,几乎没有哪位工程师或管理者拥有对任何重大决定的绝对控制权。不过,我们确实发现了一个相当大的讨论空间和一种达成共识的强烈倾向。我们确实得到了这样的印象:工程师自由地行使他们的职业判断(一种明显职业自治的解释)。相反,有些经理似乎出人意料地强调工程师"坚持他们的立场"的重要性。不幸的是,那时我们不太关注职业自治,因此,我们的观察数据(结论)只能作为参考。[23]我们能进一步做些什么,取决于个人职业自治是什么。现在我们必须给出一个有用的概念。

个体职业自治的概念

先前对自治著作的考察,表明了任何恰当的关于个人职业自治概念都有三个标准。首先,所有恰当的概念应该解释职业自治和个人自治之间的联系,或者,如果不能,就用某种其他的方式来解释职业自治的重要性。其次,任何恰当的职业自治的概念应该把雇员个人的职业自治当做经验问题,或者,如果不能,就要解释为什么很多人认为它是经验问题。第三,任何恰当职业的概念应该建立某种对涉及职业自治宣称的经验内容(若有的话)进行检验的方式;它应该产生一个实用的研究方案,或者,如果不能,就要解释为什么不可能有这样的方案。符合这三者的概念,将会尽可能将与工作场所自治有关的哲学的、职业的和社会学的著作汇集在一起。

怎样进行? 第一,我拟订一个我希望相对没有争议的"作为一个行业的一份子"的概念。第二,我找出一个适用于我们目的的个人自治的概念。第三,我指明,在作为职业成员的意义上,一个人可以自主地行动。职业自治是一种特殊的个人自治:作为职业成员的行动。第四,我表明,在作为职业受雇成员的意义上,一个人可以自主地行动,即雇佣和职业自治原则上是一致的。

在接下来的一部分中,我将提出一些相对容易开展的研究,来说明受雇的工程师实际上拥有怎样的职业自治权。

职   业

不存在只有一个人的职业。作为行业的一份子,就是作为某个团体的一员。什么样的团体? 对于我们来说,职业就是由一群自愿地组织起来分担一项任务的人,他们通过追求某些道德理想来谋生,这是以一种满足法律、市场和一般道德的要求之外的、又被道德所允许的方式实现的。[29]这一定义很重要,应加以详述。

职业是自愿的。我们必须要求职业资格——无论是通过取得执照来执业,还是通过申请一份正在招募职业人员的工作(例如,"工程师"),或者仅仅是通过宣称拥有某个职业的职业资格(例如,"我是工程师")。我们总是可以通过放弃执照(如果有的话)而离开该职业,离开该职业实践,放弃其从业资格。

职业是组织化的。我们不能仅仅因为宣称自己属于某个组织,从而就成为该组织的成员。我们也必须达到组织所要求的某些能力和品行的最低标准。根据不同的组织化程度,各职业有所不同。一些组织拥有加入组织的正规测试、特许机构、学科委员会等。大多数组织拥有许多未来从业者可以从中毕业的学校、 [165] 一份书面的伦理章程以及在特定场合下为职业辩护的各种协会。根据其能力和品行,所有人都可以认识到,职业人员和那些在某些方式上并不属于这个职业的人(尽管他们也宣称自己属于该职业,例如,"庸医"、"江湖骗子"、"冒名顶替者"等)之间存在的区别。一种职业比一项工作任务所蕴涵的更多,这是一个原则。

对于从业人员来说,所有职业都拥有特别的、道德上允许的标准。典型地,这些标准的基本目的是向非成员(客户、雇主或者公众)提供法律、市场或者(普通的、预备职业)道德要求以外的利益和保护。㉕这些标准随着职业的不同而不同。例如,虽然工程师以公众健康、安全和福利至上为原则来运用他们与众不同的知识、技巧和判断,但律师们却不会这样做。职业标准在道德上总是允许的;说"盗贼"是一种职业,和说"假钱是钱"是一回事。(在这一意义上),并不是所有学科都能成为一种职业。㉖

职业不同于慈善机构、互助社团和其他利他组织,它始终关注其成员如何谋生。凡业内人士都应该是很专业的。职业不是一项普通任务或者工作任务的组织。在成为某一工作的从业人员,或者至少,在共享知识、记忆和判断方面,一种职业会区别于一项普通任务。除了使它的成员受益之外,职业还拥有其基本目的,这有别于贸易协会、工会或其他的工作组织。以某种方式去服务于某一道德理想,在这一点上,职业与商业任务和工作组织区分开来了。如组织在一起的内科医生服务于健康,律师服务于法律所蕴涵的正义等。

　　"道德理想"中的"道德",意味着排除与道德无关的理想(例如,"谨慎"的理想)。在道德所允许的最小意义上(例如,偷窃是道德上完全不允许的),以及在道德之善的更强的意义上(即倾向于支持道德上正当的行为),道德理想是道德的。而在更加强的意义上,道德理想也还是道德的。道德理想是一种事情的状态,这种状态,虽然不是道德上所要求的,但当可能的时候,它却是一种每个人(即每个理性的人)都希望其他人能达到的,他们也都愿意去奖赏、帮助,或者至少称赞这种行为,假如这些是他人这么做要付出的代价。道德理想对于我们有所要求,而与道德无关的理想则没有。通过定义(可知),职业是值得称赞的(就像以自愿的方式承担任何值得赞赏的责任一样),这是因为根据定义,每一职业都服务于道德理想。㉗

　　那么,想要成为某一职业的成员,就必须接受一系列的标准。作为某一行业的一份子就得遵照行业标准公开地开展工作。例如,在言语上和行动上宣称,"我作为工程师工作[即作为工程师,我就应该(这样)工作]"。一个人在接受这些标准之后,怎么仍然能够是"自治"的? 在能够回答这一问题之前,我们必须确定"自治"意味着什么。

自　治

[166]　　行动的自愿性产生了一个支持它自治(在任何似是而非的个人自治的概念上)的假设。如果我们能够自愿地作出承诺而无需危及我们的(个人)自治,那么我们就能够在加入一种职业的同时也不危及我们的自治——即使会员资格要求我们如承诺的那样,去做我们本不会做的事。由于职业是自愿的组织,所以必定可以假设:作为某一行业的一份子,他的行为是自治的。㉘

　　但是,这仅仅是一个假设。自愿并不保证自治。甚至,承诺的内容也可能削弱对自治的假设。例如,无论怎样自愿,将我们自己永远或完全受制于一个不道德的人的主观意志的诺言,似乎不是自治的。虽然这一诺言永远放弃了个人自治,但它的效应仅仅是一种有关自治问题的症状。问题是该承诺似乎既不是一个自治的人的行为,也不是一个自治欲望会激励的行为。我们发现,很难想象一个自治的主体如何可能自愿地作出这样一个承诺(及如何表达它)。当我们听到一种独特的、使人信服的、与表面相反的解释时,这一承诺是自治的,但我们仍怀疑该承诺的自治。因此,我们需要解释,为什么职业中"自愿的会员资格"不可能作出这样一种承诺。我们需要通过某种方式,从那些不是自治的自愿承诺中区分出那些是自治的自愿承诺。㉙对此,我们认可的个人自治的概念能够提供什么帮助呢?

以主体为中心的概念与我们能够自治地做什么毫不相关。根据以主体为中心的概念,如果我们是自治的,那么我们作出一个会把自身永远或完全受制于一个不道德的人的主观意志的诺言也是自治的;我们要自治,仅需要一种能力,即可以反思我们的欲望,并根据更高层次的欲望来改变它们,从而采取相应的行动。这里指出了以主体为中心的概念存在两个缺点。首先,这一概念不要求在行为(在这种情况下,就是许诺)和主体的反思能力(无论它们可能是什么)之间存在紧密联系。也就是说,如果承诺人是自治的,不管当时他是多么地粗心大意或者消息是多么地不灵通,那么他所作的承诺就是自治的。其次,以主体为中心的概念似乎依靠弱的理性程序观念。理性包括自我批评和更正错误的能力。在程序的内容上,不存在限制,因此,无法去担保我们甚至不会自治地作出一个正如我们现在可以想象的极不道德的承诺。对于我们的目的而言,以主体为中心的自治概念似乎并不适合。㉚

以欲望为中心的概念,如何呢? 所有以欲望为中心的个人自治概念避免了第一个弱点。的确,它们似乎正是为避免这一弱点而设计的。所有这些概念都要求在自治的欲望和行为之间有紧密的联系。因为,如果一个行动是自治的,那么激励它的欲望本身必须是自治的。

如何决定哪些欲望是自治的以及欲望和行动之间的关系,使得以欲望为中心的概念之间产生了区别。为了使得一个欲望自治,历史性的概念需要一定的历史(例如,一段避免催眠暗示的历史);结构性的概念要求在(正被讨论的)欲望和这个人具有的其他欲望之间有某种和谐的关系;假设性的概念要求欲望能够经得起考验。历史性的概念和结构性的概念有一个方面是相似的,即对于一个行为,仅要

［167］

求激励该行为的欲望是自治的。假设性的概念可能要求的更多。例如,行为的选择(以及欲望)能够经得起某些考验;使得这些选择生动地、反复地暴露在所有相关的事实面前。然而,所有以欲望为中心的概念也许与以主体为中心的概念分享了它们的第二个弱点,即太弱的理性概念。它们自治与否依赖于至关重要的自主的欲望这一概念。

在一个自主的欲望所拥有某些"内部限制"的问题上,所有以主体为中心的概念都是相似的,例如,"符合主体的生活计划"。这些内部限制,因概念的不同而不同,可能意味着,也可能不意味"程序的理性"。在缺乏"实质理性"方面,多数以欲望为中心的个人自治概念也是相似的。因此,大多数人不能一边挥舞手臂,一边说这是非自主的行为。一些关于这个人的偶然事实决定了这一欲望是否自主。在这一方面,我所假定的概念是不同的。与所有其他的概念(以主体为中心的以及以欲望为中心的)不同,我所假定的概念要求在欲望和外部世界之间取得某种一致。根据我假定的概念,当面对相关事实时,处于讨论中的欲望不必如此弱化。[①]在这个意义上,它至少是理性的。

如果把我的概念与某些关于人类心理学的最小假定结合起来,那么我们就能够确认某些对自治的实质性限制。例如,在所有条件一样的前提下,假设人们喜欢自由胜于服从。任何让自己服从他人的欲望(努力这样做)——正如自主地放弃我们想象的承诺,在面对这种内在不服从的现实时,应该消失(或者至少通过足够弱化它来改变这一决定)。由于欲望不是理性的,所以任何依赖于它的选择将不会是自治的。

就算我用同样的方式来对其他概念作补充解释,它们也不会给出这个结果。就像喜欢自由胜于喜欢服从,常识并不能保证人们不会有愚蠢的行为,不会产生与他们的常识不一致的欲望,或者他们因没有掌握全部事实而不能按常识办事。偶然性经常会困扰我们的行为。通过要求激发行为的动机经过检验,而不仅仅是行为者当下的心理活动,我假定的概念避免了这种偶然性。欲望一定要经过反复的检验,生动地暴露在主体之外的世界里。

因为我所假定的概念似乎是现有的有关个人自治的最苛刻的一个概念,所以以它为基础的对一个人作为某一职业的从业者能自主地行动的论证,应该经受得住其他任何一个相对宽松的自治概念的替换。根据这个概念,如果我们能够解释个人自治如何与某一职业的成员资格一致,那么我们使用其他任何有关个人自治的貌似概念都可以得出这个结论。因此,在接下来的部分,我把个人自治理解为我假定概念意义上的"自治"。

[168]

职业中的自治

如果作为职业从业者的行为,与自主的行为是一致的(正如我们现在所设想的自主),那么职业的内涵就必须比自愿更多。它必须是与所有相关事实相一致的承诺。那么,事实是什么?什么使得它们相关?

在谈到"事实"时,至少我的意思有两层:(1)常识,那些"大家"都知道的(比如,人们普遍地喜欢生胜于喜欢死,剥夺人的食物可能会害死人,人们知道的那些道理等);(2)对于那些探究的人,那些事实上可获得的特殊知识(例如,律师所知道的法律知识、生物学家所知道的基因知识,还有你能在公共资料室查阅的知识等)。当且仅当,其他条件不变,面对事实,欲望会加强或者弱化"主体"采取行动的决心(无论是通过激起新的欲望,还是通过加强或者弱化已经激励了行动的欲望),事实才是与行为的选择"相关的"。要使所有事实与一个人的决定生动且重复地相关,这就(需要)充分的信息。

职业从业者能够自主地行为,当且仅当他的实际选择与他将会选择的相一致。如果他充分地掌握了信息,并且仅被理性的欲望所驱动,即欲望能够经受住所有相关事实的考验,那么他会作出与他的实际选择相一致的选择。现实中,"完整的信息"是一个苛刻的标准,但在这里却是合理的,因为它仅仅应用于假设性的选择。实际上,我们并不要求人们在这些条件下作出选择。我们仅仅要求,在提供充分的信息和其他适当的条件下,心理学理论将会指出,个体的实际选择可能是什么,或者,对于我们来说,至少可以给出什么样的选项。如果我们把这样的选择称为理性的,那么我们的问题就变成了:人们如何才能够理性地选择作为某一职业从业者的行为?㉒这并不是个难题。

要成为某一职业的从业者,就应该遵守职业行为标准。于是,也就有了负担(因为在相同条件下,与受某一标准的束缚相比,自由来得更轻松)。如果所谈及的标准是独断的,那么受它们的支配可能就与受个人独断的意愿支配没有差异了。但是,对于一种职业的标准来说,它们与个人意愿并不完全等同,所以这些标准并不是独断的。当然,它们必须是道德上允许的。另外,它们必须被设计用来致力于为该职业所蕴含的道德理想服务——否则,严格地讲,如果不是为这个理想服务,那它们就是完全独断的,它们也就根本不能算是职业的标准了。一个反对根据某一标准而行为的人,当他认为这一标准与谈及的道德理想不一致(或者不相干)时,其实并不反对像职业的从业者那样行为。相应地,他反对这样的主张:作为职业的从业者,就意味着他得按照该标准而行为。

职业从业者也许可以成为其职业的"会员",这是因为他们想为谈及的理想服务。因此,他们必须遵守实际上服务于这一理想所必需的任何承诺。但是,即便一个人因为较不高尚的原因而成为一名职业从业者——例如,仅仅为了谋生——他也承诺了要诉诸的职业标准。他之所以加入这个特殊的职业是因为,他希望通过宣称忠于这一职业而不是其他的职业或根本没有职业来获得收益。他(作为一个充分了解情况的理性的人)应该理解,那些好处部分地依赖于对某些标准的遵从。例如,如果工程师普遍地被看做是无能的或者是不诚实的,那么有谁会说自己是工程师呢? 只要一个人获得的利益足以超出付出的成本,取得成员的资格就会成为他最佳的选择,他(作为理性的人)应该持续从事这种职业。

[169]

每种职业都是合作的实践。每个成员都承担一定的责任,也期望其他成员承担同样的责任。如果一种职业的大多数成员做了他们应该做的,那么,这一职业就应当获得好名声,其中的每个成员都会获得比作为个人而获得更多的利益。然而,如果有太多的人逃避(责任),那么实际上就不会产生净利益,而且,那些承担责任的成员就会遭受更多的苦难。由于每种职业都是一个自愿合作的实践,所以职业的标准要求每个成员都遵守相同的道德要求,所有的志愿参与者都需要遵守这些道德许可的游戏规则。违反职业标准是某种形式的欺诈。因此,正如职业所要求的,职业从业者与他们的行为在道德上是捆绑在一起的。有时候,他们可能会为他们没有做他们应该做的而辩解或者找借口(正如他们可能违反诺言),但他们的职业,就像一个有效力的诺言一样,总会迫使他们承担职业所要求的义务。然而,责任不是累赘,因为离开某个职业总是道德上允许的一种选择。

对于个体来说,职业从业者资格可能是、也可能不是理性的。但是,只要确定了职业是什么,从业者资格的自愿(性)就建立了一种牢固的假定。事实上,已是从业者的那些人是理性的。于是,从业者资格的理性就为从业者的自治作了担保。如果我们能够,我们就会自主地遵守这些实践标准,因为遵守这些标准可以产生吸引我们作为从业者的利益;若在不遵守这些标准的情况下,也能得到这些利益,这在道德上是不允许的。当我们不再遵守这些标准时,我们可以、并且应该放弃(职业)。个人所拥有的作为职业从业者的自主权不仅仅是一个假定。

雇 员 和 职 业 自 治

雇主要么雇用一名职业人员作为该职业的从业者,要么雇用他做其他的(非职业性事务)。如果他被雇用做其他的,那么他就不必以"职业能力"行事。他也就不会实践他的职业。他可能像律师一样受雇于乡村网球俱乐部教授打网球,或者作为公司的审计员。只要他做的不是基于他的职业能力的工作,他就可以忽略他的职业标准。他所面对的自治问题不是职业自治问题。

然而,如果一个人是因受雇而作为某种职业的从业者(例如,作为工程师),那么,他就可能存在职业自治的问题。说可能(有职业自治的问题),是因为作为职业人员,他被认为应该做他的职业所要求做的;然而,作为雇员,他被认为应该做那些他的雇主让他去做的。这两个承诺产生了一个潜在的冲突。但仅仅是潜在的。 [170] 实际上,只有当雇主指令雇员去做他的职业所禁止的事时,才有可能产生职业自治问题。相信这种状况不会经常发生。例如,如果你不想让一个人来做通常是工程师才做的工作,那么,为什么你要雇用他作为工程师呢? 如果你只是简单地想找一个遵从你指令的人,那么为什么你不雇用非职业人员(通常雇用这类人也比较廉价)?

　　尽管有充分的理由可以期望被雇用的职业人员不会经常出现职业自治难题,但有时候也会有充分的理由来期望这样的情景。正像有时候人们喜欢偷窃甚于诚实的劳动,雇主们有时也只想要一个有名无实的专家头衔而不是专家的实际贡献。例如,某位雇主想要及时下达运输订单,他也许会让质控工程师"创造数据"直到测试结果"正确"。当雇主声称这(数据)是专家的权威判断的时候,实际上,雇主只是想用他的评断来替代专家的评断。服从这样的指令,就可能使得专家成为木偶。这样的指令与职业自治不一致。

　　但是,并不是所有的指令都是这样的。例如,工程项目中的典型指标——"在2000 磅以下、在 2000 美元以下、在 20 个月之内"等,简单地陈述了技术问题。这里的任何要素都与工程师的职业自治是一致的。工程师既能够做工程师应该做的,也可以做指令要求做的。同样,即使雇主要求"放下手中的活来解决雨刮器问题"这样的指令,也并不会威胁到职业自治。只要"放下手中的活"这一指令与职业实践的标准是一致的,那么雇主控制做什么和什么时候做就与职业自治是一致的。当然,"放下一切"是否与职业标准一致,得看具体的标准是什么。

　　如果我们现在回到本章开始的引文,很容易就会发现这一引文包含了一个严重的错误。莱顿指出,"即便是在原则上,雇主也不愿意把自治权授予他们的雇员"。[33]实际上,我刚才主张的是,雇主必须在原则和实践这两个方面都把职业自治权赋予受雇的职业人员。雇主们必须这样做,否则他们就不可能获得雇用职业人员的好处。"[雇主们]认为工程师……应该接受指令,"莱顿继续说道,"[但是]职业精神的本质不在于接受来自雇主的指令。"[34]而我所论证的则是,职业精神的本质在于,接受与从业者身份一致的指令,而不接受与从业者身份不一致的指令。"真正的职业人员"就是在与职业标准保持一致的范围内执行雇主的指令。[35]

职业自治的可能研究

如果我们再回顾一下涉及工作场所自治的社会学文献,我们就能够看到,只要进行微小的改动就可以将其大部分的研究转换成对职业自治的研究。现有研究中存在的问题是相对不精致的职业自治的概念。职业自治(甚至普遍自治)不是简单的数量问题(作出了多少个决定)或者仅仅是质量问题(关于订单、时效、工作内容或者其他什么的决定)。有些决定比其他的更为重要,而职业标准决定了哪些决定是重要的。因此,职业自治的研究应该开始于应用诉诸的职业标准来识别哪些决定与职业相关、哪些决定与职业无关。甚至在同一个工作场所,因职业的不同,与职业相关的决定也会有很大的差异。例如,对工程师职业自治的所有研究,必须分清哪些是该工程师作的决定,哪些是该留给管理层作的决定。忽视安全的指令可能违反工程师的职业自治,而忽视成本的指令则与职业自治无关。

［171］

所以,调查问卷应该从努力明确职业人员遵守的标准开始。例如,调查问卷中的问题,"你的职业责任包括哪些?"接下来的提问可以是一串以供选择的项目(安全、健康、质量、成本、美观,等等)。这种问题列表可以把职业标准考虑进来,但事实上,答案可能并不能反映职业所要求的是什么。专家们并不总是能够很好地知道他们所应当知道的。对于任意一种特殊的职业,理想和现实之间的差别很大,经验性问题包含了更多的信息。为了确定职业人员事实上是否具职业自治,职业所要求的是至关重要的;尽管如此,职业人员所认为的职业要求,对于确认职业人员是否感受到他具有这样的自治也是至关重要的。

接下来的提问应该是,职业雇员被要求执行与他的职业责任不一致的指令的频率(当然,也要问问,这样的指令被否决或被忽略的频率,虽然,否决或忽略的(行为)与职业自治相一致,但它与职业人员的控制或者工作满意度不一致)。调查问卷也应该提问,当职业人员作出他认为以他的职业判断应当作出的判断被否决或者被忽略时,他能够做些什么? 例如,他可以为此上诉到更高级别的权威那里去吗？这样做会发生什么？对这些问题的回答，应该揭示出作为职业人员的行为和作为雇员的行为之间实际上存在着多大的张力。

　　现在，我们似乎已经将受雇工程师有多大程度的职业自治的问题转变为一个日常社会科学方法适合处理的经验问题。的确，研究人员能够"提出"与"自由职业"相似的问题。有时，甚至客户也会要求自由职业者在违背职业标准（或者至少，以一种言词并不困难的方式作这样的要求）的情况下从事业务。把这类事件在"自由的"和"受控的"职业之间发生频率的数据进行对比，可能会（也可能不会）说明自由职业比受雇职业拥有更多的职业自治。

注　释

[220]　　本章早先的版本题为"职业自治：经验研究的一个构架"（Professional Autonomy：A Framework for Empirical Research），发表于《商业伦理季刊》（Business Ethics Quarterly）第 6 期，1996 年 10 月，第 441—460 页。我要感谢国家科学基金会 SBR‒9320166 资助项目，本章内容正是这一项目的成果。本章的重新发表已获得授权。

　　① 埃德温·莱顿（Edwin Layton），《工程师的反叛》（The Revolt of the Engineers，Cleveland：Case Western Reserve University Press，1971），第 5 页。

　　② 杰拉尔德·德沃金（Gerald Dworkin），《自治的理论和实践》（The Theory and Practice of Autonomy，New York：Cambridge University Press，1988），第 22 页。

　　③ 托马斯·斯坎伦（Thomas Scanlon），《一种表达自由的理论》（"A Theory of Freedom of Expression"），《哲学和公共事务》（Philosophy and Public Affairs）第 1 期，1972 年冬，第 204—226 页；阿迪纳·施瓦茨（Adina Schwartz），《工作场合的自治》（"Autonomy in the Workplace"），摘自汤姆·里根（Tom Regan）编的《正是商业：职业道德文集》（Just Business：New Introductory Essays in Business Ethics，New York：Random House，1984），第 129—166 页；约瑟夫·拉兹（Joseph Raz），《自治、宽容和伤害原则》（"Autonomy，Toleration，and the Harm Principle"），摘自鲁斯·加维森（Ruth Gavison）编的《当代法哲学问题：H. L. A. 哈特的影响》（Issues in Contemporary Legal Philosophy：The Influence of H. L. A. Hart，New York：Oxford University Press，1987），第 313—333 页；斯坦利·I. 本（Stanley I. Benn），《自由的一种理论》

（*A Theory of Freedom*, Cambridge：Cambridge University Press, 1988），尤其是第八章和第九章；戴安娜·T. 迈耶斯（Diana T. Meyers），《自我、社会和个人的选择》（*Self, Society, and Personal Choice*, New York：Columbia University Press, 1989）。

④ 约翰·里斯特曼（John Christman）主编的《内部的城堡》（*The Inner Citadel*,, New York：Oxford University Press, 1989, p. 9）一书中的"引言"。

⑤ 本人的《勃兰特对自治的研究》（"Brandt on Autonomy"），摘自皮特·胡克（Brad Hooker）主编的《理性和规则功利主义》（*Rationality and Rule-Utilitarianism*, Boulder, Colo.：Westview Press, 1993），第51—65页；欧文·塔尔贝格（Irving Thalberg），《非自由行为的层次分析》（"Hierarchical Analyses of Unfree Action"），《加拿大哲学杂志》（*Canadian Journal of Philosophy*）第8期，1978年6月，第211—226页。但是关于自主的最著名假设概念或许是康德的。对康德而言，自治就是行为能够（无矛盾地）与成为普遍法则的律令相一致。康德原著，刘易斯·怀特·贝克（Lewis White Beck）编辑的《道德的形而上学基础》（*Foundations of the Metaphysics of Morals*, 2nd ed., New York：Macmillan/Library of the Liberal Arts, 1990），第63—73页。事实上，一个人不必将他的意志最大化为普遍法则，一个人能做到就足够了。

⑥ 杰拉德·德沃金（Gerald Dworkin），《自治的概念》（"Concept of Autonomy"），摘自鲁道夫·哈勒（Rudolph Haller）主编的《科学和伦理》（*Science and Ethics*, Amsterdam：Rodopi Press, 1981），第203—213页；哈里·G. 法兰克福（Harry G. Frankfurt），《自由意志和人的概念》（"Freedom of the Will and the Concept of a Person"），原载《哲学杂志》（*Journal of Philosophy*）第68期，1971年1月，第5—20页。

⑦ 罗伯特·扬（Robert Young），《自主和内在的自我》（"Autonomy and the Inner Self"），《美国哲学季刊》（*American Philosophical Quarterly*）第17期，1980年1月，第35—43页。

⑧ 肯尼斯·基普尼斯（Kenneth Kipnis），《职业人员的责任和职业的责任感》（"Professional Responsibility and the Responsibility of Professions"），摘自韦德·L. 罗宾逊（Wade L. Robinson）、迈克尔·普里查德和约瑟夫·艾琳（Joseph Ellin）合编的《利益和职业：商业和职业伦理论文集》（*Profits and Professions*：*Essays in Business and Professional Ethics*, Clifton, N. J.：Humana Press, 1983），第16页。

⑨ 阿琳·卡普兰·丹尼尔斯（Arlene Kaplan Daniels），《职业应该有多少自由》（"How Free Should Professions Be?"），摘自艾略特·佛利德桑（Eliot Freidson）主编的《职业及其前景》（*The Professions and Their Prospects*，Beverly Hills，Cal.：Sage，1971），第 39 页。

⑩ 实际上，说"像加拿大和墨西哥那样试图去做"可能更好。我从加拿大和墨西哥工程社团的官员那里得知：在这两个国家的大型公司里工作的很多工程师未经注册。在被公众承认为工程师方面，他们遇到了一定的困难（比如，在报纸的文章中、在电视采访中、在公司的信笺抬头处）。所以，和美国的实践相比，看上去反差并不是那么强烈（如果这三个国家成为一个经济体，那么反差可能会变得更小）。

⑪ K. R. 帕夫诺维奇（K. R. Pavlovic），《自主和义务：工程伦理存在吗?》（"Autonomy and Obligation：Is There an Engineering Ethics?"），摘自阿尔伯特·佛雷斯（Albert Flores）主编的《工程中的伦理问题》（*Ethical Problems in Engineering*，2nd ed.，vol. 1，Troy，N. Y.：Center for the Study of the Human Dimensions of Science and Technology，1980），第 90 页。

⑫ 保罗·F. 卡梅尼（Paul F. Camenisch），《在一个多元化的社会奠基职业伦理》（*Grounding Professional Ethics in a Pluralistic Society*，New York：Haven，1983），第 30 页。

⑬ 基普尼斯（Kipnis），第 16 页。

⑭ 迈克·W. 马汀（Mike W. Martin），《职业自治和雇主的权威》（"Professional Autonomy and Employers' Authority"），摘自《利益和职业：商业和职业伦理论文集》，第 265—273 页；阿迪纳·施瓦茨，《工作场合的自治》；海因茨·C. 卢埃根比尔，《计算机从业人员：道德自律和伦理章程》（"Computer Professionals：Moral Autonomy and a Code of Ethics"），《系统软件》（*Systems Software*）第 17 期，1992 年，第 61—68 页。

⑮ 莱顿，第 7 页。

⑯ 参见本书第一章和第二章。

⑰ 丹尼尔·霍维·卡尔霍恩（Daniel Hovey Calhoun），《美国土木工程师》（*The American Civil Engineer*，Cambridge Mass：Technology Press-MIT，1960），第 182—199 页。

⑱ Cf. 斯蒂文·J. 奥康纳（Cf. Stephen J. O'Connor）和乔伊斯·A. 拉宁（Joyce A. Lanning），《自治的终结：对后职业时代医生的反思》（"The End of Autonomy? Reflections on the Postprofessional Physician"），《卫生保健管理评论》（*Health Care Management Review*）第 17

期,1992 年冬,第 63—72 页;乔治·L. 阿吉切(George L. Agich),《职业自治的分派》("Rationing Professional Autonomy"),《法律、医学和卫生保健》(*Law, Medicine and Health Care*)第 18 期,春—夏,第 77—84 页;约翰·切尔德(John Child)和简妮特·福尔克(Janet Fulk),《职业控制的维持:职业的案例》("Maintenance of Occupational Control: The Case of Professions"),《工作和职业》(*Work and Occupations*)第 9 期,1982 年 5 月,第 155—192 页。

⑲ 罗伯特·佩鲁奇(Robert Perrucci)和乔尔·E. 格斯尔(Joel E. Gerstl),《没有共同体的职业:美国社会的工程师》(*Professions without Community*: *Engineers in American Society*, New York: Random House,1969),第 119 页。

⑳ J. 丹尼尔·舍曼(J. Daniel Sherman),《在工程师和技术工人中的技术监督和技术转换:工作环境中的影响因素》("Technical Supervision and Turnover Among Engineers and Technicians: influencing Factors in the Work Environment"),《集团和组织研究》(*Group and Organization Studies*)第 14 期,1989 年 12 月,第 411—421 页;史蒂芬·P. 费尔德曼(Steven P. Feldman),《破碎的车轮:组织内部自治的不可分割性和改革的控制》("The Broken Wheel: The Inseparability of Autonomy and Control in Innovation within Organizations"),《管理研究》(*Management Studies*)第 26 期,1989 年 3 月,第 83—102 页;伯纳德·罗森伯姆(Bernard Rosenbaum),《引领当今的职业人员》("Leading Today's Professionals"),《技术研究管理》(*Research-Technology Management*),1991 年 3—4 月,第 30—35 页。

㉑ 基尼·F. 布雷迪(Gene F. Brady)、本·B. 朱迪(Ben B. Judd)和塞特拉卡·亚维芬(Setrak Javian),《再谈工作自治的维度》("The Dimensionality of Work Autonomy Revisited"),《人际关系》(*Human Relations*)第 43 期,1990 年,第 1219—1228 页,特别是第 1220 页;保罗·E. 斯佩克特(Paul E. Spector),《被雇员感知的控制:一项关于在工作中自主性和参与性研究的元分析》("Perceived Control by Employees: A Meta-Analysis of Studies Concerning Autonomy and Participation at Work"),《人际关系》第 39 期,1986 年 11 月,第 1005—1015 页,特别是第 1006 页;李·法哈(JiingLih Farh)和 W. E. 司科特(W. E. Scott),《行为自主的实验效果和满意度的自我报告》("The Experimental Effects of 'Autonomy' on Performance and Self-Reports of Satisfaction"),《组织行为和个人行为》(*Organizational Behavior and Human Performance*)第 31 期,1983 年,第 203—222 页,特别是第 205 页;帕特里

克・B. 佛赛斯(Patrick B. Forsyth)和托马斯・J. 龙尼西维兹(Thomas J. Uanisiewicz),《关于职业化的一个理论》("Toward a Theory of Professionalization"),《工作和职业》第 12 期,1985年 2 月,第 59—76 页,尤其是第 60 页;彼得・米克辛斯(Peter Meiksins),《劳动过程中的科学:作为工人的工程师》("Science in the Labor Process: Engineers as Workers"),摘自查尔斯・德伯(Charles Derber)主编的《作为工人的职业人员:发达资本主义的脑力劳动者》(*Professionals as Workers: Mental Labor in Advanced Capitalism*, Boston: G. K. Hall, 1982),第121—140 页,尤其是第 131 页;莱顿,第 5 页。

㉒ 在这点上,马汀的"职业自治"的研究是不错的。

㉓ 又见罗伯特・祖斯曼(Robert Zussman),《中产阶级动力学:美国工程师眼中的工程和政治》(*Mechanics of the Middle Class: Work and Politics Among American Engineers*, Berkeley: University of California Press, 1995),第 222 页。

㉔ 这个"超过"毫无疑问地包括"能力",但我认为"能力"不是问题的核心。在这方面的研究参见约翰・T. 桑德斯(John T. Sanders),《小偷的荣誉:对职业伦理规范的反思》("Honor Among Thieves: Some Reflections on Professional Codes of Ethics"),《职业伦理》第 2期,1993 年秋/冬,第 83—103 页。

㉕ 我说"典型地"是因为一些职业或者准职业有非个人的理想。例如,科学,至少有些科学的概念,并不是为顾客、雇主或公众服务,而是为了寻求真理。将职业从工作中区分开来的,不是为上面这些人的服务,而是这一职业的道德理想,这一理想通过使他人受益而部分地得到辩护。科学真理,虽然是一个非个人化的服务对象,但却仍是一个道德善服从的对象(像正义、健康和安全一样),因为科学的真理对于我们所有人来说都很重要,无论是在实践方面(如大部分的物理学、化学和生物学知识),还是在智力方面(如天文学、语源学和人类学知识),都很重要。

㉖ 必须以这种方式表达"职业"吗?这取决于"必须"的意思。字典中的解释和日常的使用方法都说明还可以以其他方式来使用这一词语。所以,如果这个问题是关于所要求的用法问题,那么它的答案就是否定的。但是,如果这个问题是关于我打算怎样使用这个词,或者什么用法在这个背景下是有帮助的,那么这个问题的答案就是肯定的。我相信,这种用法比其他任何用法都能更好地体现工程的含义(当然,这是一个经验的宣称,需要通过询

问工程师才能得到检验,特别是要询问那些对于他们的职业反思比较多的工程师,让他们在这个定义和其他选项间作出选择)。

㉗ 当然,服务于道德理想的自愿行为并不是没有道德风险的。就像承诺,它打开了一扇原本不存在的批评之门,批评来自于承诺者没有信守他的承诺。但承诺也可能为进一步的表扬提供一种基础,即对那些实现自己承诺之人的表扬。

㉘ 当然,我们设想,这里的"任何人"仅指成年人,但至少智力是正常的。换句话说,即职业典型地接纳的那些人。

㉙ 这个问题在政治哲学中有其对应的部分:一个人在效忠法律的同时仍然是道德自律的吗? 反对法律义务和自治间存在一致性的论证所涉及的案例,参见罗伯特·保罗·沃尔夫(Robert Paul Wolff),《为无政府主义辩护》(*Defense of Anarchism*,New York:Harper and Row,1970),第3—19页;虽然我们的问题比政治问题要容易处理——因为职业资格是以自愿的方式获取的,而受制于法律的则不相同——需要指出的是,一种使得法律义务与道德自律相一致的主要方法是社会契约论,它试图将服从法律理解成遵守法律义务,就像职业从业者的资格一样,是一种自愿接受的方式。不过,真正的职业自愿是对为了保存自愿所必须的自治做出重大的改变。比较这里我提出的方案和我回应沃尔夫的方案,参见本人的《民主地避免选民的矛盾》("Avoiding the Voter's Paradox Democratically"),《理论和决策》(*Theory and Decision*)第5期,1974年10月,第295—311页。

㉚ 确实,以主体为中心的概念很可能有一个不同的目的,就是将那些我们所关注的有自主能力的人与那些没有自主权利的人区分开来。自主的权利典型地是一种独立决策而后果自负的权利。因此,以主体为中心的概念就不能满足我们的目的,这并不奇怪;职业人员的决策典型地不是独立的(也不被认为是独立的)。比较德沃金(Dworkin)在其《自治的理论和实践》(*Theory and Practice of Autonomy*)一书第19页所写道的:"我不打算分析自主行为的概念。"

㉛ 康德的研究者可能会批评我对康德不公平,他们也许是对的。康德有一个"自然体系矛盾"的概念,它提供了重大的检验。参见康德,《基础》,第39页。在这里我拒绝使用康德的这一概念,这是因为很多人发现康德的这一概念太晦涩,以至于没有什么帮助,而且与我提出的检验相比它似乎也不够严格。

㉜ 对自主与理性等同的辩护,参见本人的《勃兰特对自治的研究》(以及其中引证的理查德·勃兰特的著作)。

㉝ 莱顿,第 5 页。

㉞ 同上。

㉟ 我们现在提供一个对道德自律的类似分析:道德自治也就是有能力按照道德所要求的去行动(这种能力包括了适当的欲望和有能力按照欲望去行动)。所以,一个人可以在遵守法律的同时在道德上也是自主的,只要法律没有要求去做道德所禁止的事。这种对道德自律的分析,使得人们很难厘清道德自律与个人自主的关系。例如,只要我按照道德要求去做,我是不是就是个人自治的,或者,我还必须拥有其他的能力(比如说,照看我自己利益的能力)?

跋

社会科学的四个问题

这章试图从前面十章中得出一些有教育意义的东西。为了达到这一目的,本 章聚焦于有关工程的四个问题,并试图给出这四个问题的答案。从总体上来看,这些问题似乎属于社会科学;从专业性上来看,即使不是科学技术研究,也能够并且应该对科学技术研究有所帮助。这四个问题至少还有两个共性:首先,当教授工程伦理课程或者给工程师提供伦理问题的建议时,或者从事"工程伦理"研究时,这四个问题中的任何一个都可能出现。其次,这些问题的答案对于实践哲学研究和职业的实践都有好处。

这四个问题暗示着一个矛盾。虽然社会科学本该努力地研究它们,但事实上几乎没有文献触及这一主题。确实,当我问及"工程"时,社会科学家们通常建议我去查阅一些书,我发现这些书实际上是关于科学(尤其是关于物理学、生物学和医学)或技术(目标及其用户、操作工艺和牺牲品)的。例如,唐纳德·麦肯齐(Donald Mackenzie)非常有趣的《创造之精确性:关于核导弹制导的历史社会学》

（*Inventing Accuracy：A Historical Sociology of Nuclear Missile Guidance*），这本书常常作为决定性的证据向我呈现社会科学正给予工程足够的关注。这确实是一本关于工程的书，它的主题是工程问题，关于远程导弹（可能受到的直接性打击）的防范措施的研发；它关注的人物也主要是工程师。不过，它是我上述论点的证据，而不是反驳的证据。事实上，"工程师"和"工程"这两个词汇在该书中并没有出现（除第三章的题目外）。这本书所要告诉读者的内容，根本没有涉及工程。但是在索引中，有关于"应用科学"的大量罗列。对于应用科学这一争论，该书没有尝试去区分工程师与科学家（如果有）的贡献有什么不同、工程师与政治家及其类似人物[173]的贡献有什么不同。①工程职业是现代技术的中心，但对于社会科学家、甚至是那些研究技术的社会科学家来说，他们几乎是视而不见的，这是一个典型的说明方式。

　　当然，关于工程，少数社会科学家已经做了一些有益的工作——特别是如果我们把历史学家也包括进来（后面我会给出一些例子）。问题是，社会科学家做得太少（特别当与他们能做的比较时，或者与他们对物理科学所作的贡献相比较时），他们所做的不外乎是形成了一个独特的研究领域，他们所做的那点事儿对工程伦理没有任何帮助。②所以，在这最后一章中的部分篇幅是迟来的论述，它们将论述为什么要调整到这一研究重点上来。

　　我将按以下步骤展开论述。首先，简要解释一下我所认为的工程伦理是什么样的，总结本书的主要论点。其次，陈述并且讨论我的四个问题：弄清楚每个问题究竟问的是什么，为什么答案对于工程伦理是重要的，与我提出的工程伦理的概念相符，怎样的答案才是合适的答案，以及社会科学家怎样做才能有助于工程伦理。最后，我想说明，回答这些问题时可能会遇到哪些障碍。我所说的都是概略性的、初步的，目的是抛砖引玉，引起讨论——后记与序言的目的一样。

工 程 伦 理

　　工程伦理是一门应用性的或实践性的哲学学科。它关注、理解并试图解决工程实践中所出现的某些伦理问题。这些问题至少可以通过五种进路加以解决：哲学的、决疑的、技术的、社会的以及职业的。③

前面三种进路——哲学的、决疑的和技术的——都认为工程师和非工程师仅仅持有相同的道德标准。职业组织，如果说它有起到作用，也仅仅是"表达"了对于基本道德的关注；在职业方面鼓励做应该做的，防止做那些不应该做的事情。

哲学的和决疑的进路与技术的进路有所不同，前两者仅仅依赖具体情况，把一般的道德标准转换成具体的标准。而哲学的进路和决疑的进路在决定一般标准的方式上又有所不同。哲学的进路求助于一些道德理论（功利主义、康德主义、德性理论等）来决定（伴随着事实）哪些是应该做的。④决疑的进路则反过来求助于普通的道德标准（例如，要么通过引用惯常的道德标准来明确地表示，比如"不要杀人"或者"不要冒不必要的风险"；要么通过案例比较来含蓄地表示；要么——更常见的是——将这两种方式结合在一起）。⑤

就目前而言，技术进路的不同在于，它依赖于特殊的"［好的］工程师原则"，而哲学的和决疑的进路又源自工程师的"本质"要求——关于能力或技术原则。这些特别的原则（并且与惯常的道德标准和特殊的具体情形相结合）决定了在具体情形下哪些是应该做的。工程的本质也许是永恒的（柏拉图观点）或者说是历史的产物（像英语语言一样）；但是，任何时候，它都是与生俱来的，不会随着情形或契约的不同而变化。⑥前三种进路犯了第三章中已指出的错误。

［174］

在开始解释工程师、工程的特殊性时，工程伦理的社会进路类似于技术进路。在解释上述特殊事物时，社会进路又不同于技术进路。社会进路认为工程师是（至少部分是）社会决定的产物（社会决定了工程师的作用）。对社会进路来说，工程伦理的标准不是源自工程本质而是源自与社会的道德"契约"或者是社会的道德规定。对于社会进路来说，工程伦理标准或多或少是随意的，也就是说，它取决于社会和工程师恰好达成了什么样的一致或者社会恰好规定了什么。⑦

我最后要说明的是职业进路，就目前而言，它与社会进路的相似之处在于，两者都认为"伦理"具有某种程度的不确定性。而职业进路与社会进路的不同之处在于,前者认为不确定性在于工程职业上,而不是在社会决定上或者工程师和社会所达成的协议上。在职业进路看来,社会(例如,道德或者工程的本质)一般而言仅仅是"片面的约束",而不是从根本的或平等的角度来决定工程伦理的内涵。⑧我称这种进路为"职业的",是想强调它所赋予"职业"的独特地位。五种进路中,仅仅对于这种进路而言,道德伦理法则是一个重要的事实,职业团体尤其应该遵守它。⑨当然,这最后一种进路也正是我要采纳的方法。

本书很早就注意到"伦理"的概念是模糊的。我们可以这样使用它:(1)作为普通道德的同义词;(2)作为一个专门化的哲学的研究领域(试图把道德理解为理性的任务);(3)作为约束团体成员行为的专门道德标准,因为他们属于这个团体(使用"专门"这一词,既因为这个标准并不适用于每一个人,又因为这个标准和法律、市场以及普通道德所要求的不一样)。工程伦理的五种进路都使用了"伦理"的前两种含义(虽然技术进路试图忽略第二种);但是仅仅只有社会进路和职业进路能使用它的第三种含义,只有它们认为工程伦理包含专门的伦理道德标准。

我把这五种进路区分开,是因为这样做能使我们看清它们重要的共同立足点,并且还能揭示一些重要的不同点。五种进路都认为,为了理解工程师应该怎样做,就必须先理解工程师做了什么,这是非常重要的。这五种进路都认为,在没有对工程充分了解的情况下——尤其是不了解工程实践中究竟产生了哪些真正的伦理难题,不了解现实中哪些资源可以用来解决这些难题——我们是不能够做出一些对工程伦理有益的研究的。"实践哲学",是解决的方法,但也需要对相关实践有一定的了解。

至于哪些"了解"是必要的,这五种进路有不同的认识。例如,哲学进路认为,了解职业规章的历史发展是次要的。对于哲学进路来说,关键点在于道德理论和具体职业情境之间的关系。⑩但对于职业进路来说,职业历史的发展极为重要,因为从职业发展史中可以看出人们对于职业规章是如何解释的,而这些规章对于决定职业者应该怎样做又是至关紧要的。对什么样的理解是必需的不同的认识会导致某一进路对"工程"问题不同的理解。

[175]

　　最后,我还是要进一步强调一下职业进路。我并不期待每个人都认同我提出了恰当的问题,但是我确实希望每个人都认同我提出了某类正确的问题。社会科学家们发现并且更加青睐于他们自己的进路,而不是职业的进路,他们会提出不同的问题并且组织相应的研究。他们仍将有益于工程伦理——至少在一定程度上可以展示其他方法的经验成果是多么的丰硕。

什么是工程?

　　我想让社会科学家帮助回答的第一个问题,也是本书开始的问题:"什么是工程?"为了试图回答这一问题,我进入了非常不熟悉的历史学和社会学领域。为什么我要提出这个问题? 至此,大家应该已熟悉了答案。既然我采用了职业的进路,那么对于我而言,工程伦理是关于工程师、一个特殊群体的伦理。因此,我需要知道谁在这个群体里(服从于它的特殊标准),谁又不在这个群体里(不必服从它的特殊标准)。分清谁是工程师、谁不是工程师,这并不容易,第三章对此进行了阐述。当然,我们能凭直觉举出许多例子。例如,一个拥有机械工程学士学位的人,他的证书来自工程技术认证委员会(ABET)所认可的学校(假如 1975 年的伊利诺斯理工学院),具有从事核工程的执照,并且有着 20 年设计核动力工厂的经验,这个人确实是一名工程师(就工程伦理的目的而言)。同样,可以确定的是:柴油机车司机或者公寓的看门人,虽然被称为"工程师",但他们显然不是。然而,那些被称为"软件工程师"或者"遗传工程师"的人呢? 他们通常没有 ABET 授权的文凭,但和柴油机车司机或看门人不一样,他们通常受过类似于工程师的教育并且做着类似于工程师的工作。化学家或者物理学家又是怎样的情形呢? 他们也在做着工程师的工作,但和软件工程师或者遗传工程师不一样,他们做的工作并不是严格意义上的工程师的工作。

　　过往的经验使我想到工程师们(严格意义上的)非常清楚谁是工程师,谁不是工程师。一般来说,"软件工程师"和"遗传工程师"都不是;化学家或者物理学家们,在证明了相关工作技能之后,可能被"认为"是,但实际上他们仍然被排除在外,无论他们有什么头衔,无论他们做什么工作。难道社会学家不能像他们划分出科学、非科学和伪科学的界线一样来划分出工程师与非工程师的界线吗?[11]

　　随着"谁是工程师"这个问题而来的就是我的四个问题之一,它也是所有工程伦理进路都面临的问题:"工程是什么?"即便是那些把工程职业等同于科学或者技术职业的人,仍需要区分哪些道德问题是属于工程伦理范畴的,哪些不属于。工程师面对的道德问题,即使是在工作场所,也不全是工程伦理问题。一些只是职业伦理问题或者仅仅是普通的道德问题。

[176]

　　虽然"什么是工程"是一个哲学问题,但历史学家至少能够以两种方式回答它。沃尔特·文森蒂的《工程师知道什么,他们是如何知道的》一书为第一种方式提供了一个好的例子。[12]利用历史研究的方法——尤其是收集并分析文献,从而重构一系列事件的发展顺序——文森蒂能够帮助我们认清工作中的工程师,认清他们的工作与科学家工作的不同,从而帮助我们理解工程和科学之间的不同。当然,我们还需要更进一步地研究工程和科学之间的不同。[13]同样,我们也需要进行类似的研究,以理解工程与建筑、工程与工业设计、计算机工程与软件工程,甚至化学工程与工业化学之间的不同(特别是,正如有时所发生的那样,工程师和化学家看似正做着相同的工作)。

　　文森蒂的工作是一系列的,我们称之为历史案例研究。社会学家还能利用参与观察法做类似的研究。《新机器之魂》(*The Soul of a New Machine*)差不多可以说是社会学家利用这种方法的一个例子。[14]我说"差不多"是因为,特雷西·基德尔(Tracy Kidder)在用大量的细节描述工程师的工作时,并没有试图去找出工程师与软件从业人员之间的区别(即为什么他研究的部门需要工程师而软件部门不需要工程师)。[15]

　　历史学家能以某种方式帮助我们更好地理解工程,在这一点上社会学家却办不到。历史学家能告诉我们工程含义的历史发展过程。[16]莱顿的《工程师的反叛》[17]

就是这样一个重要的例子,但是,以我的看法,还有更多的该书没有涉及的内容。莱顿的关注点是第一次世界大战前的美国,那时美国的文化仍然非常落后。职业发展中的关键事件可能已经在法国、英国或者德国发生了。毕竟,工程是从法国引进到美国的,至少一直到南北战争时期,美国的工程院校还都是仿效法国的;英国实施工程伦理规范要比美国早半个世纪。我们要了解工程定义的历史发展就应该跨过大西洋。[18]

本书第一至第三章认为,历史所告诉我们的是,不能用常规的"属"和"种"来定义工程(像亚里士多德那样),甚至不能通过工程师做什么或者他们如何做(工程师的作用及其工作方法)来定义工程。实用的定义是将工程师看做某个历史团体的成员,是从事工程职业的成员,然后用特定的历史发展标准来定义该团体,如教育的标准、经验的标准和工种的特殊标准。工程就是工程师所做的典型工作——什么人属于工程师还是一个问题——而不是其他行业团体成员所做的工作。到目前为止,也仅仅是到目前,工程伦理就是工程团体所制定的特殊的道德标准,这些标准与法律、市场及一般的道德要求无关。我认为,以上就是历史所能揭示的。但是,没有合适的历史研究资源,那么怎样将工程职业与其他职业(包括原工程师,proto-engineer)严格区分开来呢?我们能尽力而为的就是我现在所做的——从哲学的角度重新建构历史学家已有的发现。 [177]

工程师做什么?

如果以我所建议的方式来定义工程,我们就能把工程师与从事类似工作的人区分开来。工程师是那些被工程职业认为是其成员的人(例如,工程协会成员资格确定——要在"职业水平"上工作)。如果以这种方式定义工程师,那么我们就可以问——在某个特定场合——工程师能做什么(假若工程师做了一些事),而其他人是做不了的——也就是说,他们的特殊行业标准对于其他人来说有什么重要的意义。历史学、社会学以及技术哲学都对这一答案感兴趣——因为它提供了一种研究视角,去研究不同的职业从业者是怎样创造和从事不同的职业,又有怎样的后果(如果有的话)。

虽然许多作者强调了"工程"(或者"技术")对于科学的重要性,但是我认为没有人对工程师(严格意义上的工程师)在科学中的重要性给予足够的讨论。相反,在我已经参观过的绝大部分"科学"实验室中,包括阿贡(Argonne),工程师似乎在数量上胜过科学家(尽管精确的数据很难得到)。唯一例外的是红十字会实验室,在那里没有工程师,那里的医师(至少拥有硕士学位)数量超过了科学家(拥有博士学位)的数量。工程师们在科学实验室中做些什么? 多少科学的成果是工程师贡献的? 为什么?

能源部有关阿贡举报事件[19]的报告又驱使我重新考虑上述类似问题与工程伦理有何关联。举报者被描述成一位"冶金学家",但是,从他所受的训练、他的经验及(看似)他所承担的义务来看,他应该是一位冶金工程师。[20]该报告描述了一次内部调查,是站在举报者的立场上看待事实的,它很难理解他为什么要如此严肃地对待科学问题,我倒是可以比较容易地理解。对我而言,他正在做一个好的工程师应该做的,虽然他可能是带有政治计谋的。他重视安全更甚于法律、市场和道德的要求,他对此的重视程度超过了科学家通常的重视程度;他所做的正是工程所要求的。

这就是经验工作、历史学或社会学方法,可能帮助解决哲学家之间争论的地方。工程伦理的哲学和决疑进路都假定工程师并不需要遵从特别的标准,而是他们的社会地位和作用决定了他们应该做什么(或者说,决定他们可能做什么)。类似阿贡事件那样的案例研究——如果正如我相信的会出现这样的案例研究——能够为技术的、社会的,尤其是职业的进路提供大量的经验证据,这些证据显示工程师需要服从特殊的标准(要么是能力方面的,要么是行为方面的)。

工程决定是如何作出的?

　　大部分的工程是由大型组织(政府的或者商业的)完成的。大型组织存在的目的就是做大型工程,它们把大型工程分割成好管理的一块一块来做。如果这一 [178]块块的工作被分割得太小,那么从事某块工作的工程师就无法判断他的工作对公众健康、安全、福祉甚至他们的雇主会产生什么影响。他们的工作就被"官僚化"了(在比这个丑陋的词更丑陋的含义上)。如果大部分的工程工作是这种意义上的官僚化,那么工程伦理要么与大部分工程师无关,要么与工程师稍微有些关联——例如,工程师是如何看待其他工程师的。工程伦理——按现在的概念——一般预先假设工程师知道他们该做什么。

　　因此,"工程师知道什么"这个问题的含义,与文森蒂的含义差别很大,但值得研究。我在第九章的研究以及许多过往的经验,使我相信,工程师们一般非常清楚谁在使用他们的工作成果,以及怎么使用,他们知道他们做什么。他们的工作不是,并且也不可能被官僚化——或者,毫无价值的消耗。尽管有大量关于职业组织的文章,但是关于技术组织的文章却相对较少——关于工程师组织的专门文章就更少了。[20]更糟的是,几乎没有研究涉及技术决策的制定规则。大部分的著作使决策看上去像是管理者作出的,雇员们(包括工程师)要么服从——可能是极不情愿的,要么退出,要么提出反对意见;但是第九章的研究结果却与之有很大的不同,它认为一致同意是决策制定的原则,工程师一般有权否决管理层的决策,并且工程师至少应有一部分的知情权,因为知情是赢得他们同意的前提。

工程师能做什么?

　　绝大部分的工程师是雇员,他们受制于雇主的意愿。一些作者据此就总结出工程是"受制约的职业",即工程师几乎没有职业自治的空间,因此也就没有工程伦理的空间。㉒我已经给出一个证据说明这种观点是错误的——至少在一部分组织中,对于工程问题执行了"大家一致同意"的原则。但是,如果在一个组织中,工程师虽然具有充分的知情权,但决策不是通过达成一致来制定的,那又将如何呢?在那里给职业自治留下了多大的空间?

这里,我们需要对"职业自治"概念作一些哲学解释,经验研究对该类问题较为敏感。第十章给出了一些解释,但采用的是工程伦理的职业进路。那些不想使用这种进路的人可能会采用哲学的辩护。这些进路允许社会科学告诉我们,哲学上职业自治概念的不同是否会导致对于经验问题的不同回答,这个经验问题就是工程师到底拥有多大程度的自治(例如,哪些组织,如果存在的话,实际上剥夺了或者彻底地限制了工程师的职业自治)。只有当这个问题搞清楚之后,我们谈论工程师的职业责任才有意义(以及哪些哲学性的承诺,若有的话,能够对这样的谈论负责)。

总　　结

[179]　　1994 年,哲学家卡尔·米查姆(Carl Mitcham)出版了内容丰富、信息含量巨大的《通过技术的思考》(*Thinking through Technology*)一书。在一个不显眼的位置,他认为工程伦理属于科学技术研究的一个部分。㉓虽然我同意工程伦理可能是 STS(Science and technology studies)研究的一部分——或者,至少能够成为——但我认为,事实上它不是 STS 研究的一部分。这有两个理由。

首先,迄今为止,工程伦理已经发展为职业伦理的一个领域。职业包括许多非技术性的职业,从新闻业到会计业、从律师业到护理业——科学和工程研究很难将这些领域都包括进去。所以,最好的做法就是,工程伦理在两个截然不同的领域中分出哪些是属于它的研究范畴。但到目前为止,还没有人这么做。甚至像医学伦理这样的领域,它的经验研究也比工程伦理更广泛,技术也是其伦理问题的一个主要源泉,其中做职业伦理研究的人与做 STS 研究的人就有很大不同。无论我们说

STS 研究和职业伦理是抽象的研究领域,还是活跃的研究领域,实际上它们大部分是分割的、没有融合的。所以,例如,有关 STS 研究的代表性刊物(《技术与文化》、《科学研究》、《科学、技术与人的价值》等)并没有出现在大多数的职业伦理刊物的列表中;同样,职业伦理的代表性刊物(《商业和职业伦理》、《国际应用哲学》、《科学和工程伦理》等)也不会出现在大多数的 STS 研究杂志的列表上。㉔

其次,目前那些从事 STS 研究的人对待职业伦理的态度是很漠然的。《通过技术的思考》的副标题是"工程与哲学间的路径",之所以用这个副标题是因为米查姆把自己看做是沟通两种科技哲学方法的媒介,一种是工程的方法,另一种是人文的方法。两种方法都没有将工程作为职业来充分地予以关注。两种方法的主要关注点是技术,而不是工程。在该书长长的贡献者名单中——无论是对"工程"方法,还是对"人文"方法作出贡献的人——鲜有人对工程伦理进行了深入的研究,他们只不过是对技术评价和公共政策有深入的研究。工程伦理与技术评价、公共政策研究是有差别的。

对于工程伦理,STS 研究将来的贡献会比目前的多很多吗? 我不知道。但我希望会是。要理解道德问题,我们必须了解具体问题的背景。要理解工程伦理问题,我们就必须了解具体工程的背景。在描述、解释并且提升我们对工程背景理解的过程中,社会科学家中的哪些人比从事 STS 研究的人做得更好呢?

我说的是"希望",而不是"期待",这是因为对于工程伦理,STS 对科学的研究方法还面临着巨大的障碍。STS 研究是伴随着对知识(相对于科学)和事物(相对于技术)的关注而发展起来的。仅仅是在最近 20 年,科学哲学研究才开始关注研究的团体的成员而不是具体的科学。技术哲学研究好像仍在关注事物、过程,以及知识,关注的是技术,而不是具体的技术职业。我希望这本书,无论它是否还做了其他的工作,能起到抛砖引玉的作用,邀请社会科学家,特别是从事 STS 对技术研究的学者,以职业的角度来研究技术职业,尤其是工程职业,它是最重要的技术职业。

[180]

注　释

[223]本章初稿的题目是"从工程伦理的角度向 STS 提出几个问题"（"Questions for STS from Engineering Ethics"），是对 1995 年 10 月 22 日在弗吉尼亚州夏洛茨维尔召开的"科学的社会研究"年会上所作演讲稿的进一步修改。我要感谢当天的参与者，包括听众和讨论小组的成员，尤其是薇薇安·韦尔，他们提出了许多建设性的评论。

① 唐纳德·麦肯齐（Donald Mackenzie），《创造之精确性：关于核导弹制导的历史社会学》（*Inventing Accuracy：A Historical Sociology of Nuclear Missile Guidance*，MIT Press：Cambridge，Mass.，1990）；另一本最近的新书——罗伯特·J. 托马斯（Robert J. Thomas）的《机器所不能做的：工业企业中的政治和技术》（*What Machines Can't Do：Politics and Technology in the Industrial Enterprise*，University of California Press，Berkeley，1994）也给我提供了如下的证据，即社会科学开始研究工程了。但对工程师的研究（如书中所描述的）过去和现在都还只做了部分工作，没有人尝试着系统性地研究他们的贡献，更鲜有思考管理者中究竟谁是工程师（像工程师那样工作）。确实，这本书的焦点似乎是车间里的机械师。

② 被斯蒂文·伍尔加（Steve Woolgar）呼唤的《社会科学研究的技术转向》（"The Turn to Technology in Social Science Studies"）[《科学、技术与人的价值》（*Science，Technology，and Human Values*）第 16 期，1991 年冬，第 20—50 页]并没有涉及工程——除了把工程等同于技术以外。这种等同是很常见的，比如，一个早期的作品，詹姆斯·K. 法伊贝尔曼（James K. Feibleman），《纯科学、应用科学、技术和工程：尝试定义》（"Pure Science，Applied Science，Technology，Engineering：An Attempt at Definition"），《技术与文化》第 2 期，1961 年，第 305—317 页。但是这篇文章没有给"工程"下定义，事实上，除了题目外，文中几乎没有提及与工程相关的讨论——只涉及"罗马工程师"。罗马人把这些人叫做"建造者"（"建筑师"）。"工程师"是一个比较新的词（正如第一章所述），指称古代工程师至少必须为此辩护（引号意味着时代的不同）。法伊贝尔曼的错误被重复了三十多年。

③ 在医学伦理的语境下，我——出于明显的理由——称"技术的"为"治疗的"，参见本人的《国家的死亡先生：医生帮助执行极刑有什么不道德？》（"What's Unethical about Physicians Helping at Executions?"），《社会理论与实践》（*Social Theory and Practice*）第 21 期，1995 年春，第 31—60 页。

④ 有关工程伦理的哲学进路的例子之一,参见奈杰尔·G. E. 哈里斯(Nigel G. E. Harris),《职业规章和康德式的义务》("Professional Codes and Kantian Duties"),摘自鲁斯·F. 查德维克(Ruth F. Chadwick)编著的《伦理与职业》(*Ethics and the Professions*, Aldershot, England: Avebury, 1994),第104—115页。

⑤ 关于决疑进路的一个很好的例子,参见肯·奥伯恩(Ken Alpern),《工程师的道德责任》("Moral Responsibility for Engineers"),《商业和职业伦理》第2期,1983年冬,第39—48页;或者参见尤金·施洛斯贝格尔(Eugene Schlossberger)的《有道德的工程师》(*The Ethical Engineer*, Philadelphia: Temple University Press, 1993)。

⑥ 有一个很好的关于技术进路的例子,参见迈克·W. 马汀和罗兰·欣津格(Roland Schinzinger)编著的《工程伦理》(*Ethics in engineering*, New York : McGraw-Hill, 1989)第二版,在该书中他们将工程看做是社会实验;或者参见蒂莫·艾拉克西宁(Timo Airaksinen)的《职业生活中的服务和科学》("Service and Science in Professional life"),摘自鲁斯·F. 查德维克编著的《伦理与职业》,第1—13页。

⑦ 我没有一个很清晰的例子来说明在工程伦理上哲学家所使用的社会进路。我之所以将这种进路列出来,是因为在与工程师的讨论中它总会不时地出现。关于在医学伦理中使用它的例子,可参见罗伯特·M. 维奇(Robert M. Veatch),《医学伦理和它的基础原则》("Medical Ethics and the Grounding of Its Principles"),《医学和哲学》(*Medicine and Philosophy*)第4期,1979年3月,第1—19页。

⑧ 这并不否认在工程与社会间不时地会存在类似的直接商谈,只是请大家注意,社会——不论是通过政府、报纸还是其他的非政府媒体——很少采取主动的态度。

⑨ 关于工程伦理的职业进路的文章,参见查尔斯·哈里斯、迈克尔·普里查德和迈克尔·雷宾斯的《工程伦理: 概念和案例》。

⑩ 一个热衷于哲学进路的人是多么地敌视规章规范,可参见约翰·拉德(John Ladd),《工程中集体和个人的责任: 一些问题》("Collective and Individual Responsibility in Engineering: Some Questions"),摘自薇薇安·韦尔主编的《超越举报: 界定工程师的责任》(*Beyond Whistleblowing: Defining Engineers' Responsibilities*, Centerfor the Study of Ethics in the Professions, Illinois Institute of Technology),第90—131页。

⑪ 关于能做到什么这样少有的（但是受欢迎的）例子，参见彼得·华里（Peter Whalley），《探讨工程的边界：从职业人员、经理，以及手工劳动的角度》（"Negotiating the Boundaries of Engineering: Professionals, Managers, and Manual Work"），《组织社会学研究》（*Research in the Sociology of Organizations*）第 8 期，1991 年，第 191—215 页。

⑫ 沃尔特·文森蒂，《工程师知道什么，他们是如何知道的》。

⑬ 另一个关于能做到什么的很好的例子，参见布鲁斯·西利（Bruce Seeley），《工程中的科学神秘性：关于 1918—1940 年间公共道路管理局的公路研究》（"The Scientific Mystique in Engineering: Highway Research at the Bureau of Public roads, 1918-1940"），《技术与文化》第 25 期，1984 年 10 月，第 798—831 页。

⑭ 特雷西·基德尔（Tracy Kidder），《新机器之魂》（*The Soul of a New Machine*, Boston: Little Brown, 1981）。

⑮ 我将对凯瑟琳·亨德森（Kathryn Henderson）的工作发出同样有内涵的赞美，例如，《弹性的框架和非弹性的数据库：工程设计中的可视化通讯、招标设备以及边界对象》（"Flexible Sketches and Inflexible Data Bases: Visual Communication, Conscription Devices, and Boundary Objects in Design Engineering"），《科学、技术与人的价值》第 16 期，1991 年秋，第 448—473 页。

⑯ 有趣的是，至少一些社会学家注意到历史学家的这个优势，并采用了他们的方法。参见彼得·米克辛斯（Peter Meiksins），《对"工程师的反叛"的再思考》（"The 'Revolt of the Engineers' Reconsidered"），《技术与文化》第 29 期，1986 年，第 219—246 页。STS 研究的优点之一是，学科之间的界限相对不重要。因此，"历史学家"在这里必须被理解为"起着历史学家作用的人"，而不是"从事那个职业的人"。

⑰ 莱顿，《工程师的反叛》。

⑱ 关于这类工作的例子较为罕见，参见伊娃·科若娜凯斯（Eva Kranakis），《工程实践的社会决定因素：19 世纪法国与美国的比较研究》（"Social Determinants of Engineering Practice: A Comparative View of France and American in the Nineteenth Century"），《科学的社会研究》（*Social Studies of Science*）第 19 期，1989 年 2 月，第 5—70 页。

⑲ 对提升阿贡国家实验室的整体快速反应堆项目工作安全性和质量的申诉报告的调

查通报(Report of Investigation into Allegations of Retaliation for Raising Safety and Quality of Work Issues Regarding Argonne National Laboratory's Integral Fast Reactor Project),美国能源部核安全办公室,华盛顿特区,1991 年 12 月。

⑳ 尽管他拥有冶金学的博士学位,但他的学士学位是冶金工程(科罗拉多矿业学院,1978 年),而且他在阿贡实验室的职位被描述成"助理工程师和实验员",《申诉报告》,第 19 卷,第 7 页。这个报告没有说清楚他的毕业实习和其他工作经历是属于工程还是属于科学(尽管报告所说的至少与他在工程部门进行毕业实习的情况一致)。

㉑ 在许多重要的特例中,有罗伯特·佩鲁奇(Robert Perrucci)和乔尔·E. 格斯尔(Joel E. Gerstl)所著的《没有社团的职业:美国社会中的工程师》(*Profession without Community*: *Engineers in American Society*,Random House:New York,1969);爱德华·W. 康斯坦二世(Edward W. Constant Ⅱ)有大量的研究;还有罗伯特·祖斯曼(Robert Zussman)的《中产阶级的动力学:美国工程师眼中的工作与政治》(*Mechanics of the Middle Class*:*Work and Politics Among American Engineers*,University of California Press:Berkeley,1995)。

㉒ 参见理查德·德斯沃基(Richard DeCeorge),《大型组织中工程师的道德责任》("Ethical Responsibilities of Engineers in Large Organizations"),《商业和职业伦理》第 1 期,1981 年,第 1—14 页。

㉓ 卡尔·米查姆(Carl Mitcham),《通过技术的思考:工程与哲学间的路径》(*Thinking through Technology*:*The Path between Engineering and Philosophy*,University of Chigargo Press:Chigargo,1994),第 103—105 页。

㉔ 当许多杂志编辑部将研究职业伦理的学者与那些 STS 学者混为一谈时,我认为这只表明最初的期望而不是当今的现实。我认为,当前这两个领域的分离,不是因为这些杂志的创办者们没有意识到这两个领域间的关联,而是因为人们没有意识到它们在当今实践中的融合。主编的选择、对投稿的偏爱,逐渐地会使杂志带有某种特色,就像人们对学科的偏爱一样——这对研究杜会科学的社会学研究而言,是一个有趣的话题。

附录一
问卷访谈调查(工程师)

[183] 解释项目。确保匿名。接着询问：你是一名工程师还是一位管理者？

1. 你的职业背景？

   a. 你是怎么到这里工作的？

   b. 你们公司是做什么的？

2. 你在这里是做什么工作的？

3. 你们公司是如何作出工程决定的？能否请你给出一个实例？

   a. 在你们公司的重要设计和实施决策中,工程师扮演怎样的角色？

   b. 在你们公司的重要设计和实施决策中,管理者扮演怎样的角色？

4. 在关于工程事务的决策中,最重要的影响因素是什么？

   a. 你们公司是否会在技术决策中冒很大风险？为什么？

   b. 你们公司有伦理章程吗？

5. 你们公司的管理者接受过培训吗,或者他们精通公司的技术吗？你觉得他们现在如何？

[184] 6. 当你得知公司收到了你的建议,并获悉公司将按照你的方案实施时,你的工程建议被认可了吗？请解释。

   a. 对于工程师所关注的(事项),怎样的审议程序是适当的？

b. 你是否与你的同事一起主持或参与过技术设计的审查过程？是否对设计方案作过批评性的修改？

7. 你认为，在你的上级与他的上级之间，是否存在沟通问题？例如，

a. 你是否曾发现，对你的上级隐瞒信息是必要的？如果是，请解释。

b. 你是否曾感觉到，你的上司不太愿意将所有事实告诉你？如果是，请解释。

9. 你是否曾感到，由于那些你并不认可的理由，安全与质量被牺牲了？如果是，请解释。①

a. 如果你认为牺牲了安全或质量，你会做什么？

10. 在什么问题上，你认为职业工程师应该会乐意看见他们的判断被取代？在什么问题上，工程师应当具有最终的决定权？

11. 如果你不喜欢你的直接上司的所做所为，你能做什么？

a. 你们公司是否拥有正式的开放性政策？它是否被用来上诉技术决策？它是如何运作的？

12. 工程师是否是有资质的潜在管理者？为何是或为何不是？

a. 在从工程师晋升为管理者的过程中，将经历怎样的训练或培训？

b. 晋升的工程师必须在哪些重要的方面作出改变？

13. 如果你在你们公司已完全掌控了工程事务，那么你还希望能做些什么？为什么？

a. 你对某些问题提供的最佳解决方案可能会被否定，在这样的考虑和压力下，你的工程建议是否会受到影响？

13*. 管理者为了得到想要的信息，该向你提出什么问题？如果有的话，那么管理者最不可能问的是哪一个？　[185]

14. 是否还有其他什么问题是我们应该询问但还没有询问的？对你刚才所说的，你是否还有补充？

---

① 原文缺第 8 个问题。——译者注

* 标星号的问题是在访谈开始追加的。

附录二
问卷访谈调查（管理者）

[186] 解释项目。确保匿名。接着询问：你是一名工程师还是一位管理者？

1. 你的职业背景？

    a. 你是怎么到这里工作的？

    b. 你们公司是做什么的？

2. 你在这里是做什么工作的？

3. 你们公司是如何作出工程决策的？

    a. 在你们公司的重要设计和实施决策中，工程师扮演怎样的角色？

    b. 在你们公司的重要设计和实施决策中，管理者扮演怎样的角色？

4. 在关于工程事务的决策中，最重要的影响因素是什么？

    a. 你们公司是否会在技术决策中冒很大风险？为什么？

    b. 你们公司有伦理章程吗？它在决策中起到什么作用？

[187] 5. 你们公司的管理者接受过培训吗，或者他们精通公司的技术吗？

    a. 你觉得他们现在如何？

    b. 管理人员应该具有技术背景吗？

6. 在技术问题上，你和你的工程师是否总能意见一致？如果不是，那么在什么情况下会不同？是怎么发生的？

7. 工程师的建议有多少分量？

　　a. 在决策的过程中,工程师的专业技术知识是否和管理考量一样重要？

　　b. 对于工程师所关注的(事项),怎样的审议过程是恰当的？

8. 在什么问题上,职业工程师(整体)应该会愿意看见他们的职业判断被取代？如果存在的话,在什么问题上,工程师具有最终发言权？

9. 你是否曾发现有必要向你的工程师保留技术信息？如果是,请解释。

10. 你是否曾发现你的工程师没有告诉你所有事实？如果是,请解释。

11. 工程师是具有资质的潜在管理者吗？为何是或为何不是？

　　a. 在从工程师晋升为管理者的过程中,将经历怎样的训练或培训？

　　b. 晋升的工程师必须在哪些重要的方面作出改变？

12. 如果你在你们公司已全面掌控工程事务,那么你会有什么不同做法吗？如果有的话,为什么？

　　a. 你对某些问题提供的最佳解决方案可能会被否定,在这样的顾虑和压力下,你的建议是否会受到影响？

12*. 工程师为了得到想要的信息,该向你提出什么问题？如果有的话,那么工程师最不可能问的是哪一个？

13. 是否还有其他问题是我们应该询问但还没有问的？对你刚才所说的,你是否还有补充？

---

*　标星号的问题是在访谈开始后追加的。

附录三
受访者统计表

表1　全体访谈者

工程师	管理者	总　数
以客户为中心的公司(6)		
3	1	4
3	2	5
2	6	8
3	3	6
5	4	9
3	4	7
以工程师为中心的公司		
0	1	1
3	4	7
3	4	7
4	2	6
29	31	60

　　* 该表不包括三次不直接涉及工程师与管理者背景的访谈。本表列出工程师为零的公司大约有 12 名工程师,但我们仅仅访谈了管理者。

表 2　雇用历史

	工程师($n=29$)	管理者($n=31$)
雇主的数量		
1 个	18	21
2 个或 2 个以上	11	10
年限数（当前雇主）		
0—3 年	5	3
3—9 年	11	8
10—19 年	8	4
20 年以上	0	10
不详	5	6

* 工程师的可确定的年限范围从 1 年到 18 年,管理者的可确定的年限范围从 6 个月到 39 年。

表 3　工程领域（由学位,若缺失,则由工作经验而定）　　[189]

土　木	化　工	电　气	机　械	冶　金	非专门化
2	4	12	20	6	7

* 1 名工程师(未计入上表)拥有机械和电气双学位;其他 2 人(也未计入上表)拥有建筑工程学学士,与土木工程相近。剩余的其他 6 个受访者中,2 个有化学学位(并且也从事化学工程工作)、1 个拥有质保专业的肄业证书、3 个为非工程师出身的管理者,总计 60 人。

索 引*

A

---

* 如下页码全为英文本页码,在本书中以页边码标出。

[238]

译后记

　　2006 年，北京理工大学出版社出版了我们翻译的美国工程伦理教材《工程伦理：概念和案例》。2007 年 3 月，全国第一次工程伦理学术会议在杭州举行；同年10 月，中国自然辩证法研究会科技与工程伦理专业委员会在大连成立。在这两次会议上，推进中国工程伦理事业成为会议的核心论题。

　　我国工程伦理起步较晚，所以引进教材与专著便成了一种自然的选择。如何挑选专著呢？首先，我们对近五年来国外工程伦理论文所引用的专著进行了统计；其次，我们又约请数位国外同行向我们推荐工程伦理方面的专著。结果发现，牛津大学出版社出版的《像工程师那样思考》名列榜首。该书是牛津大学实践与职业伦理系列丛书中的一本，网络图书馆 Netlibrary 也收录了该书的电子版。

　　付梓之前，我们才明白，为什么这本书会名列榜首。首先，它的内容覆盖面较全，涉及了近十年来工程伦理的热点问题；其次，作者对问题的思考有一定的深度，而且作为工程伦理界的元老级人物，他的观点在学术界有广泛的认同度。这样一本研究性的专著显然是会受到欢迎的。

　　作者戴维斯是伊利诺斯理工大学（Illinois Institute of Technology）的哲学教授，也是一位高产的作家。他共发表了上百篇工程伦理方面的文章，他最新的工程伦理方面的著作有：《职业、章程与伦理》和《工程伦理学》。2006 年，我曾约请他为中文读者撰写论文，这就是后来发表在《工程研究》第三卷上的《工程职业与伦理章程》。

参加本书初译的人员有单巍、戚陈炯、沈琪、朱健、崔海灵、刘洪、阮奔奔等。郭慧云、王晓梅、郭亮参与了本书的初校,郭慧云并补译了部分章节。2006 年,在浙江大学工程伦理课程讨论班上,任姣婕、叶德营、潘磊、罗晓婷、吴庆庆、程晓东等人曾参与了对本书部分章节的讨论与交流。

全书译文由丛杭青和沈琪校正、修订并统稿。

朱葆伟(中国社会科学院)、李伯聪(中国科学院)、王前(大连理工大学)、蔡虹(华中科技大学)也为本书的翻译提供了鼓励和支持,在此谨表谢意。本书的出版得到了 2007 年度浙江大学交叉学科预研基金《中国工程伦理理论与实践研究》项目的资助。

由于作者才疏学浅,书中的术语必有疏漏之处,恳请各位同行斧正。电子邮件: hgcong@ zju. edu. cn。

丛杭青   沈   琪

2009 年 10 月于杭州浙大求是村

图书在版编目（CIP）数据

像工程师那样思考/（美）戴维斯著；丛杭青译.—杭州：
浙江大学出版社.2012.4（2016.8 重印）
书名原文：Thinking Like an Engineer
ISBN 978-7-308-09445-0

Ⅰ.①像… Ⅱ.①戴… ②丛… Ⅲ.①技术哲学－研究
Ⅳ.①N02

中国版本图书馆 CIP 数据核字（2011）第 265284 号

浙江省版权局著作合同登记图字：11－2011－13 号
Simplified Chinese Copyright © 2012 by Zhejiang University Press.
All Rights Reserved.

像工程师那样思考

［美］迈克尔·戴维斯　著

丛杭青　沈　琪等　译校

责任编辑　葛玉丹
封面设计　项梦怡
出版发行　浙江大学出版社
　　　　　（杭州市天目山路 148 号　邮政编码 310007）
　　　　　（网址：http://www.zjupress.com）
排　　版　杭州大漠照排印刷有限公司
印　　刷　临安市曙光印务有限公司
开　　本　710mm×1000mm　1/16
印　　张　20.25
字　　数　300 千
版 印 次　2012 年 4 月第 1 版　2016 年 8 月第 2 次印刷
书　　号　ISBN 978-7-308-09445-0
定　　价　52.00 元
